"十四五"职业教育国家规划教材
"十三五"职业教育国家规划教材
"十二五"职业教育国家规划教材
高等职业教育农业农村部"十三五"规划教材

动物生物化学

DONGWU SHENGWU HUAXUE

第三版

李京杰 主编

U0208443

中国农业出版社
北　京

第三版编审人员

主　　编　李京杰

副 主 编　龚云登　王志红　张永霞

编　　者　（以姓氏笔画为序）

王志红　孙思宇　李京杰

杨启邦　张永霞　郭　嫔

龚云登　葛文霞

企业指导　杨启邦　冯艳宾

审　　稿　王清吉　尚宝来

数字资源建设　郭　嫔　李京杰

第三版前言

本教材第一版被评为普通高等教育"十一五"国家级规划教材,第二版被评为"十二五"职业教育国家规划教材,现在在吸收前两版精华的基础上进行再版修订。本次修订充分考虑高等职业教育特点,坚持"够用为度、实用为先、服务为本"的原则,注意与专业课程内容的衔接,以适应动物防疫与检疫技术、畜牧兽医等专业高等职业教育对"动物生物化学"这门专业基础课知识的需要。

结合本课程知识较为抽象、理解困难的特点,为便于教师教学和学生理解,本次修订时,特别增加了近40个动画和视频,将重点和难点用更加直观形象的方式展现给师生,增加了学习趣味性、降低了学习难度。同时,为使教材更加具有实践性和指导性,编者根据对行业企业的调研,对部分涉及生产实践的内容尤其是实验实训方面进行了修订,去掉了较为落后、使用性不广的实验操作,增加了目前市场上企业运用的较为新型的实验技能操作。

教材共分九个教学模块,以生物物质的代谢为中心内容。每模块前有重点内容提示并配有单元教学解析,模块后有拓展提高并附有复习与思考题和实验实训内容,以便于学生学习与教师教学。为体现高职教育特色,教材在编写中尽可能突出基础性、实用性和应用性的特点。教材编写分工如下:第一模块由张永霞(上海农林职业技术学院)编写;第二模块由王志红(山东畜牧兽医职业学院)编写;第三模块由郭嫔(山东畜牧兽医职业学院)编写;第四模块、第九模块由龚云登(恩施职业技术学院)编写;第五模块由孙思宇(温州科技职业学院)编写;第六模块葛文霞编(新疆农业职业技术学院)写;本教材主编李京杰(山东畜牧兽医职业学院)编写绪论、第七模块、第八模块,同时负责全书的统稿工作。全书的数字资源由李京杰和郭嫔提供。

第三版教材由青岛农业大学王清吉教授和天津农学院尚宝来教授担任主审,在编写过程中得到了潍坊泰兴生物化工有限责任公司杨启邦和山东任适宝生物科技有限公司的冯艳宾的大力支持,并重点对实验实训部分进行了详细审阅,在此一并表示衷心感谢。

由于编者水平有限,书中不妥之处在所难免,敬请广大读者和同行专家多提宝贵意见。

编　者
2019 年 1 月

第 一 版 前 言

随着现代科技的发展，生物化学已成为生命科学中诸多学科的重要基础与支柱，被认为是 21 世纪生命科学的带头学科。动物生物化学是生物化学的分支，是动物生命科学的基础，也是畜牧、兽医类专业的重要专业基础课程。本书在编写中结合畜牧、兽医类专业的实际需要与动物生物化学的特点，着重介绍动物生物化学的基本知识和某些新进展，并力求做到简明扼要、由浅入深、循序渐进、学以致用。

在内容编排上，本教材尽可能地突出基础性、实用性和应用性三大特点。全书按章节编排，每章后设置了复习思考题，便于教师教学和学生自学。为了加强实用性和应用性，突出高职教育特色，本教材增加了生化实验技术，介绍现代生化技术的原理、方法和实际应用。

本教材由夏未铭（杨凌职业技术学院）担任主编，并编写绪论，第八、十章，技能训练一、五、十二、十五和附录一的部分内容；尚宝来（天津农学院职业技术学院）编写第三、四章和技能训练八、九；翟卫红（青海畜牧兽医职业技术学院）编写第二章，技能训练七、十三、十四和附录一的部分内容；李生其（江苏畜牧兽医职业技术学院）编写第一、九章和技能训练二、三、四；马冬梅（锦州医学院畜牧兽医学院）编写第五章，技能训练十、十一、十七和附录二；曹授俊（北京农业职业学院）编写第六、七章和技能训练六、十六。本教材由夏未铭统稿，由西北农林科技大学的孙超博士和杨凌职业技术学院的王跃勇审定。

本教材在编写过程中参阅了大量书籍，并得到了各编者学校及有关专家的大力支持，在此表示感谢。

由于本教材的内容选排是一种尝试，加之编者水平有限、成稿时间仓促，书中不妥之处在所难免，敬请广大读者和同行专家提出宝贵意见。

编　者
2006 年 1 月

第二版前言

随着科学技术的发展，生物化学已成为现代生命科学的基础和前沿。说它是基础，是由于生命科学发展到分子水平，必须借助生物化学的理论和方法来探讨各种生命现象，包括生长、繁殖、遗传、变异、病理和进化等，它是生命科学各学科的共同语言；说它是前沿，是因为生命科学要取得更大的进展或突破，在很大程度上有赖于生物化学及分子生物学研究的进展及所取得的成就。本教材主要针对畜牧、兽医、动物营养等专业，较系统地阐述动物的基本代谢规律。在编写中注重理论与实践相结合、多样性与普遍性相结合、科学性与灵活性相结合。本教材着重介绍生物化学的基本知识和某些新进展，力求做到简明扼要、由浅入深、循序渐进、学以致用。

本教材共分 9 个教学模块，以生物物质的代谢为中心内容，依次介绍了蛋白质、核酸、酶与维生素的组成、结构、性质和主要生物学功能；重点介绍糖、脂肪、蛋白质、核酸在动物体内代谢的基本过程和规律。每个模块前有重点内容提示并配有单元教学解析，模块后有拓展提高并附有复习与思考题和实验实训内容，以便于学生学习与教师教学。为体现高职教育特色，教材在编写中尽可能突出基础性、实用性和应用性的特点。

本教材各模块编写分工如下：第一模块由张永霞（上海农林职业技术学院）编写；第二模块由王志红（山东畜牧兽医职业学院）编写；第三模块由郭嫔（山东畜牧兽医职业学院）编写；第四模块、第九模块由龚云登（恩施职业技术学院）编写；第五模块由孙思宇（温州科技职业学院）编写；第六模块由葛文霞（新疆农业职业技术学院）编写；第七模块由杜娟（杨凌职业技术学院）编写；李京杰（山东畜牧兽医职业学院）编写绪论、第八模块和生物化学实验技能。全书由李京杰统稿，由杨凌职业技术学院夏未铭和天津农学院职业技术学院尚宝来审稿并提出了宝贵意见，在此谨表感谢！

由于编者水平有限，书中不妥之处在所难免，敬请广大读者和同行专家多提宝贵意见。

编　者

2014 年 1 月

目　录

绪　论

（一）生物化学的概念及研究内容

1. 生物化学的概念　生物化学（biochemistry）也称为生命的化学，是以生物体为研究对象，在分子水平上研究生命现象的化学本质的一门科学。生物体是由各种不同的化学物质组成的，组成生物体的这些化学物质在生物体内又是不断变化的。正是存在于生物体内的这些化学物质的不断变化和相互作用导致了生物体的生长、疾病、衰老、死亡、传代等生命现象。生物化学的研究目的就是探讨构成生物的各种物质（特别是生物大分子）是怎样表现出生命活动现象的，并且与细胞生物学、分子遗传学等密切联系，研究和阐明生长、分化、遗传、变异、衰老和死亡等基本生命活动的规律。生物化学是生命科学的重要基础学科之一，其中以动物体为研究对象的称为动物生物化学。

2. 生物化学研究的主要内容

（1）生物体的物质组成。高等生物体主要由蛋白质、核酸、糖类、脂类以及水、无机盐等组成，此外还含有一些低分子物质，如维生素、激素、氨基酸、多肽、核苷酸及一些分解产物。

（2）生物体的物质代谢。生物体与其外环境之间的物质交换过程就称为物质代谢或新陈代谢。物质代谢的基本过程主要包括三大步骤：消化、吸收→中间代谢→排泄。其中，中间代谢过程是在细胞内进行的、最为复杂的化学变化过程，它包括合成代谢、分解代谢、物质代谢调控、能量代谢等几方面的内容。

（3）生物分子的结构与功能。根据现代生物化学及分子生物学研究还原论的观点，要想了解细胞及亚细胞的结构和功能，必须先了解构成细胞及亚细胞的生物分子的结构和功能。因此，研究生物分子的结构和功能之间的关系，代表了现代生物化学与分子生物学发展的方向。

（二）生物化学的发展

生物化学发展到现在只有100多年的历史。在许多前人工作的基础上，德国化学家李比希初创了生理化学，在他的著作中首次提出了"新陈代谢"一词。后来德国的 E. F. Hoppe - seyler 将生物化学建成一门独立学科，并于 1877 年命名为"Biochemistry"，即生物化学。生物化学的发展大致经过了三个阶段。

1. 静态生物化学阶段　从 19 世纪中叶到 20 世纪初，这一阶段主要完成了各种生物体化学组成的分析研究，发现了生物体主要由糖类、脂类、蛋白质和核酸四大类有机物质组成。

2. 动态生物化学阶段　从 20 世纪初到 20 世纪 50 年代，此阶段对各种化学物质的代谢途径有了一定的了解。其中主要的有：1932 年，英国科学家 Krebs 提出了尿素合成的鸟氨酸循环；1937 年，Krebs 又提出了各种化学物质的中心环节——三羧酸循环的基本代谢途径；1940 年，德国科学家 Embden 和 Meyerhof 提出了糖酵解代谢途径。当然，这些问题的解决依赖于 20 世纪初人们在生物体内发现的两种重要的生物物质——酶和维生素。

3. 现代生物化学阶段　从 1953 年至今，以 1953 年 Watson 和 Crick 提出 DNA 的双螺旋结构模型为标志，这是一个划时代的贡献，从此生物化学的发展进入了分子生物学阶段。20 世纪 50 年代后期，人们揭示了蛋白质生物合成途径，确定了由合成代谢与分解代谢网络组成的"中间代谢"概念。此后，对 DNA 的复制机制、RNA 的转录过程以及各种 RNA 在蛋白质合成中的作用进行了深入的研究；提出了遗传信息传递的中心法则，破译了 RNA 分子中的遗传密码等。1965 年我国采用人工方法合成了具有生物活性的胰岛素；20 世纪 70 年代重组 DNA 技术（基因工程）建立；20 世纪 80 年代，我国又成功地合成了酵母丙氨酸 tRNA；核酶的发现补充了人们对生物催化剂的本质认识；聚合酶链式反应（PCR）技术的发明，使人们在体外能够高效率地扩增 DNA；1990 年开始实施人类基因组计划，并在此基础上进入后基因组计划，进一步深入研究各种基因的功能与调控。

近 30 年来，几乎每年的诺贝尔医学或生理学奖以及一些诺贝尔化学奖都授予从事生物化学和分子生物学研究的科学家。这个事实本身充分说明生物化学和分子生物学在生命科学中的重要地位和作用。

需要说明的是，以上生物化学发展的三个阶段并不是截然分开的，它反映了人们对生命活动认识的深化过程。

（三）生物化学与其他学科的关系

生物化学是介于生物学与化学之间的一门边缘学科，它与生命科学的许多分支学科均有密切关系。

生物化学与生理学是特别密切的姐妹学科。如动物生理学，它是研究动物生命活动原理的一门学科。动物的生命活动包括许多方面，其中有机物代谢是重要的方面，这本身也属于生物化学的内容。因此，在动物生理学的教科书中也包括部分生物化学内容。

生物化学与遗传学也有密切关系。现已知核酸是一切生物的遗传信息载体，而遗传信息的表达，则是通过核酸所携带的遗传信息翻译为蛋白质以实现的。因此，核酸和蛋白质的结构、代谢与功能，同时是生物化学与遗传学的内容。

生物化学也与微生物学有关。目前所积累的生物化学知识，有相当部分是用微生物为研究材料获得的，如大肠杆菌是被生物化学广泛应用的材料。

生物化学与分类学也有关系。由于蛋白质在进化上是较少变化的，因此，近代利用某些蛋白质结构的研究，可以作为分类的依据。此外，农业科学、生物技术、食品科学、医药卫生及生态环境等学科，都需要生物化学作为基础。

（四）生物化学的主要应用

21 世纪是以信息科学和生命科学为前沿科学的时代。生物化学在生命科学中居于基础地位，也是畜牧、兽医、农学、林学和食品科学等专业必修的基础课。生物化学在生产、生活中的应用主要体现在医疗、农业和食品行业等方面。在医学上，人们根据疾病的发病机理以及病原体与人体在代谢和调控上的差异，设计或筛选出各种高效低毒的药物。比如最早的抗生素——磺胺类药物就是竞争性抑制使细菌不能合成叶酸从而死亡。依据免疫学知识人们设计研制出各种疫苗，使人类在传染病中得以幸免。艾滋病疫苗的研制工作也在不断取得进步。通过生物技术改良农作物以提高产量和质量的技术已得到广泛的应用。利用生物技术以获得高产优质的畜禽产品和提高畜禽的抗病能力。生物技术不仅能加快畜禽的繁殖和生长速度，而且能改良畜禽的品质。

现代生命科学技术还可以大大加快人类的进化历程并改变某些物种，从而影响到整个自然界的发展历程。科技的每一小步前进都会带来社会的深刻变化。正如网络的出现促成了虚拟社区的形成，而这虚拟的世界却又实实在在地影响着人们的现实生活。总的来说，科技的进步给人类带来的更多是利益，生命科学领域中的工作者们正在努力实现使生命更完美的目标。没有疾病的困扰，在胎儿发育之前已对其缺陷基因进行了彻底的修复；不必杀生，人工合成的蛋白质取代了动物肉类；90 岁被定义为青年，衰老的器官被人工合成的新器官所替代……这就是生命科学的未来，它将营造出一个健康、繁荣和幸福的生命世界！

（五）生物化学的学习方法

生物化学与数学、物理和化学不同，它还没有进入定量科学的阶段，还处在定性科学阶段，不可能像物理、数学那样通过公式或定理推出一个准确的结论。所以生物化学的学习还是以概念为主，当然也有规律和规则，学习时，应该以记忆为主，在记忆的基础上可以在一定限度内进行推理。

生物化学的另一个特点是没有绝对。到目前为止，所有的结论都在被一些例外打破，这也许也是生物多样性的一个方面。但也有一些一般规则。所以学习时既要记住一般规则，也要注意个别例外。

像其他学科一样，学习时，应该前后、左右联系。前后联系就是在学了后面的内容后要返回到前面进行比较、分析，才能将整个内容贯穿一体。左右联系就是要把生物化学与其他学科如动物学、植物学、生理学、细胞学、遗传学、微生物学以及化学、物理学等进行联系，使生物化学与整个生物学融为一体。

霍佩塞勒

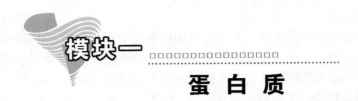

模块一
蛋 白 质

知识目标
ZHISHIMUBIAO

掌握蛋白质的元素组成、氨基酸的理化性质、蛋白质结构与功能之间的关系及蛋白质的重要理化性质，能用这些知识解决生产实际问题。

技能目标
JINENGMUBIAO

1. 掌握分光光度计的使用并能用以测定血清中蛋白质含量。
2. 掌握电泳分离的操作技术并能用以分离分析蛋白质。

蛋白质是生物体内一种含量丰富、功能复杂、种类繁多的生物大分子，是生命活动的物质基础，瘦肉、蛋类、豆类及鱼类中都含有丰富的蛋白质。蛋白质在机体内可发挥特异的生物学作用。血红蛋白、脂蛋白、运铁蛋白等具有运输功能；肌动蛋白、肌球蛋白是机体各种机械运动的物质基础；免疫球蛋白、补体结合蛋白有免疫保护作用；纤维蛋白原、凝血酶原等凝血因子可阻止血管损伤时血液的流失；某些激素、细胞受体及与细胞生长、基因表达密切相关的调控蛋白都是生物体内具有调节功能的蛋白质；皮肤、骨骼和肌腱中的胶原蛋白，韧带中的弹性蛋白，指甲、毛发中的角蛋白等都是在体内起支持作用的重要结构蛋白质；蛋白质是构成人体组织、器官的支架和主要物质，在人体生命活动中发挥着重要作用；作为细胞构件的组织蛋白塑造了细胞和组织；酶是具有催化活性的蛋白质。此外，蛋白质还有很多其他功能，如肌红蛋白贮存氧，铁蛋白贮存铁，血浆清蛋白除了有物质运输、营养作用外，还是维持血浆胶体渗透压的重要物质。

本模块主要学习蛋白质的组成、结构、理化性质和功能，以便进一步深入了解蛋白质和应用蛋白质知识解决生产实际问题。

单元 一 蛋白质的分子组成

单元解析
DANYUANJIEXI

本单元主要学习蛋白质的元素组成、蛋白质的基本结构单位、氨基酸的理化性质等知识点，为学习蛋白质的结构和解释诸如三聚氰胺事件这样的实际问题奠定知识基础。实施本单元教学的思路是知识紧密结合应用，用案例带动知识讲解。

一、蛋白质的元素组成

蛋白质为一类含氮有机化合物，除含有碳、氢、氧外，还含有氮和少量硫。一些蛋白质还含磷、铁、碘、锌和铜等其他一些元素。所有蛋白质都含氮元素，而且各种蛋白质的含氮量非常接近，平均为 16%，即氮含量＝蛋白质的量×16%。由此推理蛋白质的量＝氮含量×100/16＝氮含量×6.25，即任何生物样品中每 1 g 氮的存在，就表示大约有 6.25 g 蛋白质的存在，6.25 为蛋白质系数。因此可以通过测定样品内氮的含量来算出样品中蛋白质的含量，这就是凯氏定氮法，是经典的蛋白质定量测定的方法。2009 年轰动全国的三聚氰胺事件，不法分子将三聚氰胺添加到原料乳中，钻的是凯氏定氮法测定奶粉蛋白质含量的漏洞。在分析过程中，所有含氮物质均被统计成蛋白质总量。三聚氰胺含氮量高达 66%，一旦被掺入乳制品中，就可以提高氮的含量，造成原料乳蛋白质含量虚高。

二、蛋白质的基本结构单位

蛋白质经过水解的最终产物是氨基酸，即氨基酸是构成蛋白质的基本结构单位。氨基酸种类多，但组成蛋白质的氨基酸常见的有 20 种，其中除了脯氨酸外，其余均为 α-氨基酸。

（一）氨基酸的结构

蛋白质是由 α-氨基酸（英文缩写 AA）按照一定的顺序结合形成多肽链，再由一条或一条以上的多肽链按照特定方式结合而成的具有一定空间结构的高分子有机化合物。α-氨基酸是具有氨基（—NH_2）和羧基（—COOH）的有机分子，通式如下：

$$R-\overset{\overset{\displaystyle H}{|}}{\underset{\underset{\displaystyle COOH}{|}}{C}}-NH_2$$

除甘氨酸外，其他蛋白质氨基酸的 α-碳原子均为手性碳原子（即与 α-碳原子键合的四个取代基各不相同），因此氨基酸可以有立体异构体，即可以有不同的构型（D-型与 L-型两种构型）。其结构通式如下：

L-α-氨基酸　　　　D-α-氨基酸　　　　氨基酸结构

D-型氨基酸在 20 世纪 70 年代被科学家在人体中发现，但是到 80 年代后期才被广泛开展研究。非天然的 D-型氨基酸虽不是构成蛋白质的基本结构单元，但许多植物、微生物和高等植物中都有 D-型氨基酸的存在。其主要的应用领域包括：医药方面——用于合成多肽药物，如多肽抗生素（阿扑西林，ASPOXICILLIN）、肠胃药（OXTREOTIDE）、腹泻药（奥曲肽，SANDOSTATIN ACETATE）、促皮质素类似物、止痛镇痛药、减肥药、2 型糖尿病治疗药（那格列奈，NATEGLINIDE）等；食品方面——新型甜味剂如阿斯巴甜、阿力甜等；农药方面——氨基酸农药无需大面积使用，不但可减少人力、物力和药用量，且具有毒性低、高效无公害、易被降解利用、原料来源广泛等特点，成为新型农药研究热点；科学研究——通过研究生物体内氨基酸 D、L 型异构体含量的改变，可作为年代计时器进行气候、水文研究。D 型氨基酸还可用于酶的结构—功能分析方面的研究。

（二）氨基酸的分类

1. 营养分类　按照营养需求，氨基酸可分为必需氨基酸、半必需氨基酸及非必需氨基酸 3 类。

（1）必需氨基酸。必需氨基酸是指机体自身不能合成或合成速度不能满足机体需要，必须从食物中摄取的氨基酸。主要包括甲硫氨酸、色氨酸、赖氨酸、缬氨酸、异亮氨酸、亮氨酸、苯丙氨酸、苏氨酸 8 种。

（2）半必需氨基酸。某些氨基酸机体虽然能够合成，但通常不能满足正常的需要，因此，被称为半必需氨基酸，主要包括精氨酸和组氨酸。

（3）非必需氨基酸。非必需氨基酸指机体内能够合成，不需要从食物中获得的氨基酸，如甘氨酸、丙氨酸。

2. 结构分类　依据 R 基的结构可将氨基酸分为脂肪族氨基酸、芳香族氨基酸、杂环氨基酸和杂环亚氨基酸 4 类（表 1-1）。

（1）脂肪族氨基酸：蛋氨酸、天冬氨酸、丙氨酸、缬氨酸、亮氨酸、异亮氨酸、谷氨酸、赖氨酸、精氨酸、甘氨酸、丝氨酸、苏氨酸、半胱氨酸、天冬酰胺、谷氨酰胺。

（2）芳香族氨基酸：苯丙氨酸、酪氨酸。

（3）杂环氨基酸：组氨酸、色氨酸。

（4）杂环亚氨基酸：脯氨酸。

表 1-1　20 种氨基酸的结构分类

分类	名称	三字母缩写	结构式	等电点
脂肪族氨基酸	甘氨酸	Gly	$H-CH-COOH$, NH_2	5.97
	丙氨酸	Ala	$CH_3-CH-COOH$, NH_2	6.02
	缬氨酸	Val	$(CH_3)_2CH-CH-COOH$, NH_2	5.96
	亮氨酸	Leu	$(CH_3)_2CH-CH_2-CH-COOH$, NH_2	5.98
	异亮氨酸	Ile	$CH_3-CH_2-CH(CH_3)-CH-COOH$, NH_2	6.02
	丝氨酸	Ser	$CH_2-CH-COOH$, OH NH_2	5.68
	苏氨酸	Thr	$CH_3CH-CH-COOH$, OH NH_2	6.16
	半胱氨酸	Cys	$CH_2-CH-COOH$, SH NH_2	5.07
	甲硫氨酸	Met	$CH_3-S-(CH_2)_2-CH-COOH$, NH_2	5.74
	天冬氨酸	Asp	$HOOC-CH_2-CH-COOH$, NH_2	2.77
	天冬酰胺	Asn	$H_2N-OC-CH_2-CH-COOH$, NH_2	5.41
	谷氨酸	Glu	$HOOC-CH_2-CH_2-CH-COOH$, NH_2	3.22

（续）

分类	名称	三字母缩写	结构式	等电点
脂肪族氨基酸	谷氨酰胺	Gln	$H_2N-OC-(CH_2)_2-CH-COOH$ 下方 NH_2	5.65
	精氨酸	Arg	上方 NH，$H_2N-C-NH-(CH_2)_3-CH-COOH$ 下方 NH_2	10.76
	赖氨酸	Lys	$H_2N-CH_2-(CH_2)_3-CH-COOH$ 下方 NH_2	9.74
芳香族氨基酸	苯丙氨酸	Phe	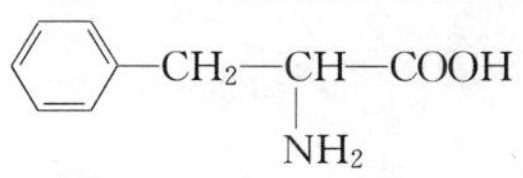 苯环 $-CH_2-CH-COOH$ 下方 NH_2	5.48
	酪氨酸	Tyr	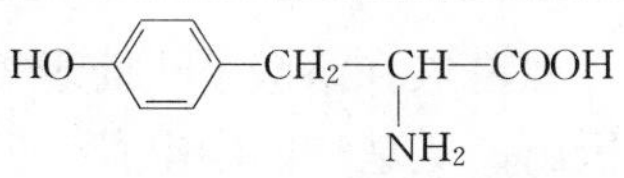 $HO-$ 苯环 $-CH_2-CH-COOH$ 下方 NH_2	5.66
杂环氨基酸	组氨酸	His	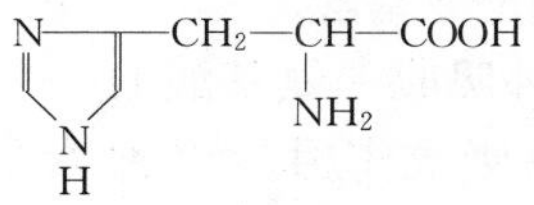 咪唑环 $-CH_2-CH-COOH$ 下方 NH_2	7.99
	色氨酸	Trp	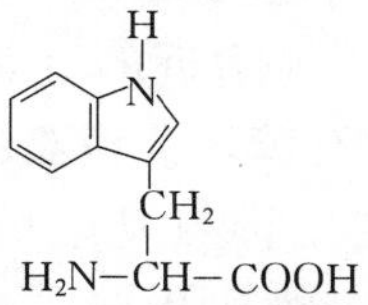 吲哚环 $-CH_2$，$H_2N-CH-COOH$	5.89
杂环亚氨基酸	脯氨酸	Pro	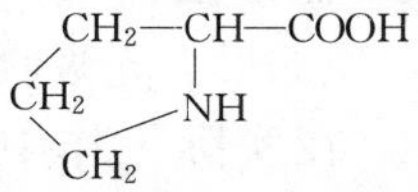 吡咯环 $CH_2-CH-COOH$	6.3

3. 根据 R 基团的极性分类

（1）极性氨基酸（亲水氨基酸）。

极性不带电荷的氨基酸：苏氨酸、半胱氨酸、甘氨酸、丝氨酸、酪氨酸、天冬酰胺、谷氨酰胺。

极性带负电荷的氨基酸（酸性氨基酸）：天冬氨酸、谷氨酸。

极性带正电荷的氨基酸（碱性氨基酸）：精氨酸、组氨酸、赖氨酸。

（2）非极性氨基酸（疏水氨基酸）：丙氨酸、缬氨酸、亮氨酸、异亮氨酸、脯氨酸、苯丙氨酸、色氨酸和蛋氨酸。

（三）氨基酸的理化性质

1. 氨基酸的两性电离与等电点

（1）两性电离。由于氨基酸分子中既含有—NH_2，又含有—COOH，当氨基酸溶于水时，—NH_2 和—COOH 均可电离：—NH_2 发生碱式电离成为—NH_3^+，—COOH 发生酸式电离成为—COO^-。这样，同一个氨基酸分子上既带有能放出质子的—NH_3^+ 正离子也有能接受质子的—COO⁻负离子，因此氨基酸为两性电解质。

（2）氨基酸的等电点。在氨基酸水溶液中，加酸或加碱均可调节—COOH 和—NH₂ 的电离程度。当氨基酸处在某个特定的 pH 溶液中时，可使—COOH 和—NH₂ 的电离程度相同，此时氨基酸在溶液中所带的正离子—NH₃⁺和负离子—COO⁻的数量相等，此时的氨基酸以兼性离子形式存在且浓度最低，这时氨基酸所处的溶液的 pH 称为该氨基酸的等电点，用 pI 表示。每种氨基酸都有其特定的等电点，当溶液的 pH 小于某氨基酸的 pI 时，该氨基酸分子会电离成为正离子，在电场中向负极移动；反之当溶液的 pH 大于某氨基酸的 pI 时，该氨基酸分子会电离成为负离子，在电场中向正极移动（图 1-1）。

氨基酸的两性解离与等电点

$$\underset{\underset{NH_3^+}{|}}{R-CH-COOH} \underset{H^+}{\overset{OH^-}{\rightleftharpoons}} \underset{\underset{NH_3^+}{|}}{R-CH-COO^-} \underset{H^+}{\overset{OH^-}{\rightleftharpoons}} \underset{\underset{NH_2}{|}}{R-CH-COO^-}$$

pH＜pI   pH＝pI   pH＞pI

图 1-1 氨基酸的两性解离

氨基酸在溶液 pH 处于等电点时的特点：AA 溶解度最小，最容易从溶液中析出；氨基酸的净电荷为 0，在电场中不移动。在实际工作中可利用等电聚焦电泳分离各种不同的氨基酸。

2. 氨基酸的紫外吸收　氨基酸的一个重要光学性质是对紫外光有吸收作用。20 种 AA 在可见光区域均无光吸收，对小于 220 nm 的远紫外光均有光吸收，而在 280 nm 附近的近紫外区，只有三种 AA 因其 R 基含有苯环共轭双键系统，所以对光有吸收能力，这三种氨基酸分别是酪氨酸、苯丙氨酸和色氨酸。由于蛋白质一般都含有这三种 AA 残基，故蛋白质的最大光吸收在 280 nm 波长处附近（图 1-2）。在实际工作中，将紫外分光光度计的波长调至 280 nm 可很方便地测定样品中蛋白质的含量，依据就是在 280 nm 处蛋白质溶液吸光值与其浓度成正比。

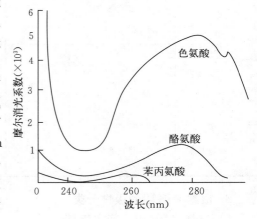

图 1-2 氨基酸的紫外吸收
（夏未铭．2006．动物生物化学）

3. 氨基酸的味道　味精是调味料的一种，主要成分为谷氨酸钠。味精的主要作用是增加食品的鲜味，在中国菜里用得非常多，也可用于汤和调味汁。谷氨酸钠还具有治疗慢性肝炎、肝性脑病、神经衰弱、癫痫病、胃酸缺乏等病的作用。

4. 茚三酮反应　氨基酸溶液可以和茚三酮发生颜色反应，Pro 产生黄色物质，其他氨基酸产生蓝紫色物质（图 1-3）。该显色反应常用于氨基酸的鉴定。

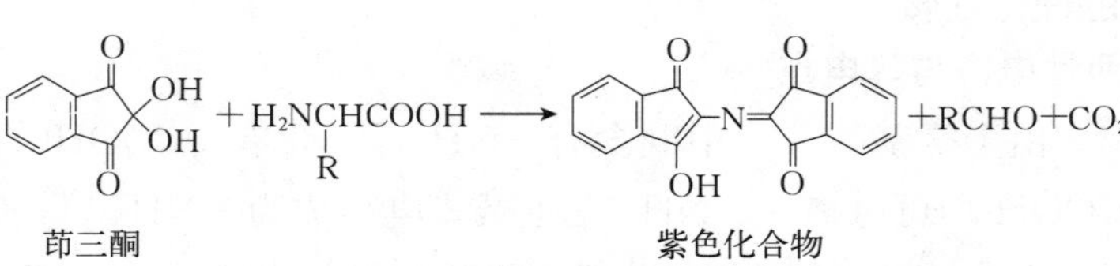

$$\underset{茚三酮}{} + H_2NCHCOOH \longrightarrow \underset{紫色化合物}{} + RCHO + CO_2$$

茚三酮　　　　　　　　　　紫色化合物

图 1-3 氨基酸与茚三酮反应

蛋白质与茚三酮的丙酮液加热，也可产生蓝紫色物质，此反应可用于蛋白质的定性与定量测定。法医常用茚三酮溶液分析纸张等表面上的潜指纹。手指所分泌的汗液中含有氨基酸，聚集于独特的手指纹路表面，就成为含有氨基酸的指纹，经过茚三酮处理可将氨基酸指尖纹路变为可见的紫色。

单元 二 蛋白质的分子结构

单元解析

本单元主要学习氨基酸如何形成肽键和多肽（蛋白质）、蛋白质的各级结构及其与功能之间的关系，为学习蛋白质的理化性质和解释诸如镰刀型红细胞贫血症等实际问题奠定知识基础。实施本单元教学的思路是以生动的图形演示复杂的结构，以案例突出知识的实用性。

一、肽

蛋白质是由氨基酸以脱水缩合的方式形成的肽键连接在一起组成的多肽链经盘绕折叠形成的具有一定空间结构的物质。

（一）肽键与多肽链

由前一个氨基酸的 α-羧基和后一个氨基酸的 α-氨基脱水缩合而成的酰胺键称为肽键（图1-4），是一种共价键。在蛋白质分子中，氨基酸之间是以肽键相连的。

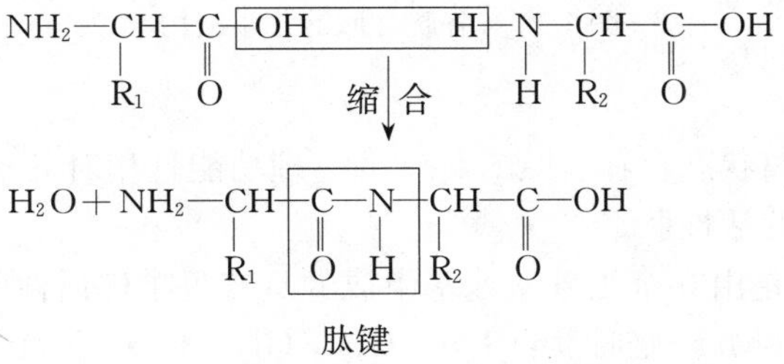

$$NH_2-CH-C-\boxed{OH \qquad H}-N-CH-C-OH$$

$$\begin{array}{ccc} & | & \| \\ & R_1 & O \end{array} \qquad 缩合 \qquad \begin{array}{ccc} | & | & \| \\ H & R_2 & O \end{array}$$

$$H_2O + NH_2-CH-C-\boxed{C-N}-CH-C-OH$$

$$\begin{array}{ccc} | & \| & | \\ R_1 & O & H \end{array} \qquad \begin{array}{ccc} | & \| \\ R_2 & O \end{array}$$

肽键

图1-4　肽键的形成

一个氨基酸的 α-羧基和另一个氨基酸的 α-氨基脱水缩合而成的化合物称为肽。2个氨基酸组成的肽称为二肽，3个氨基酸组成的肽称为三肽，以此类推至多肽。如图1-5所示，每一个氨基酸就像一个小人，小人与小人直接手拉手相当于肽键，这样一群小人手拉手连在一起就构成了肽链。一般十肽以下称为寡肽或低聚肽，十肽以上称为多肽，多肽是链状化合物，也称为多肽链。

图1-5　肽链形成示意

组成多肽链的氨基酸在相互结合时，失去了一分子水，已经不是完整的氨基酸，故把多肽中的氨基酸称为氨基酸残基。多肽本身就是蛋白质的一种形式，一般把相对分子质量超过10 000的多肽称为蛋白质。多肽链是有一定方向的，一般将多肽链中具有游离的 α-氨基的一端称为氨基末端（或 N 端），多肽链中具有游离的 α-羧基的一端称为羧基末端（或 C 端），书写多肽链的结构时，通常把 N 端写在左边，C 端写在右边。多肽链的方向是从 N 端至 C 端。

多肽链可以用下面的通式表示（图 1-6）：

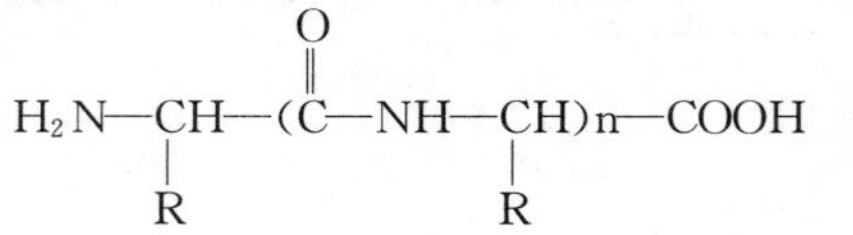

$$N端 \quad H_2N-CH-\overset{\displaystyle O}{\overset{\displaystyle \|}{C}}-NH-CH)n-COOH \quad C端$$
$$\underset{R}{|} \qquad\qquad \underset{R}{|}$$

图 1-6　多肽链的通式

（二）多肽的命名

多肽由 N 端开始按照氨基酸残基的排列顺序来命名，依次称为某氨酰某氨酰…某氨酸（简写为某-某-某）。如 Ser-Gly-Try-Ala-Leu 这个五肽含有 5 个氨基酸残基和 4 个肽键，称为丝氨酰甘氨酰酪氨酰丙氨酰亮氨酸；又如谷胱甘肽（glutathione，GSH）是由谷氨酸、半胱氨酸和甘氨酸三个氨基酸所组成的三肽，全名是 γ-谷氨酰半胱氨酰甘氨酸，缩写为 Glu-Cys-Gly，简称谷胱甘肽（图 1-7）。

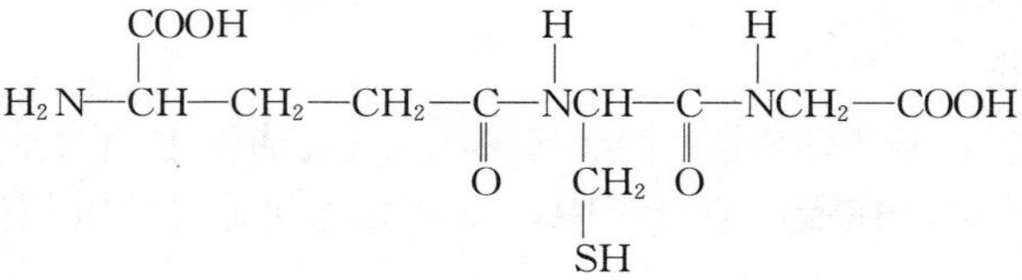

$$\overset{\displaystyle COOH}{\underset{\displaystyle |}{}} \qquad\qquad \overset{\displaystyle H}{|} \qquad \overset{\displaystyle H}{|}$$
$$H_2N-CH-CH_2-CH_2-C-NCH-C-NCH_2-COOH$$
$$\qquad\qquad\qquad \underset{O}{\|} \quad \underset{CH_2}{|} \quad \underset{O}{\|}$$
$$\qquad\qquad\qquad\qquad\qquad SH$$

图 1-7　谷胱甘肽的化学结构

（三）活性肽

活性肽为一类以游离状态存在、具有特殊的生理功能且相对分子质量比较小的多肽。下面介绍几种与医学相关的活性肽。

1. 脑啡肽　脑啡肽是由 5 个氨基酸残基组成的具有吗啡样活性的神经肽。包括：

Met-脑啡肽：Tyr-Gly-Gly-Phe-Met

Leu-脑啡肽：Tyr-Gly-Gly-Phe-Leu

脑啡肽对脑细胞具有独特的作用，能够激活处于抑制沉睡状态的脑细胞，对因脑损伤导致的后遗症有很好的恢复作用。脑啡肽在药效方面是吗啡的 2～3 倍，但不具备造成使用者成瘾的特性。

2. 谷胱甘肽　谷胱甘肽在机体内的防御体系起重要作用，具有多种生理功能。它的主要生理作用是能够清除掉人体内的自由基，作为体内一种重要的抗氧化剂，保护许多蛋白质等分子中的巯基。GSH 的结构中含有一个活泼的巯基（—SH），容易被氧化脱氢，这一特异结构使其成为体内主要的自由基清除剂。当细胞内生成少量 H_2O_2 时，GSH 在谷胱甘肽过氧化物酶的作用下，把 H_2O_2 还原成 H_2O，其自身被氧化成 GSSG，GSSG 由存在于肝与红细胞中的谷胱甘肽还原酶作用下，接受 H 被还原成 GSH，使体内自由基的清除反应能够持续进行。因此谷胱甘肽具有抗氧化作用。谷胱甘肽还具有整合解毒作用，其半胱氨酸上的巯基为其活性基团，易与某些药物（如对乙酰氨基酚）、毒素（如碘乙酸、芥子气，铅、汞、砷等重金属）等结合。谷胱甘肽还可作为功能性食品的基料，在延缓衰老、增强免疫力、抗肿瘤等功能性食品中被广泛应用。

3. 多肽类抗生素　多肽类抗生素是具有多肽结构特征的一类抗生素，包含多黏菌素类（多黏菌素 B、多黏菌素 E）、杆菌肽类（杆菌肽、短杆菌肽）和万古霉素，用于治疗外耳道、角膜或皮肤感染，也可用于尿路灌注或雾化吸入治疗。

4. 免疫活性肽　免疫活性肽是一种能刺激巨噬细胞的吞噬能力，抑制肿瘤细胞的生长的活性肽，分为内源免疫活性肽和外源免疫活性肽两种。内源免疫活性肽包括干扰素、白细胞介素和β-内啡肽，它们都是激活和调节机体免疫应答的中心。外源免疫活性肽主要来自于人乳和牛乳中的酪蛋白。免疫活性肽能刺激机体淋巴细胞的增殖和增强巨噬细胞的吞噬能力，提高机体对外界病原微生物的抵抗能力。

二、蛋白质的一级结构

蛋白质的一级结构是指蛋白质多肽链中氨基酸残基的排列顺序，是蛋白质最基本的结构，是蛋白质空间结构的基础。蛋白质的一级结构包括：组成蛋白质的多肽链的数目；多肽链中氨基酸的排列顺序；二硫键的数目和位置。蛋白质一级结构中的主键是肽键，维持一级结构的化学键是肽键和二硫键。二硫键是蛋白质分子中的 2 个半胱氨酸残基中 2 个—SH 被氧化而形成的—S—S—形式的键。目前，已有许多蛋白质如胰岛素、胰蛋白酶等的一级结构被研究确定。图 1-8 所示是牛胰岛素的一级结构：牛胰岛素由 51 个氨基酸残基组成，分两条链；A 链由 21 个氨基酸残基构成，B 链由 30 个氨基酸残基构成，含 3 个二硫键（一个 A 链内的二硫键，两个链间二硫键）。

蛋白质一级结构和功能的关系

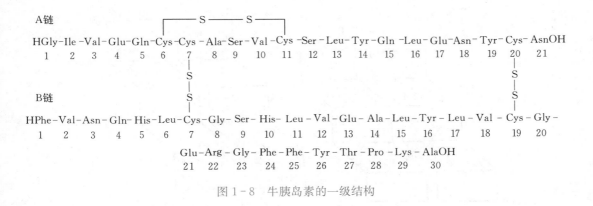

图 1-8　牛胰岛素的一级结构

三、蛋白质的空间结构

天然蛋白质分子并不是随机松散的多肽链。每种天然蛋白质都有自己特定的空间结构或构象。蛋白质的空间结构决定蛋白质的分子形状、理化性质和生物学活性。蛋白质的空间结构可分为蛋白质的二级、三级和四级结构。

（一）蛋白质的二级结构

蛋白质的二级结构是指多肽链中主链原子的空间排布方式，不涉及侧链部分的构象。蛋白质的二级结构主要包括 α-螺旋、β-折叠、β-转角和无规卷曲等几种。氢键是维持蛋白质二级结构稳定的化学键。

1. α-螺旋 该结构为蛋白质中常见的一种二级结构（图1-9），α-螺旋的主要特点：

（1）一般为右手螺旋。

（2）螺旋的每圈含有3.6个氨基酸，螺旋间距离是0.54 nm，每个残基沿轴旋转100°。

（3）每个肽键的羰基氧与第四个氨基酸氨基上的氢形成氢键，是维持α-螺旋的主要次级键。

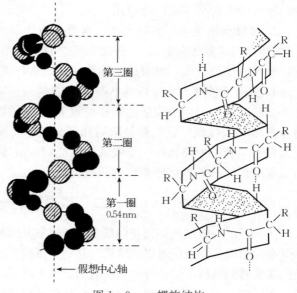

图1-9 α-螺旋结构

（夏未铭.2006.动物生物化学）

不同蛋白质的一级结构不同，所以蛋白质分子中α-螺旋结构的比例也不一样。有些蛋白质，如毛发、指甲中的α-角蛋白，几乎都是α-螺旋结构组成的纤维蛋白，形成强度大的长纤维状蛋白质。肌红蛋白和血红蛋白也主要是由α-螺旋结构组成的，但有些蛋白质几乎不含α-螺旋结构，如γ-球蛋白。

2. β-折叠 β-折叠又称为β-折叠片层结构，是蛋白质中的常见的二级结构，是由伸展的多肽链组成的（图1-10），与α-螺旋不同，其主要特点是：

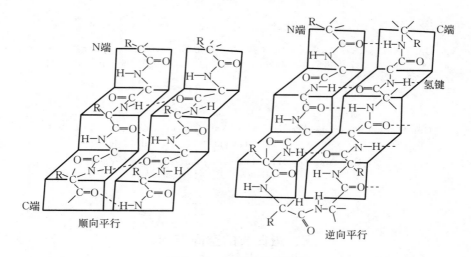

图1-10 β-折叠片层结构

（夏未铭.2006.动物生物化学）

（1）呈片状，肽链几乎完全伸展，而非紧密卷曲。

（2）折叠片的构象通过一个肽键的羰基氧和位于同一个肽链或相邻肽链的另一个酰胺键的氢之间形成的氢键维持。

（3）β-折叠中，相邻的两个多肽链可以是平行的，即两条链走向都是由N到C方向；

也可能是反平行排列，即一条是 N 到 C 方向，另一条是 C 到 N 方向。

蚕丝蛋白的二级结构是典型的β-折叠。

3. β-转角　蛋白质分子多肽链在形成空间构象的时候，经常会出现 180°的回折，回折处的结构就称为β-转角结构。β-转角中，第一个氨基酸残基的 C＝O 与第四个残基的 N—H 形成氢键，从而使结构稳定（图1-11）。β-转角常见于球状蛋白质分子表面，且含量十分丰富。

4. 无规卷曲　蛋白质肽链中有一些肽段与α-螺旋、β-折叠、β-转角比较起来没有确定规律，其结构比较松散，称为无规卷曲。

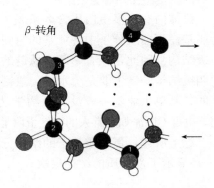

图 1-11　蛋白质分子中的β-转角

（二）蛋白质的三级结构

蛋白质的三级结构是指整条多肽链包括主链和侧链在内所有原子的排列方式，是多肽链在二级结构的基础上进一步盘曲或折叠形成的具有一定规律的三维空间结构，不同蛋白质的三级结构是不同的。图 1-12 为肌红蛋白的三级结构。

蛋白质三级结构的稳定主要靠次级键，包括氢键、盐键、二硫键、疏水键以及范德华力等（图1-13），尤其是疏水键在稳定蛋白质三级结构中起着重要作用。次级键中除二硫键外都是非共价键，容易受环境中 pH、温度、离子强度等的影响，有变动的可能性。具有三级结构的蛋白质从其外形上看，有的细长（长轴比短轴长 10 倍以上），属于纤维状蛋白质（如丝心蛋白）；有的长、短轴相差不多，基本上呈球形，属于球状蛋白质（如血浆清蛋白、球蛋白、肌红蛋白），球状蛋白质的疏水基团多聚集在分子的内部，而亲水基则多分布于分子表面，因此球状蛋白质是亲水的。

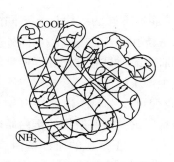

图 1-12　肌红蛋白三级结构

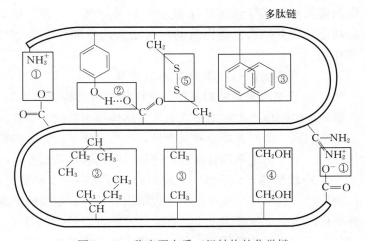

图 1-13　稳定蛋白质三级结构的化学键

（李生其，尚宝来.2012.动物生物化学）

①盐键　②氢键　③疏水键　④范德华力　⑤二硫键

（三）蛋白质的四级结构

机体内有许多蛋白质含 2 条或 2 条以上多肽链，每一条多肽链都有完整的三级结构，称为亚基。蛋白质分子中各亚基的空间排布及亚基接触部位的布局和相互作用，称为蛋白质的四级结构。因此，只有一条多肽链的蛋白质（如肌红蛋白）是没有四级结构的。维持蛋白质的四级结构的键主要是疏水键、氢键和离子键。含四级结构的蛋白质分子具有复杂的生物学功能，其单个亚基一般没有生物学功能或功能不完整。在一种蛋白质中，亚基结构可以相同，也可不同。如正常人的血红蛋白是由两个 α-亚基与两个 β-亚基形成的四聚体（图 1-14）。

综上所述，蛋白质分子的结构分为一级结构与空间结构（二、三、四级结构）两类。图 1-15 显示了蛋白质的结构层次。

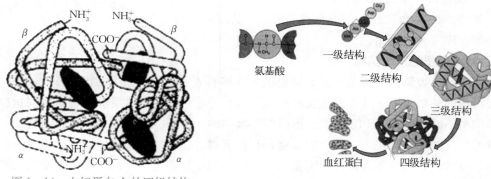

图 1-14 血红蛋白 A 的四级结构
（夏未铭.2006.动物生物化学）

图 1-15 蛋白质的结构层次

四、蛋白质结构与功能的关系

蛋白质分子具有三维空间结构，执行复杂的生物学功能。蛋白质结构与功能之间的关系非常密切。蛋白质的结构是蛋白质功能的基础，有什么样的结构就对应什么样的功能，正是蛋白质结构的多样性产生了其功能的多样性。所以，蛋白质的结构决定其功能，蛋白质的功能体现其结构。蛋白质的一级结构与空间结构对维持蛋白质的生物学活性都有重要的作用。

（一）蛋白质一级结构与功能的关系

1. 一级结构是功能的基础 蛋白质一级结构决定生物学功能，不同的结构具有不同的功能。如牛的催产素和加压素的一级结构都为九肽，二者除第三位和第八位氨基酸不同外其余完全相同。但二者功能差别明显，催产素使子宫和乳腺平滑肌收缩，具有催产和促使乳腺排乳的作用，加压素具有促进血管平滑肌收缩，升高血压，减少排尿的作用。

2. 一级结构与分子病 蛋白质的一级结构中氨基酸序列改变可以引起疾病，许多先天性疾病已被查明是组成蛋白质一级结构的某种氨基酸缺乏或异常所致，这些缺损的蛋白质可能仅仅因为一个氨基酸发生异常所造成的，即所谓的分子病。例如，正常人的血红蛋白 β-亚基的第六位氨基酸是谷氨酸，如果突变为缬氨酸（图 1-16），红细胞变形成镰刀状且极易破碎，携带氧气的功能降低，使人产生贫血。这种血红蛋白分子变异引起的遗传性疾病称为镰刀型红细胞贫血症。

β-链	1	2	3	4	5	6	7	8
Hb-A（正常）	Val -	His -	Leu -	Thr -	Pro -	Glu -	Clu -	Lys…
Hb-S（病人）	Val -	His -	Leu -	Thr -	Pro -	Val -	Clu -	Lys…

图 1-16　正常血红蛋白和镰刀型红细胞贫血症血红蛋白 β-链比较

（二）蛋白质空间结构与功能的关系

蛋白质的空间结构与功能之间关系密切，其特定的空间结构是其生物学功能的基础。例如，肌红蛋白是一条由 153 个氨基酸残基组成的肽链盘绕一个血红素（辅基）而形成的，其分子折叠紧密，肌红蛋白分子内外层的氨基酸残基的排列都有一定的规律，含有极性基团侧链的氨基酸残基大多分布在分子的表面，而非极性的残基则被埋在分子内部，不与水接触。正因为分子表面极性基团与水分子的结合，才使肌红蛋白具有可溶性。肌红蛋白是哺乳动物肌肉中贮氧的蛋白质。在潜水类哺乳动物如鲸、海豹及海豚的肌肉中肌红蛋白含量非常丰富，致使这些动物的肌肉呈棕色。正因为肌红蛋白能够贮氧，使这些动物可以长时间潜在水下。

血红蛋白是一个由 4 个亚基构成的四聚体，它的整个结构要比肌红蛋白复杂得多，因此表现出肌红蛋白所没有的一些功能，例如，除了运输氧外，血红蛋白还能运输 H^+ 和 CO_2。此外，血红蛋白还具有别构现象，即血红蛋白的四聚体具有稳定的结构，但与氧的亲和能力很弱，但当氧和血红蛋白分子中一个亚基血红蛋白铁结合后，就会引起该亚基的构象发生改变，这个改变又会引起另外三个亚基相继发生变化继而使整个血红蛋白分子构象发生改变，使所有亚基血红蛋白铁原子的位置都变得易于与氧结合，血红蛋白与氧结合的速度就会大大加快。

不同的蛋白质，正因为具有不同的空间结构，而具有不同的生理功能。如指甲和毛发中的角蛋白，分子中含有大量的 α-螺旋结构，因此性质稳定，既坚韧又富有弹性，这与角蛋白的保护功能分不开；丝心蛋白分子中富含 β-折叠片层结构，因此分子伸展，蚕丝柔软却没有多大的延伸性。一些疾病的发生与蛋白质的空间结构改变密切相关。例如，当蛋白质由于折叠错误而相互聚集时，常形成抗蛋白水解酶的淀粉样纤维沉淀，可导致人类的老年痴呆和疯牛病等。

单元 三　蛋白质的理化性质

单元解析

本单元主要学习蛋白质的两性电离与等电点、蛋白质的胶体性质、蛋白质的沉淀、蛋白质的变性与复性、蛋白质的颜色反应与分类等知识，为消毒技术、电泳技术、透析技术等蛋白质知识的实际应用奠定基础。

蛋白质是由氨基酸组成的生物大分子，其理化性质一部分与氨基酸相似，如两性电离、等电点等，也有一部分不同于氨基酸，如胶体性质、变性等。

（一）蛋白质的两性电离与等电点

蛋白质中碱性和酸性氨基酸的含量和所处溶液的 pH 决定了蛋白质颗粒在溶液中所带的电荷。当蛋白质溶液处于某一 pH 时，蛋白质分子上的正负电荷相等，净电荷为 0，蛋白质为兼性离子，此时溶液的 pH 称为该蛋白质的等电点（pI）。当溶液的 pH 等于等电点时，蛋白质在电场中不移动。如图 1-17 所示，当溶液的 pH 大于蛋白质等电点时，该蛋白质带负电荷，反之则带正电荷。

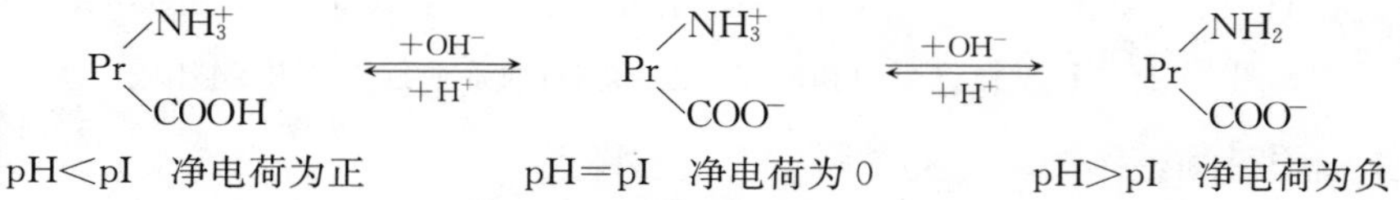

$$\underset{\text{pH}<\text{pI} \ \text{净电荷为正}}{Pr\bigg\langle\begin{matrix}NH_3^+\\ COOH\end{matrix}} \ \underset{+H^+}{\overset{+OH^-}{\rightleftharpoons}} \ \underset{\text{pH}=\text{pI} \ \text{净电荷为0}}{Pr\bigg\langle\begin{matrix}NH_3^+\\ COO^-\end{matrix}} \ \underset{+H^+}{\overset{+OH^-}{\rightleftharpoons}} \ \underset{\text{pH}>\text{pI} \ \text{净电荷为负}}{Pr\bigg\langle\begin{matrix}NH_2\\ COO^-\end{matrix}}$$

图 1-17　蛋白质的两性电离

这种带电荷的蛋白质，在电场中向电性相反的电极移动的现象称为蛋白质电泳。电泳的速度与带电粒子电荷多少、分子的大小、形状以及电场强度等多种因素有关，故可用电泳法来分离纯化、鉴定和制备蛋白质。

（二）蛋白质的胶体性质

蛋白质分子颗粒大小在 $1\sim100$ nm（胶体范围之内）。因此蛋白质具有布朗运动、丁道尔现象、电泳现象、不能透过半透膜、吸附能力等胶体性质。维持蛋白质胶体溶液稳定的因素有两个，一是水化膜。蛋白质的表面多亲水基团，具有强烈的吸引水分子的作用，使蛋白质分子表面常为多层水分子所包围，称为水化膜，从而阻止蛋白质颗粒的相互聚集，防止溶液中蛋白质的沉淀析出。二是同种电荷。在 $pH\neq pI$ 的溶液中，蛋白质带有同种电荷。$pH>pI$，蛋白质带负电荷；$pH<pI$，蛋白质带正电荷。同种电荷相互排斥，阻止蛋白质颗粒相互聚集沉淀。

蛋白质与低分子物质相比较，蛋白质分子扩散速度慢，不易透过半透膜，黏度大。在分离提纯蛋白质过程中，可利用蛋白质的这一性质，将混有小分子杂质的蛋白质溶液放入半透膜制成的囊内，置于流动水或适宜的缓冲液中，使小分子杂质从囊中透出，保留了比较纯的蛋白质，这种方法称为透析法（图 1-18）。血液透析就是利用半透膜原理，通过扩散和对流将体内各种有害及多余的代谢废物、电解质移出体外，达到净化血液和纠正水电解质及酸碱平衡的目的。在兽医临床诊断上，正常动物的尿常规检测中不应有蛋白质，就是由于肾或膀胱黏膜是半透膜，蛋白质是

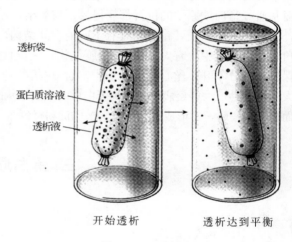

透析袋
蛋白质溶液
透析液

开始透析　　　　透析达到平衡

图 1-18　透析法

很难通过的，只有当肾或膀胱黏膜发生病变时，透过性增大，才会在尿液中出现蛋白质。

（三）蛋白质的沉淀

在蛋白质溶液中加入适当试剂，破坏蛋白质的水化膜或中和其分子表面的电荷，从而使蛋白质胶体溶液变得不稳定而发生沉淀，这种现象称为蛋白质的沉淀作用。变性蛋白质一般易于沉淀，但使蛋白质沉淀的因素不一定都使蛋白质变性，引起蛋白质沉淀的主要方法有下述几种：

1. 盐析　在蛋白质溶液中加入大量的中性盐（硫酸铵、硫酸钠、氯化钠等）用以破坏蛋白质的胶体稳定性而使其析出，这种方法称为盐析。各种蛋白质盐析时所需的盐浓度及

pH 不同，通过盐析沉淀的蛋白质，经透析除盐，仍保证蛋白质的活性，即盐析出来的蛋白质不变性，因此，可以通过调节盐浓度使混合液中几种不同蛋白质分别沉淀析出，达到分离的目的，这种方法称为分段盐析。硫酸铵是最常用来盐析的中性盐。如可用半饱和的硫酸铵沉淀出血清中的球蛋白，饱和硫酸铵可使血清中的清蛋白沉淀出来。调节蛋白质溶液的 pH 至等电点后，再用盐析法，蛋白质沉淀的效果会更好。

2. 生物碱试剂沉淀法 蛋白质与生物碱试剂（如苦味酸、鞣酸）以及某些酸（如三氯醋酸、硝酸）结合形成不溶性的盐沉淀，沉淀的条件是 pH 小于等电点，这时蛋白质带正电荷，易于与酸根负离子结合成盐。如发芽的马铃薯中含有一种弱碱性的生物碱称为茄碱（又名龙葵苷），龙葵苷具有腐蚀性、溶血性，并对运动中枢及呼吸中枢有麻痹作用。每 100 g 马铃薯含龙葵苷 5~10 mg，未成熟、青紫皮的马铃薯或发芽马铃薯含龙葵苷 25~60 mg，甚至高达 430 mg，所以大量食用未成熟或发芽马铃薯可引起急性中毒。

3. 重金属盐沉淀法 当溶液的 pH 大于等电点时，蛋白质可与重金属离子如汞、铅、铜等结合成盐沉淀，因为此时的蛋白质分子有较多的负离子可与重金属离子结合成盐。重金属沉淀的蛋白质常会发生变性，但如果在低温条件下，控制重金属离子浓度，也可用于分离制备不变性的蛋白质。

临床上可以利用蛋白质与重金属盐结合的这种性质，抢救误服重金属盐中毒的动物，采用给动物口服大量蛋白质（如牛奶），使蛋白质与体内重金属结合，然后用催吐剂将结合的重金属盐呕吐出来的方法解毒。

4. 有机溶剂沉淀法 有机溶剂如乙醇、甲醇、丙酮等对水的亲和力很大，能破坏蛋白质颗粒的水化膜，在等电点时能使蛋白质沉淀。在常温下，用有机溶剂沉淀蛋白质往往可引起蛋白质变性，如用乙醇溶液消毒灭菌，但若在低温条件下，则变性进行较缓慢，可用于分离制备各种血浆蛋白质。

5. 加热沉淀法 将 pH 处于等电点附近的蛋白质溶液加热，可使蛋白质发生凝固而沉淀。加热使有规则的肽链结构被打开呈不规则松散状的结构分子，蛋白质发生变性，疏水基团暴露，进而凝聚成蛋白块。如煮熟的鸡蛋，蛋黄和蛋清都凝固。

（四）蛋白质的变性与复性

在某些理化因素作用下，蛋白质的空间结构被破坏，引起蛋白质理化性质发生改变和生物活性丧失，这种现象称为蛋白质的变性。变性蛋白质只有空间构象被破坏，一般来说蛋白质变性本质是次级键、二硫键的破坏，并不涉及一级结构的变化。

引起蛋白质变性的因素可分为物理因素和化学因素两大类。物理因素包括加热、加压、脱水、搅拌、振荡、紫外线照射、超声波的作用等；化学因素包括强酸、强碱、尿素、重金属盐、十二烷基磺酸钠（SDS）等。

变性蛋白质具有以下特点：

（1）理化性质改变。例如，溶解度降低，黏度增加，结晶性破坏。

（2）生物学活性丧失。如变性的疫苗会失活。

（3）生物化学性质改变。变性的蛋白质分子结构松散，易被蛋白酶分解，煮熟的食物易于消化就是这个原因。

许多蛋白质变性时被破坏严重，不能恢复，称为不可逆性变性，如煮熟的鸡蛋不能恢复成原状。但蛋白质变性并非都是不可逆的变化，当变性程度较轻时，若去除变性因素，有的蛋白质仍能恢复或部分恢复其原来的构象和功能，变性的可逆变化称为复性。例如，将胃蛋白酶加热到 80～90 ℃时，失去溶解性，也失去消化蛋白质的能力，若将温度再降低到 37 ℃，则又可恢复溶解性和消化蛋白质的功能。

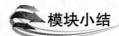

模块小结

　　本模块主要学习了蛋白质的元素组成、蛋白质的基本结构单位、氨基酸的理化性质、肽键与多肽、蛋白质的各级结构及其与功能之间的关系、蛋白质的理化性质等知识。应掌握蛋白质的元素组成特点及凯氏定氮技术的原理；氨基酸的结构通式；氨基酸的分类；氨基酸的理化性质：两性性质与等电点、紫外吸收、茚三酮反应和味道；蛋白质一级结构的概念及其主要的化学键；蛋白质二级结构的概念、主要化学键和 α-螺旋、β-折叠的结构特点；蛋白质三级结构概念和维持三级结构稳定的化学键；蛋白质四级结构的概念和维持四级结构稳定的化学键；蛋白质结构与功能之间的关系：一级结构决定空间结构，也从根本上决定功能，空间结构决定功能；蛋白质的理化性质：胶体性质，蛋白质变性的意义。了解肽、肽键和多肽链的概念、常见的活性肽、蛋白质的分类、蛋白质的沉淀、等电点、电泳、盐析等技术的原理。通过本模块学习学会用蛋白质知识解决一些生产实际问题。

拓展提高

　　（一）蛋白质变性在临床消毒上的应用

　　清洁、消毒、灭菌是医院预防和控制感染的一个重要环节。它包括医院病室内外环境的清洁、消毒，诊疗用具、器械、药物的消毒、灭菌以及接触传染病患者的消毒隔离和终末消毒等措施。其中，消毒是指杀灭或清除传播媒介上的病原微生物，使之达到无害化的处理。

　　1. 物理消毒灭菌方法　利用物理因子杀灭微生物的方法包括热力消毒灭菌、微波消毒、光照消毒等。

　　（1）热力消毒灭菌。通过高温能使微生物的蛋白质变性或凝固（结构改变导致功能丧失），新陈代谢受到阻碍而死亡，从而达到消毒与灭菌的目的。一些耐高温的器械（金属、搪瓷类），在急用或无条件用其他方法消毒时可采用将器械放在火焰上烧灼 1～2 min 的方法。某些特殊感染如破伤风、气性坏疽、绿脓杆菌感染的敷料，以及其他已污染且无保留价值的物品如污纸、垃圾等，应放入焚烧炉内焚烧，使之炭化。湿热消毒灭菌由空气和水蒸气导热，传热快，穿透力强，湿热灭菌法如煮沸法、高压蒸汽灭菌法比干热灭菌法所需温度低、时间短。

　　（2）微波消毒。微波是一种高频电磁波，其杀菌的作用原理是：一为热效应，所及之处产生分子内部剧烈运动，使物体里外湿度迅速升高；二为综合效应，诸如化学效应、电磁共振效应和场致力效应。若物品先经 1% 过氧乙酸或 0.5% 新洁尔灭湿化处理后，可起协同杀菌作用，照射 2 min，可使杀芽孢率由 98.81% 增加到 99.98%～99.99%。

　　微波对人体有一定危害性，其热效应可损伤睾丸、眼睛晶状体等，长时间照射还可致神经功能紊乱。使用时可设置不透微波的金属屏障或戴特制防护眼镜等。

（3）光照消毒。光照消毒主要是利用紫外线照射，使菌体蛋白质发生光解、变性，菌体内的氨基酸、核酸、酶遭到破坏而致细菌死亡。如日光曝晒法、紫外线灯管消毒法。

2. 化学消毒灭菌方法 利用化学药物渗透细菌的体内，使菌体蛋白质凝固变性，干扰细菌酶的活性，抑制细菌代谢和生长或损害细胞膜的结构，改变其渗透性，破坏其生理功能等，从而起到消毒或灭菌作用。所用的药物称为化学消毒剂。有的药物杀灭微生物的能力较强，可以达到灭菌，又称为灭菌剂。

凡不适于物理消毒灭菌且耐潮湿的物品，如锐利的金属、刀、剪、缝针和光学仪器（胃镜、膀胱镜等）及皮肤、黏膜，病人的分泌物、排泄物、病室空气等均可采用此法。常用化学消毒灭菌方法有浸泡法、擦拭法、熏蒸法、喷雾法等。

（1）浸泡法。选用杀菌谱广、腐蚀性弱、水溶性消毒剂，将物品浸没于消毒剂内，在标准的浓度和时间内，达到消毒或灭菌的目的。

（2）擦拭法。选用易溶于水、穿透性强的消毒剂，擦拭物品表面，在标准的浓度和时间里达到消毒或灭菌的目的。

（3）熏蒸法。加热或加入氧化剂，使消毒剂呈气体，在标准的浓度和时间里达到消毒或灭菌的目的。

（4）喷雾法。借助普通喷雾器或气溶胶喷雾器，使消毒剂产生微粒气雾弥散在空间，进行空气和物品表面的消毒。如用 1% 漂白粉澄清液或 0.2% 过氧乙酸溶液作空气喷雾。

注：消毒剂原液和加工剂型一般浓度较高，在实际应用中，必须根据消毒的对象和目的加以稀释，配制成适宜浓度使用，才能收到良好的消毒或灭菌效果。

（二）血清蛋白电泳的临床分析

血清蛋白电泳图谱是了解血清蛋白全貌的一种方法，可以作为某些疾病的较好的辅助诊断指标。

1. 血清蛋白电泳的正常组分 用醋酸纤维素薄膜电泳法可将正常血清蛋白分为清蛋白（Alb）、α_1-球蛋白、α_2-球蛋白、β-球蛋白、γ-球蛋白 5 条区带，并测定各组分的含量。通常采用各区带的浓度（%）表示，也可将各区带浓度与血清总蛋白浓度相乘后，以绝对浓度（g/L）表示。测得血清各区带蛋白质的参考值：Alb、α_1-球蛋白、α_2-球蛋白、β-球蛋白、γ-球蛋白的含量分别是 57%～68%、1.0%～5.7%、4.9%～11.2%、7%～13%、9.8%～18.2%。若用 g/L 表示，则 Alb 和 α_1-球蛋白、α_2-球蛋白、β-球蛋白、γ-球蛋白的含量分别是 35～52 g/L、1.0～4.0 g/L、4.0～8.0 g/L、5.0～10.0 g/L、6.0～13.0 g/L。

2. 疾病相关性 在疾病情况下血清蛋白可出现多种变化。根据它们在电泳图谱上的异常特征将其进行分型，使其有助于临床疾病的判断，就是异常血清蛋白电泳图谱分型。下面举一些例子：

（1）骨髓瘤。会出现特异的电泳图形，大多在 γ-球蛋白区（个别在 β-球蛋白区）出现一个尖峰，称为 M 蛋白。

（2）肾疾病。急性肾炎时 α_2-球蛋白的含量可增高，有时同时 γ-球蛋白的含量轻度增高；慢性肾炎时常可见到 γ-球蛋白的含量中度增高。

（3）肝疾病。传染性肝炎时清蛋白的含量轻度下降，α_2-球蛋白的含量增高并伴有 γ-球蛋白的含量增高。肝硬化时有典型的蛋白电泳图形。γ-球蛋白的含量明显增加，γ-球蛋白和 β-球蛋白连成一片不容易分开，同时清蛋白的含量降低；急性重型肝炎时清蛋白的含量明显下降，球蛋白的含量显著升高；肝癌常与肝硬化并存，所以蛋白电泳图像和肝硬化相似，但常有α-球蛋白的含量升高，有时会出现甲胎蛋白带。

（4）清蛋白含量增高：椎管阻塞、脑水肿、缺氧性脑病、结缔组织疾病等。

（5）γ-球蛋白含量增高：神经梅毒、脑炎、多发性硬化症等。

思考与练习

1. 蛋白质的基本结构单位是什么？其结构特点是什么？
2. 什么是必需氨基酸？必需氨基酸有哪些？
3. 消毒是利用蛋白质的什么性质来进行的？其作用原理是什么？
4. 举例说明蛋白质的一级结构和空间结构与功能的关系。
5. 为什么发芽的马铃薯不能吃？
6. 为什么重金属会引起中毒？
7. 不法分子为什么会在奶粉中添加三聚氰胺？
8. 蛋白质知识在临床诊断中有哪些应用？
9. 沉淀蛋白质的方法有哪些？各自有哪些特点？
10. 何为蛋白质一、二、三、四级结构？稳定各级结构的作用力是什么？

实训 一 血清中蛋白质含量的测定

【目的】

1. 掌握双缩脲法测定血清中蛋白质含量的原理和方法。
2. 掌握分光光度计的使用方法。

【原理】 将尿素加热至180℃左右，生成双缩脲并放出一分子氨。双缩脲在碱性环境中能与Cu^{2+}结合生成紫红色化合物，此反应称为双缩脲反应。蛋白质分子中有肽键，其结构与双缩脲相似，也能发生此反应，可用于蛋白质的定性或定量测定。

双缩脲反应不仅为含有两个以上肽键的物质所有，含有一个肽键和一个—CS—NH_2、—CH_2—NH_2、—CRH—NH_2、—CH_2—NH_2—$CHNH_2$—CH_2OH 或—$CHOHCH_2NH_2$ 等基团

的物质以及乙二酰二胺（ $O=\overset{\underset{|}{NH_2}}{C}—\overset{\underset{|}{NH_2}}{C}=O$ ）等物质也有此反应。NH_3也干扰此反应，因为NH_3与Cu^{2+}可生成暗蓝色的络离子Cu（NH_3）$_4^{2+}$。因此，一切蛋白质或二肽以上的多肽都有双缩脲反应，但有双缩脲反应的物质不一定都是蛋白质或多肽。

【器材与试剂】

1. 试剂　分光光度计，恒温水浴锅，容量瓶，吸管，试管等。
2. 试剂

（1）双缩脲试剂：溶解1.5 g硫酸铜（$CuSO_4 \cdot 5H_2O$）和6.0 g酒石酸钾钠（$KNaC_4H_4O_6 \cdot 4H_2O$）于500 mL蒸馏水中，搅拌并加入300 mL 10％氢氧化钠溶液，用水稀释至1 000 mL，贮存于内壁涂有石蜡的瓶内，可长期保存。

（2）标准蛋白溶液（5 mg/mL）：准确称取一定量已定氮的酪蛋白（干酪素）。用 0.05 mol/L 的氢氧化钠溶液溶解成 5 mg/mL 的标准溶液，于冰箱存放备用。

（3）样品血清：将家畜血清用水稀释 10 倍，于冰箱存放备用。

【方法与操作】取 3 支试管，按表实 1 - 1 操作。

表实 1 - 1

试剂（mL）	试管		
	空白管	标准管	测定管
样品血清	0	0	1
标准蛋白溶液	0	1	0
蒸馏水	2	1	1
双缩脲试剂	4	4	4

混匀，37 ℃水浴 20 min 后，于 540 nm 波长处比色，空白管调零，测得各试管吸光度。

【结果计算】

$$血清总蛋白质（g/100\ mL）=\frac{测定管吸光度}{标准管吸光度}\times 5$$

【注意事项】

1. 所用酪蛋白需经凯氏定氮法确定蛋白质含量。

2. 此方法常用于需要快速但不要求十分精确的测定。硫酸铵不干扰此呈色反应，但由于有铜离子存在，有时会出现红色沉淀。

【操作思考】

1. 分光光度计的操作注意事项有哪些？

2. 血清中蛋白质含量测定的临床意义是什么？

实训 二 血清蛋白醋酸纤维素薄膜电泳

【目的】

1. 掌握醋酸纤维素薄膜电泳分离血清蛋白的操作技术。

2. 学会用分光光度法对血清蛋白或核苷酸醋酸纤维素薄膜电泳的结果进行定量测定。

【原理】醋酸纤维素薄膜电泳是用醋酸纤维素薄膜作为支持物的电泳方法。它具有简便、快速、样品用量少、应用范围广、分离清晰、没有吸附现象等优点，目前已广泛用于血清蛋白、脂蛋白、血红蛋白、糖蛋白、多肽、核酸、同工酶及其他生物大分子的分析检测，是医学和临床检验的常规技术。

本实验以醋酸纤维素薄膜为电泳支持物，分离各种血清蛋白。血清中含有清蛋白、α-球蛋白、β-球蛋白、γ-球蛋白和各种脂蛋白等。各种蛋白质由于氨基酸组成、相对分子质量、等电点及形状不同，在电场中的迁移速度不同。以醋酸纤维素薄膜为支持物，正常人血清在 pH 为 8.6 的缓冲体系中电泳，染色后可显示 5 条区带。其中清蛋白的泳动速度最快，其余依次为 α_1-球蛋白、α_2-球蛋白、β-球蛋白及 γ-球蛋白。这些区带经洗脱后可直接进行光比色测定，计算出血清中各种蛋白质的含量。

【试剂与器材】

1. **试剂**

（1）巴比妥缓冲液（pH 8.6，离子强度 0.06）：巴比妥 1.66 g，巴比妥钠 12.76 g，加水至 1 000 mL。置 4 ℃冰箱保存，备用。

（2）染色液：氨基黑 10B 0.5 g，甲醇 50 mL，冰醋酸 10 mL，蒸馏水 40 mL，混匀。

（3）漂洗液：含 95％乙醇 45 mL，冰醋酸 5 mL，蒸馏水 50 mL，混匀。

（4）洗脱液：0.4 mol/L 的氢氧化钠溶液。

（5）透明液：①甲液，冰醋酸 5 mL，无水乙醇 85 mL，混匀装瓶备用；②乙液，冰醋酸 25 mL，无水乙醇 75 mL，混匀装瓶备用。

2. **材料** 新鲜血清（未溶血）。

3. **器材** 醋酸纤维素薄膜（2 cm×8 cm），培养皿，点样器，电泳仪，玻璃板，滤纸，铅笔和直尺，镊子，分光光度计。

【方法与操作】

1. **浸泡** 用镊子取醋酸纤维素薄膜 1 张（识别光泽面和无光泽面，并在角上用笔做上记号），小心平放在盛有缓冲液的平皿中，浸泡 30 min 左右。

2. **点样** 将浸透的薄膜从缓冲液中取出，夹在两层粗滤纸中间吸干多余的液体，然后平铺在玻璃板上（无光泽面朝上），使其底边与模板底边对齐。点样时，先在点样器上均匀地沾上血清，再将点样器轻轻地印在点样区内，使血清完全渗透至薄膜内，形成一定宽度、粗细均匀的直线。点样区距阴极端 1.5 cm（图实 1-1）。

图实 1-1 醋酸纤维素薄膜规格及点样位置
（虚线处为点样位置）

3. **电泳** 根据电泳槽膜支架的宽度，裁剪尺寸合适的滤纸条。在两个电泳槽中，各倒入等体积的电泳缓冲液，在电泳槽的两个膜支架上，各放两层滤纸条，使滤纸一端的长边与支架前沿对齐，另一端浸入电泳缓冲液中。当滤纸全部润湿后，用玻璃棒轻轻挤压在膜支架上的滤纸以驱赶气泡，使滤纸的一端能紧贴在膜支架上，即为滤纸桥。将点样端的薄膜平贴在阴极电泳槽支架的滤纸桥上，另一端平贴在阳极端支架上（图实 1-2）。盖上电泳槽盖，使薄膜平衡 5 min。通电，调节电流强度 0.4～0.6 mA/cm 膜宽，电压 10～25 V/cm 膜长，电泳时间 30～120 min。

4. **染色** 电泳完毕后将薄膜取下，放在染色液中浸泡 5 min。

5. **漂洗** 将薄膜从染色液中取出后移至漂洗液中漂洗 3 次，每次 10 min，直至背景蓝色脱净。取出薄膜放在滤纸上，用吹风机将薄膜吹干。

6. **透明** 将脱色吹干后的薄膜浸入透明液中，浸泡 20 min 后，取出紧贴于洁净玻璃板

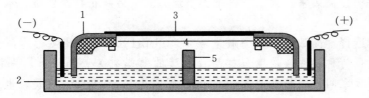

图实 1-2 醋酸纤维素薄膜电泳装置

1. 滤纸桥 2. 电泳槽 3. 醋酸纤维素薄膜 4. 电泳槽膜支架 5. 电极室中央隔板

上，两者间不能有气泡，干后即为透明的薄膜图谱（图实 1-3）。

清蛋白 α₁-球蛋白 α₂-球蛋白 β-球蛋白 γ-球蛋白 原点

图实 1-3 血清蛋白醋酸纤维素薄膜电泳图谱

7. 定量 剪下各条区带，并剪一条空白薄膜作为对照。将清蛋白浸入装有 4 mL 0.4 mol/L 氢氧化钠溶液的试管中，其余各条带浸入装有 2 mL 氢氧化钠溶液的试管中，摇匀，放入 37 ℃恒温水浴锅中浸提 30 min，每隔 10 min 摇动 1 次。在 620 nm 波长处比色，空白调零。分别测得各管光密度为 $OD_清$、OD_{α_1}、OD_{α_2}、OD_β、OD_γ。

【结果计算】

$$OD = OD_清 \times 2 + OD_{\alpha_1} + OD_{\alpha_2} + OD_\beta + OD_\gamma$$

各血清蛋白的含量：

$$清蛋白的含量 = \frac{2 \times OD_清}{OD_总} \times 100\%$$

$$\alpha_1-球蛋白的含量 = \frac{OD_{\alpha_1}}{OD_总} \times 100\%$$

$$\alpha_2-球蛋白的含量 = \frac{OD_{\alpha_2}}{OD_总} \times 100\%$$

$$\beta-球蛋白的含量 = \frac{OD_\beta}{OD_总} \times 100\%$$

$$\gamma-球蛋白的含量 = \frac{OD_\gamma}{OD_总} \times 100\%$$

【注意事项】

1. 醋酸纤维素薄膜的预处理 市售醋酸纤维素薄膜均为干膜片，薄膜的选择与浸润是电泳成败的关键之一。将干膜片漂浮于电极缓冲液表面，其目的是选择膜片厚薄及均匀度，如漂浮 15～30 s 时，膜片吸水不均匀，则有白斑点或条纹，这表明膜片厚薄不匀，应舍去不用，以免造成电泳后区带扭曲，界线不清，背景脱色困难，结果难以重复。由于醋酸纤维素薄膜亲水性比纸小，浸泡 30 min 以上的目的是保证膜片上有一定量的缓冲液，并使其恢复到原来多孔的网状结构。最好是让漂浮于缓冲液的薄膜吸满缓冲液后自然下沉，这样可将膜片上聚集的小气泡赶走。点样时，应将膜片表面多余的缓冲液用滤纸吸去，以免缓冲液太多引起样品扩散。但也不能吸得太干，太干则样品不易进入薄膜的网孔内，而造成电泳起始点参差不齐，影响分离效果。吸水量以不干不湿为宜。为防止指纹感染，取膜时，应戴指套或用镊子。

2. 缓冲液的选择 醋酸纤维素薄膜电泳常选用 pH 8.6 的巴比妥溶液，其浓度为 0.05～0.09 mol/L。选择何种缓冲液浓度与样品及薄膜的薄厚有关。选择时，先初步定下某一浓度，如电泳槽两极之间的膜长度为 8～10 cm，则需电压 25 V/cm 膜长，电流强度为 0.4～0.5 mA/cm 膜宽。当电泳达不到（或超过）这个值时，则应增加缓冲液浓度（或进行稀释）。缓冲液浓度过低，则区带泳动速度快，并且扩散变宽；缓冲液浓度过高，则区带泳动速度慢，区带分布过于集中不易分辨。

3. 加样量 加样品的多少与电泳条件、样品的性质、染色方法与检测手段灵敏度密切相关。作为一般原则，检测方法越灵敏，加样量则越少，对分离更有利。如加样量过大，则电泳后区带分离不清楚，甚至互相干扰，染色也较费时。如电泳后用洗脱法定量时，每厘米加样线上需加样品 0.1～0.5 μL（相当于 5～1 000 μg 蛋白质）。血清蛋白常规电泳分离时，每厘米加样线加样量不超过 1 μL（相当于 60～80 μg 蛋白质）。但糖蛋白和脂蛋白电泳时，加样量则应多些。对每种样品加样量均应先作预实验加以选择。点样是获得理想图谱的重要环节之一，以印章法加样时，动作应轻、稳，用力不能太重，以免将薄膜弄坏或印出凹陷而影响电泳区带分离效果。

4. 电流强度的选择 电泳过程应选择合适的电流强度，一般电流强度以 0.4～0.6 mA/cm 宽膜为宜。电流强度高，尤其在温度较高的环境中，可引起蛋白质变性或由于热效应引起缓冲液中水分蒸发，使缓冲液浓度增加，造成膜片变干。电流过低，则样品泳动速度慢且易扩散。

5. 染色液的选择 对醋酸纤维素薄膜电泳后染色应根据样品的特点加以选择染色液。应尽量采用水溶性染料，不宜选择醇溶性染料，以免引起醋酸纤维素薄膜溶解。应控制染色时间。染色时间长，薄膜底色深不易脱去；染色时间短，着色浅不易区分，或造成条带染色不均，必要时可进行复染。

6. 透明及保存 透明液应临用前配制，以免冰乙酸及乙醇挥发影响透明效果。这些试剂最好选用分析纯。透明前，薄膜应完全干燥。透明时间应掌握好，如在透明乙液中浸泡时间太长则薄膜溶解，太短则透明度不佳。透明后的薄膜完全干燥后才能浸入石蜡中，使薄膜软化。如有水，则液状石蜡不易浸入，薄膜不易平展。

【操作思考】

1. 如何确定电泳是否正在进行？
2. 血清蛋白电泳的临床意义是什么？
3. 电泳技术在基因操作中的应用有哪些？

思 政 园 地

我国完成人工全合成结晶牛胰岛素

核 酸

知识目标
ZHISHIMUBIAO

掌握核酸的化学组成、基本结构特点及重要的理化性质。掌握 DNA 双螺旋结构模型的要点及碱基配对规律。了解核酸的变性、复性及杂交技术。

技能目标
JINENGMUBIAO

掌握高速离心机的使用方法并能用于动物组织核酸的提取。

致敬沃森

单元 一 核酸的化学组成

单元解析
DANYUANJIEXI

以遗传物质的发现为线索，引导学生掌握 DNA 和 RNA 组成上的异同点，了解多磷酸腺苷酸、环化核苷酸的结构和生理功能。这一单元的内容是以后学习的基础。

一、核酸的物质组成

核酸是一类重要的生物大分子，是生物遗传的物质基础。核酸分为核糖核酸（RNA）和脱氧核糖核酸（DNA）两大类。

人们对核酸的研究已经有 100 多年的历史。1868 年瑞士化学家米歇尔（J. F. Miescher，1844—1895）从白细胞核中分离出含磷很高的酸性化合物，当时称之为"核素"。当时人们并没有认识到它的重要性，直到 1953 年 Watson 和 Crick 揭示了 DNA 双螺旋结构模型，核酸的研究才成为生命科学研究中最活跃的领域之一。核酸是现代生物化学、分子生物学的重要研究领域，是基因工程操作的核心分子。

核酸是许多核苷酸通过酯键缩合而成的生物大分子，在酸、碱或核酸酶作用下水解成核苷酸。核苷酸是由核苷和磷酸缩合而成的，而核苷是由碱基和戊糖组成的（图 2-1）。DNA 的基本组成单位是脱氧核糖核苷酸，而 RNA 的基本组成单位是核糖核苷酸。

图 2-1　核酸水解产物

（一）含氮碱基

核苷酸的碱基是含氮的杂环化合物，可分为嘌呤碱和嘧啶碱两类，此外，还有少量稀有碱基。

1. 嘌呤碱基 核酸中的嘌呤碱基主要有腺嘌呤和鸟嘌呤两种，两类核酸都含有这两种碱基。嘌呤碱基结构如下：

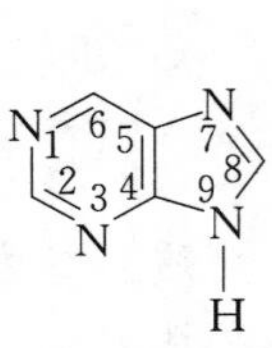

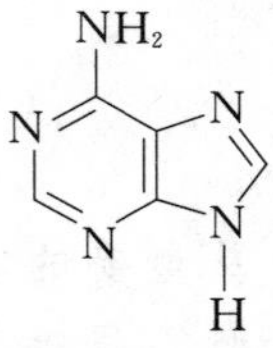

腺嘌呤 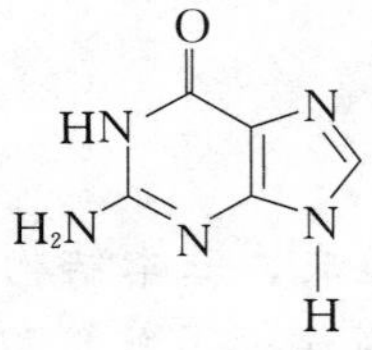　　　　　　鸟嘌呤

2. 嘧啶碱基 嘧啶碱基主要有胞嘧啶、尿嘧啶和胸腺嘧啶（5-甲基尿嘧啶）3 种。RNA 中含有胞嘧啶和尿嘧啶，DNA 中含有胞嘧啶和胸腺嘧啶。嘧啶碱基结构如下：

胞嘧啶　　　　　尿嘧啶　　　　胸腺嘧啶

碱基常用其英文开头大写字母进行表示。如腺嘌呤（adenine）为 A，鸟嘌呤（guanine）为 G，胞嘧啶（cytosine）为 C，尿嘧啶（uracil）为 U，胸腺嘧啶（thymine）为 T。

3. 稀有碱基 核酸中还有含量极少的碱基，称为稀有碱基。常见的有 7-甲基鸟嘌呤、5-甲基胞嘧啶等。

（二）戊糖

构成核苷酸的戊糖有 β-D-核糖和 β-D-2-脱氧核糖。核糖存在于 RNA 中，脱氧核糖存在于 DNA 中。戊糖的结构如下：

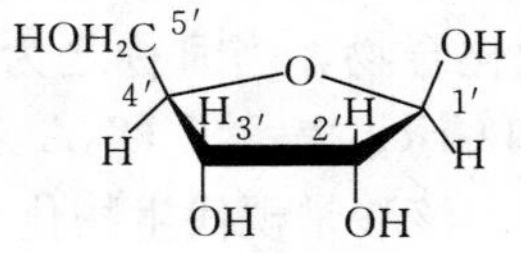

β-D-核糖 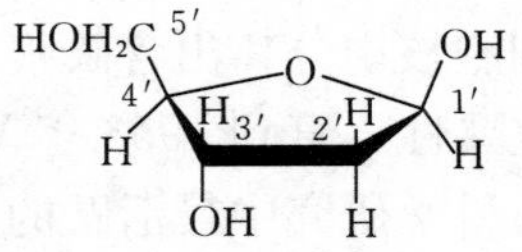　　　　　　β-D-2-脱氧核糖

戊糖的碳原子标以 $1'$、$2'$、$3'$、$4'$、$5'$。

（三）磷酸

核酸（RNA 和 DNA）由 C、H、O、N、P 等元素组成，其中磷元素的含量在核酸分子中变化不大。DNA 中磷元素的平均含量约为 9.2%，RNA 中磷元素的平均含量约为 9.0%。通过测定生物样品中核酸的磷元素含量，可以推算生物样品中核酸的含量。

核酸分子中磷元素以磷酸（H_3PO_4）的形式存在，RNA 和 DNA 中都含有磷酸。磷酸分子的羟基与戊糖分子 $5'$ 或 $3'$ 位羟基脱水缩合，通过磷酸酯键形成戊糖的磷酸酯。

磷酸是中等强度的三元酸。磷酸可与另一分子磷酸以焦磷酸键结合，形成焦磷酸。磷酸分子脱去一个羟基以后的原子团（$-PO_3H_2$）称为磷酰基。结构式如下：

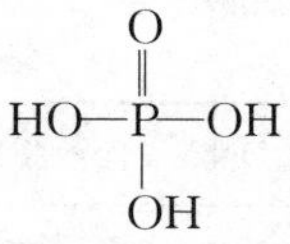

$$\underset{\text{磷酸}}{\overset{\displaystyle O}{\underset{\displaystyle OH}{HO-\overset{|}{\underset{|}{P}}-OH}}} \qquad \underset{\text{焦磷酸（PPi）}}{\overset{\displaystyle OH \quad\; O}{\underset{\displaystyle O \quad\;\; OH}{HO-\overset{|}{\underset{|}{P}}\sim O-\overset{|}{\underset{|}{P}}-OH}}} \qquad \underset{\text{磷酰基}}{\overset{\displaystyle O}{\underset{\displaystyle OH}{-\overset{|}{\underset{|}{P}}-OH}}}$$

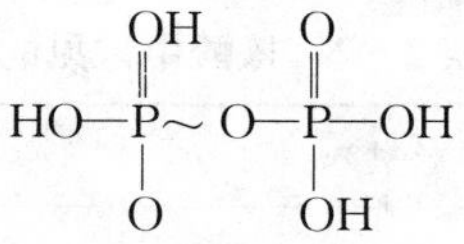

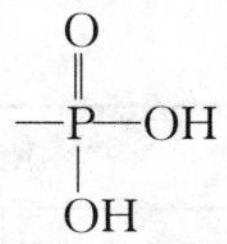

（四）RNA 与 DNA 物质组成的区别

综上可知，两类核酸物质组成有相同之处，也有不同之处（表 2-1）。

表 2-1　RNA 与 DNA 物质组成

核酸组成成分	RNA	DNA
嘧啶碱	胞嘧啶（C）、尿嘧啶（U）	胞嘧啶（C）、胸腺嘧啶（T）
嘌呤碱	腺嘌呤（A）、鸟嘌呤（G）	腺嘌呤（A）、鸟嘌呤（G）
戊糖	核糖	脱氧核糖
磷酸	H_3PO_4	H_3PO_4

某些 RNA 中也可能混有少量的结构类似物 β-D-2-氧甲基核糖。

二、核酸的基本组成单位——核苷酸

核酸是由许多核苷酸（单核苷酸）缩合而成的高分子物质。单核苷酸是由碱基、戊糖、磷酸各一分子缩合而成的。

（一）核苷的形成方式、名称及表示方法

核苷是由碱基和戊糖以 N—C 糖苷键缩合而成的糖苷。

戊糖 1′ 位碳原子上的羟基和嘌呤碱 9′ 位氮原子或嘧啶碱 1′ 位氮原子上的氢原子，通过脱水缩合形成 N—C 糖苷键。核苷按其所含戊糖不同，分为核糖核苷和脱氧核糖核苷。脱氧核糖与碱基缩合形成的化合物称为脱氧核糖核苷，核糖与碱基缩合形成的化合物称为核糖核苷。两类核苷又按其所含碱基不同分为各种核苷。根据核苷中的碱基和戊糖的名称命名核苷。如鸟嘌呤与脱氧核糖缩合生成的核苷称为脱氧鸟嘌呤核糖核苷，简称脱氧鸟苷（dG）；核糖与尿嘧啶形成的核苷称为尿嘧啶核糖核苷，简称尿苷（U）。

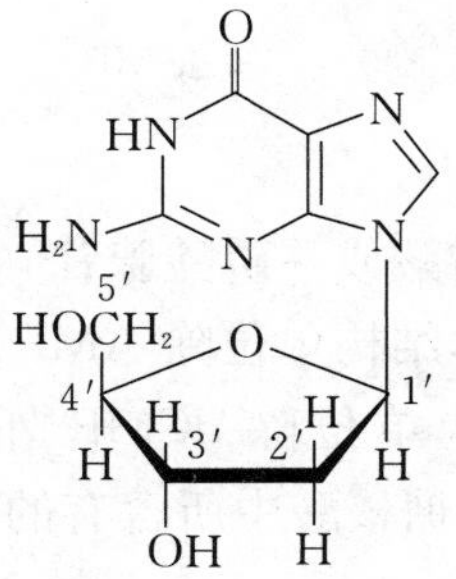

脱氧鸟苷（dG） 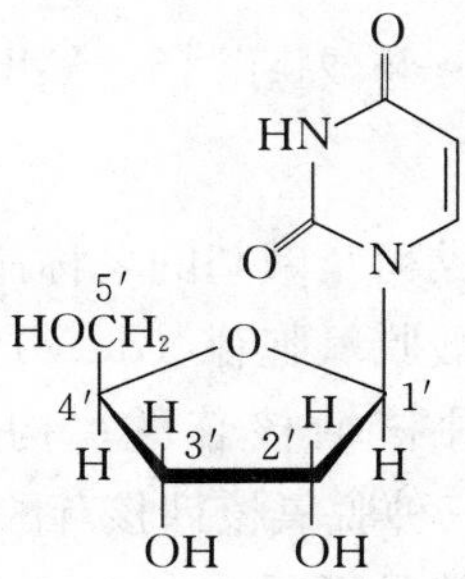　　　　　尿苷（U）

常见的核苷种类、全称、简称及表示符号如表 2-2 所示。

表 2－2 核酸中常见的核苷

碱基	RNA（含：核糖）			DNA（含：脱氧核糖）		
	全称	简称	符号	全称	简称	符号
腺嘌呤	腺嘌呤核苷	腺苷	A	腺嘌呤脱氧核苷	脱氧腺苷	dA
鸟嘌呤	鸟嘌呤核苷	鸟苷	G	鸟嘌呤脱氧核苷	脱氧鸟苷	dG
胞嘧啶	胞嘧啶核苷	胞苷	C	胞嘧啶脱氧核苷	脱氧胞苷	dC
尿嘧啶	尿嘧啶核苷	尿苷	U	—	—	—
胸腺嘧啶	—	—	—	胸腺嘧啶脱氧核苷	脱氧胸苷	dT

（二）核苷酸的形成方式、名称及表示方法

核苷酸是核苷分子中戊糖上的羟基与磷酸脱水酯化形成的核苷磷酸酯。由核糖核苷形成的磷酸酯称为核糖核苷酸，由脱氧核糖核苷形成的磷酸酯称为脱氧核糖核苷酸。从结构上看，核糖 $5'$、$3'$ 和 $2'$ 位共有 3 个自由羟基，这 3 个羟基可分别与磷酸酯化成 $5'$-核糖核苷酸、$3'$-核糖核苷酸和 $2'$-核糖核苷酸三种形式；脱氧核糖只有 $3'$ 和 $5'$ 位 2 个自由羟基，因此只能生成 $3'$-脱氧核糖核苷酸和 $5'$-脱氧核糖核苷酸两种形式。其中，$5'$-核糖核苷酸和 $5'$-脱氧核糖核苷酸为常见形式，通常简称为核糖核苷酸和脱氧核糖核苷酸。核苷酸的结构如图 2－2 所示。

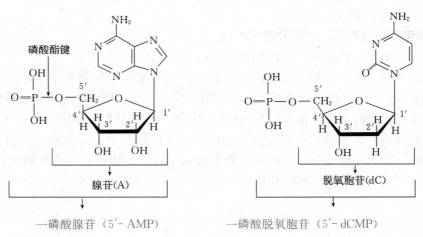

一磷酸腺苷（$5'$-AMP）   一磷酸脱氧胞苷（$5'$-dCMP）

图 2－2 核苷酸的结构

核苷酸依据戊糖及碱基的名称命名。例如，腺苷一磷酸或一磷酸腺苷（AMP）、脱氧胞苷一磷酸或一磷酸脱氧胞苷（dCMP）。构成 RNA 的基本结构单位除 AMP 外，还有 GMP、CMP、UMP 三种核糖核苷酸；构成 DNA 的基本结构单位除 dCMP 外，还有 dAMP、dGMP、dTMP 三种脱氧核糖核苷酸。核糖核酸和脱氧核糖核酸中所含有的核苷酸种类、全称、简称及缩写符号不同（表 2－3）。

核苷酸也可用核苷单字符加小写字母 p 表示，如 $5'$-胞苷酸可将单字符左侧加 p 表示为 pC，而加在右侧表示 $3'$-胞苷酸（Cp）。

表 2-3 核苷酸名称及符号

RNA（核糖核苷酸）			DNA（脱氧核糖核苷酸）		
全称	简称	代号	全称	简称	代号
腺嘌呤核苷酸	腺苷酸	AMP	腺嘌呤脱氧核苷酸	脱氧腺苷酸	dAMP
鸟嘌呤核苷酸	鸟苷酸	GMP	鸟嘌呤脱氧核苷酸	脱氧鸟苷酸	dGMP
胞嘧啶核苷酸	胞苷酸	CMP	胞嘧啶脱氧核苷酸	脱氧胞苷酸	dCMP
尿嘧啶核苷酸	尿苷酸	UMP	胸腺嘧啶脱氧核苷酸	脱氧胸苷酸	dTMP

三、细胞内游离的核苷酸

（一）多磷酸核苷酸

含有 1 个磷酸基的核苷酸统称为一磷酸核苷或核苷酸（NMP）。$5'$-核苷酸的磷酰基还能与 1 分子磷酸缩合，生成二磷酸核苷（NDP）；后者再与 1 分子磷酸缩合，生成三磷酸核苷（NTP）。例如，$5'$-腺苷酸（AMP），结合 1 个磷酸生成二磷酸腺苷（ADP），再结合 1 个磷酸生成三磷酸腺苷（ATP）。常见的多磷酸核苷简称及符号见表 2-4。

表 2-4 常见多磷酸核苷简称及符号

核苷		二磷酸核苷		三磷酸核苷	
简称	符号	简称	符号	简称	符号
腺苷	A	二磷酸腺苷	ADP	三磷酸腺苷	ATP
鸟苷	G	二磷酸鸟苷	GDP	三磷酸鸟苷	GTP
胞苷	C	二磷酸胞苷	CDP	三磷酸胞苷	CTP
尿苷	U	二磷酸尿苷	UDP	三磷酸尿苷	UTP
脱氧腺苷	dA	二磷酸脱氧腺苷	dADP	三磷酸脱氧腺苷	dATP
脱氧鸟苷	dG	二磷酸脱氧鸟苷	dGDP	三磷酸脱氧鸟苷	dGTP
脱氧胞苷	dC	二磷酸脱氧胞苷	dCDP	三磷酸脱氧胞苷	dCTP
脱氧胸苷	dT	二磷酸脱氧胸苷	dTDP	三磷酸脱氧胸苷	dTTP

多磷酸核苷酸在生物体细胞内具有重要的生理作用。例如，UTP 参与糖原合成，CTP 参与磷脂合成，GTP 参与蛋白质的生物合成，ADP 是构成辅酶（如 NAD^+、FAD、CoA）的重要组成成分，ATP 在能量的贮存与释放中发挥重要作用。多磷酸腺苷的结构如图 2-3 所示。

发生水解时，可释放出 20.92 kJ 以上能量的化合物，称为高能化合物。

在高能化合物中，被水解放出大量能量的共价键称为高能键，用符号"～"表示。当分子中含有磷酸基团时，称为高能磷酸化合物。生物体还有一类高能化合物是由酰基和硫醇

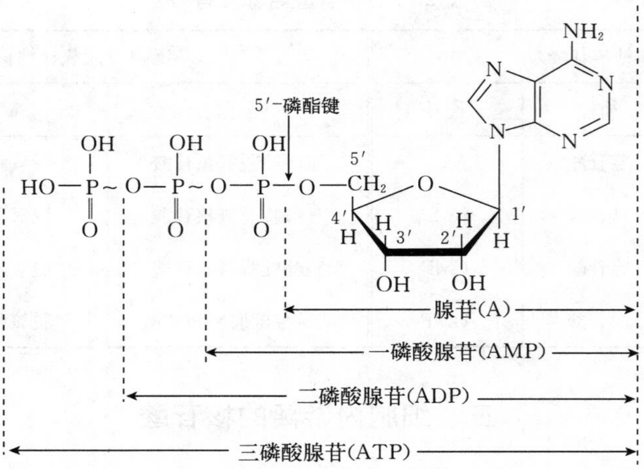

图 2-3　腺苷酸及其高能磷酸化合物

基构成的，称为高能硫酯化合物，如乙酰 CoA、酯酰 CoA 和琥珀酰 CoA 等。多磷酸核苷酸分子中含有高能磷酸键，它的合成与释放直接影响生物体细胞对化学能的贮存和利用。

（二）环化核苷酸

生物体内的核苷酸除了构成核酸外，还会以其他衍生物的形式参与各种物质代谢的调节和多种蛋白质功能的调节。例如，核苷酸的磷酰基与自身上的羟基酯化，生成环化核苷酸（主要有 3′，5′-环化腺苷酸和 3′，5′-环化鸟苷酸），其结构式如下：

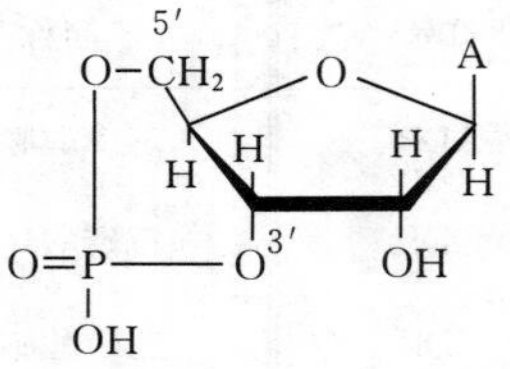

3′，5′-环化腺苷酸（cAMP）

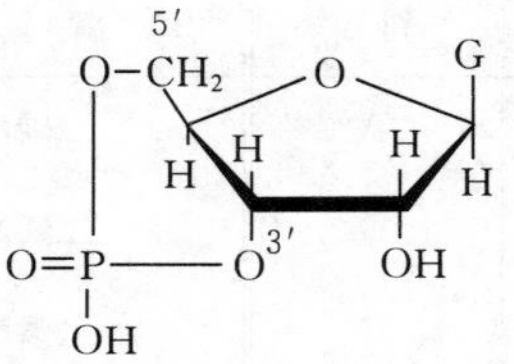

3′，5′-环化鸟苷酸（cGMP）

cAMP 是 ATP 经腺苷酸环化酶催化而生成的。cAMP 和 cGMP 这两种环化核苷酸在细胞中的含量很少，但在细胞的代谢中有重要的生理作用，是生物体内的基本调节物质之一，是传递激素作用的媒介物，能放大激素作用的信号，从而对酶促反应发挥调节作用，通常把二者誉为“激素作用的第二信使”。

单元二　核酸的分子结构

单元解析

DANYUANJIEXI

通过与蛋白质结构特点的比较，找出两者结构上的异同点。应结合多媒体和模型，形象地学习核酸的一级结构和二级结构。应注重核酸的结构与功能的关系，为以后的学习打好基础。

一、核酸的一级结构

（一）核酸一级结构的形成方式

核酸分子是由多个单核苷酸按照一定的顺序连接成的多核苷酸链。一个核苷酸 $3'$-碳原子上的羟基和另一个核苷酸 $5'$-碳原子的磷酸基团缩合形成 $3'$，$5'$-磷酸二酯键，生成二聚核苷酸分子。二聚核苷酸分子仍保留着 $5'$-碳原子的磷酸基团和 $3'$-碳原子上的羟基，使该二聚核苷酸分子具有 $5'$-末端和 $3'$-末端之分的方向性；此 $3'$-碳原子上的羟基可以与第三个核苷酸 $5'$-碳原子的磷酸基团反应，形成第二个磷酸二酯键并生成三聚核苷酸分子。反应持续进行，生成由多个核苷酸构成、具有 $5'{\rightarrow}3'$ 方向的线性大分子，即多核苷酸（图 2-4）。同样，多脱氧核苷酸是由多个脱氧核苷酸分子通过酯化反应形成的、具有方向性的线性大分子（图 2-5）。

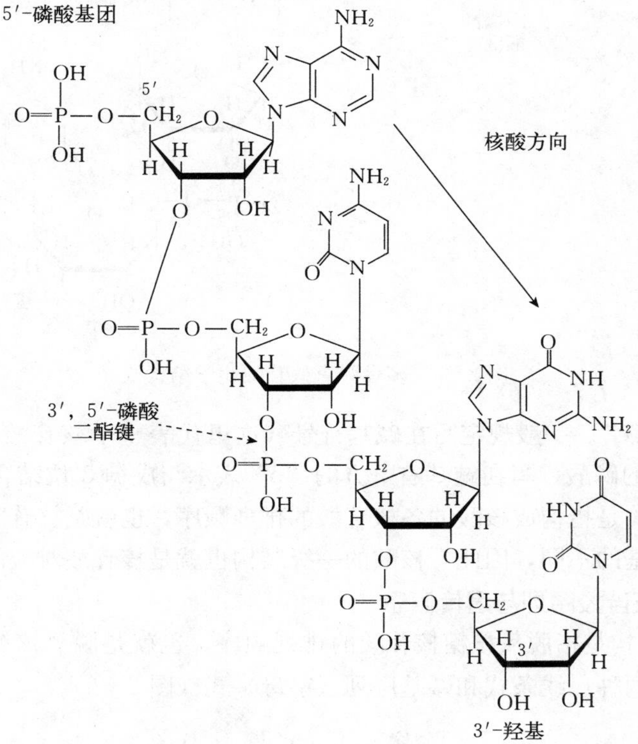

图 2-4　多聚核苷酸化学结构式

（二）核酸一级结构的表示方法

从多（脱氧）核苷酸片段的化学结构式可以看出，核酸分子中，各核苷酸按照一定的排列顺序以 $3'$，$5'$-磷酸二酯键连接成的多核苷酸链称为核酸的一级结构。DNA 分子一级结构包括两条由 4 种脱氧核糖核苷酸 dAMP、dGMP、dCMP 和 dTMP 构成的多核苷酸链。RNA 分子一级结构只有一条由 4 种核糖核苷酸 AMP、GMP、CMP 和 UMP 构成的多核苷酸链。核酸一级结构的维系力主要是磷酸二酯键。

核酸分子的方向性，规定了核糖核苷酸或脱氧核糖核苷酸的排列顺序和书写规则必须从 $5'$-末端到 $3'$-末端。核酸一级结构可用简式表示。图 2-4 所示的多聚核糖核苷酸链可书写为"pApCpGpU"或"pACGU"，图 2-5 所示的多聚脱氧核糖核苷酸链可书写为"dpApG-

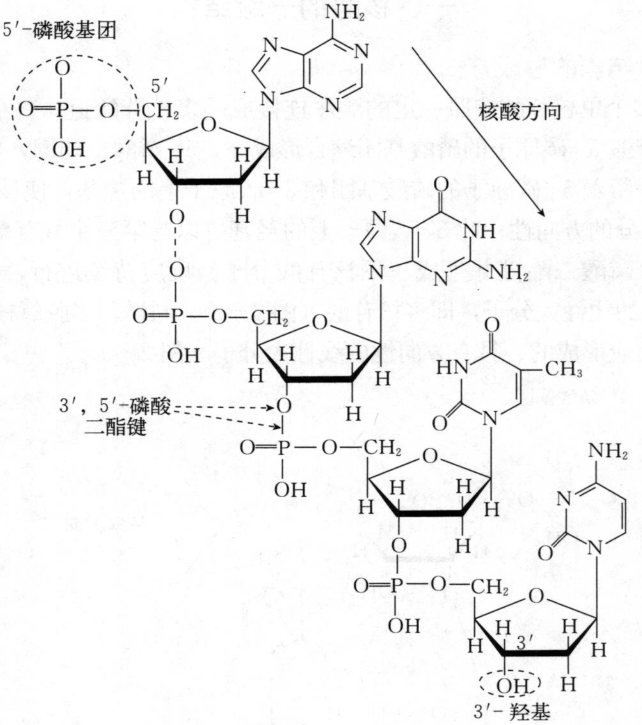

图 2-5　多聚脱氧核苷酸化学结构式

"pTpC" 或 "dpAGTC"。一般规定写在碱基符号（这里代表整个核苷酸）左下方的 "p" 表示与戊糖 5′ 位结合的磷酸，写在碱基右下方的 "p" 表示与戊糖 3′ 位结合的磷酸。

核酸的一级结构是指构成核酸的各核苷酸的排列顺序，也就是核苷酸序列。由于核苷酸之间的差异只是碱基的不同，因此，核酸的一级结构也就是核苷酸对应的碱基序列。

（三）DNA 的核苷酸序列与遗传信息

DNA 的一级结构是指脱氧核糖核苷酸的排列顺序，也就是脱氧核糖核苷酸对应的碱基序列。书写方式有两种：线条式和碱基序列（字母）式（图 2-6）。

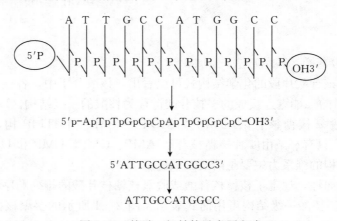

图 2-6　核酸一级结构及书写方式

DNA 是由两条反向平行的脱氧核糖核苷酸链组成的，其中，一条链为 $5' \rightarrow 3'$ 走向，另一条链为 $3' \rightarrow 5'$ 走向。两条链上的碱基朝内，同一水平上的一对碱基以氢键互相连接，腺嘌呤与胸腺嘧啶以 2 个氢键配对连接（A＝T），鸟嘌呤与胞嘧啶以 3 个氢键配对连接（G≡C），G 与 C 之间比 A 与 T 之间结合力强（图 2-7）。构成碱基对的两个碱基称为互补碱基。核酸分子中碱基对应关系称为碱基配对或碱基互补。DNA 的碱基配对规律是 A 与 T、G 与 C 相互配对。DNA 分子中碱基互补配对的两条链彼此称为互补链。DNA 分子骨架是脱氧核糖和磷酸基团，因此，DNA 携带的遗传信息实质上就是分子中的碱基排列顺序。

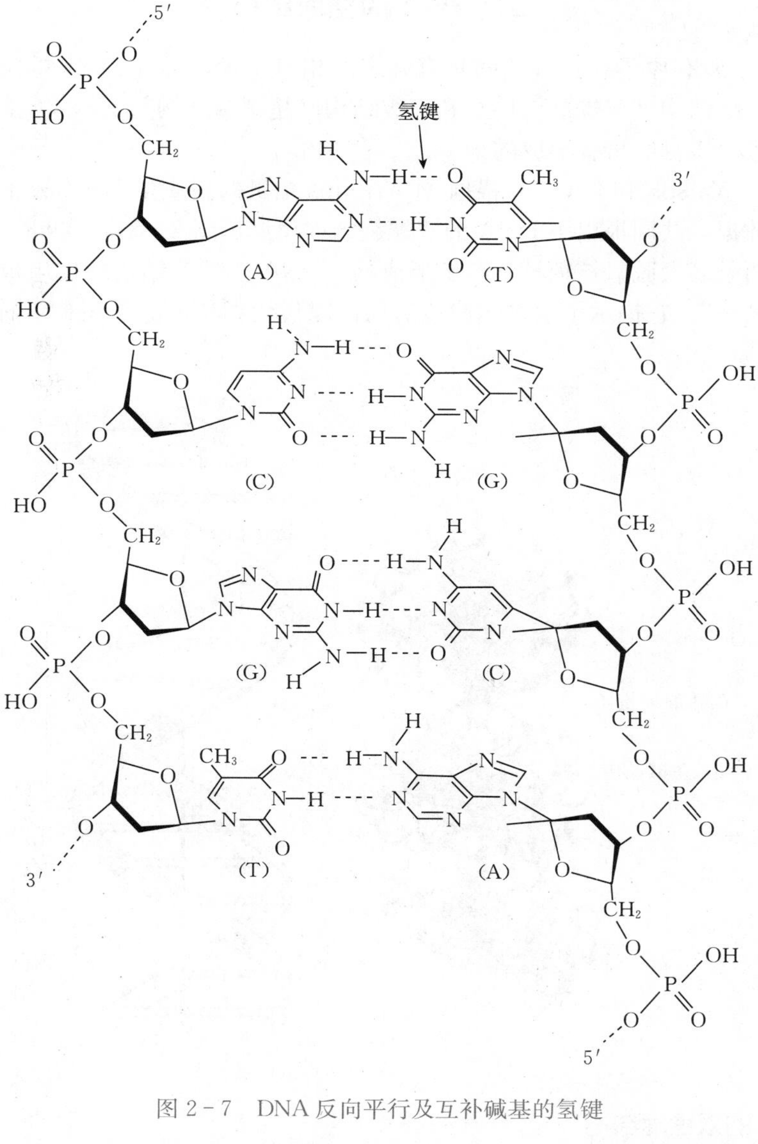

图 2-7 DNA 反向平行及互补碱基的氢键

Chargaff 等人对许多物种的 DNA 的碱基组成进行研究，根据收集的分析数据，1950 年总结出了查加夫（Chargaff）规律：

（1）DNA 碱基组成只有种的特异性，即不同生物种属的 DNA 碱基组成不同。

（2）DNA 碱基组成没有组织器官的特异性，即同一个体不同器官、不同组织的 DNA 具有相同的碱基组成。

（3）生物体内 DNA 碱基组成一般不受个体的年龄、营养状况和环境条件的影响。

（4）所有 DNA 分子中，腺嘌呤和胸腺嘧啶的物质的量相等，即 A＝T；鸟嘌呤和胞嘧啶的物质的量也相等，即 G＝C。

由此可推导出嘌呤碱基的总数等于嘧啶碱基的总数，即 A＋G＝C＋T；腺嘌呤和胞嘧啶的总数等于鸟嘌呤和胸腺嘧啶的总数，即 A＋C＝T＋G。

二、DNA 的空间结构

DNA 分子中所有原子在三维空间具有确定的相对位置，称为 DNA 的空间结构。DNA 空间结构包括二级结构（双螺旋结构）和三级结构（超螺旋结构）。DNA 空间结构是在一级结构的基础上进一步盘曲折叠形成的。

1953 年，J. Watson 和 F. Crick 根据 M. Wilkins 拍摄的高质量 DNA 分子 X 射线衍射图像和各种化学数据，共同提出了 DNA 的双螺旋结构模型（图 2-8），DNA 二级结构——双螺旋结构是由两条多聚脱氧核糖核苷酸链形成的。DNA 双螺旋结构的提出被誉为"20 世纪最伟大的发现之一"，它揭示了生物体遗传信息得以代代相传的分子机制，标志着现代分子生物学的开始。

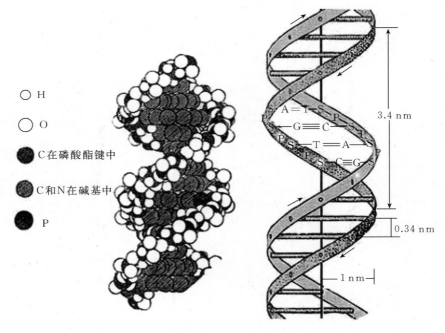

图 2-8　DNA 的双螺旋结构

（一）DNA 的双螺旋结构

1. DNA 双螺旋结构的特点

（1）DNA 分子由两条反向平行的脱氧核糖核苷酸链组成，且共同围绕一个"中心轴"以右手螺旋方式形成双螺旋结构，两条链的走向相反，一条的走向是 $5'\rightarrow3'$，另一条的走向是 $3'\rightarrow5'$。

（2）DNA双螺旋以两条多核苷酸链的脱氧核糖基和磷酰基为骨架。由脱氧核糖基和磷酰基组成的亲水性骨架位于双螺旋的外侧，疏水碱基位于螺旋内侧，两条链之间的碱基以氢键相连，形成碱基对平面（图2-8 B），并与中心轴垂直。

（3）两条多核苷酸链是互补链，双链上的碱基按A与T、G与C的碱基配对原则相连。这意味着在DNA分子中，根据其中一条链的碱基顺序，可以确定另一条链的碱基顺序。

（4）DNA双螺旋结构的直径为2 nm，沿中心轴每旋转一周上升10个碱基对，螺旋上升高度（螺距）为3.4 nm，相邻的两个碱基对之间的堆积距离为0.34 nm。

（5）由于戊糖-磷酸骨架的扭转，导致螺旋的表面形成大小不等的两条凹沟，较大的一条称为大沟，较小的一条称为小沟。小沟位于双螺旋的互补链之间，而大沟位于相毗邻的双股之间。在大沟或小沟中每个碱基都有部分暴露出来，以便接触和识别其他生物分子。

2. DNA双螺旋结构的维系力 维系DNA双螺旋结构稳定的因素是纵向的碱基堆积力和横向的氢键。双螺旋结构中的两条逆向平行的脱氧多核苷酸链在向上盘绕过程中相邻的2个碱基对平面会彼此重叠，产生纵向的、具有疏水性的碱基堆积力。这种碱基堆积力和两条互补链上连接碱基对的氢键共同维系DNA双螺旋结构的稳定，其中碱基堆积力是主作用力。

研究发现，不同类型的DNA双螺旋在结构上存在着差异，有的甚至呈左手螺旋；当环境的相对湿度降低后，双螺旋的空间结构参数会发生改变。双链DNA（dsDNA）分子的大小常用碱基对数（base pair，bp）表示，某些病毒为单链DNA（ssRNA），分子的大小用碱基数（base，b）来表示。

3. DNA双螺旋结构的生物学意义 DNA双螺旋结构的提出，开启了分子生物学时代，使生物大分子的研究进入一个新的阶段，使遗传的研究深入到分子层次。"生命之谜"被打开，人们清楚地了解遗传信息的构成和传递的途径。在其后的近50年里，分子遗传学、分子免疫学、细胞生物学等新学科出现并被深入研究，许多生命的奥秘从分子角度得到了更清晰的认识，DNA重组技术更是为生物工程手段的研究和应用开辟了广阔的前景。碱基配对的规律是复制、转录和反转录的分子基础，关系到生物遗传信息的传递和表达。

（二）DNA 的超螺旋结构

DNA的三级结构是指在DNA双螺旋结构的基础上进一步扭曲和折叠形成的高级结构。DNA的三级结构有多种类型，其中超螺旋是最常见的三级结构。有些生物的DNA，如某些真核生物的线粒体、病毒、细菌质粒、某些染色体、叶绿体DNA，为首尾闭合后再扭曲形成的麻花双股环形DNA。这些环状DNA链可在扭曲张力作用下，再次螺旋化形成超螺旋（图2-9）。超螺旋按其方向分为正超螺旋和负超螺旋两种。研究发现，所有的DNA超螺旋

超螺旋

图2-9 环状DNA及超螺旋结构

都是由 DNA 拓扑异构酶产生的。

对于真核生物来说，虽然其染色体 DNA 多为线形分子，但其 DNA 均与蛋白质相结合，两个结合点之间的 DNA 形成一个突环（loop）结构，同样具有超螺旋形式。真核生物 DNA 的三级结构与蛋白质的结合关系密切。例如，真核生物和某些病毒的染色质是由线状 DNA 缠绕在组蛋白八聚体上形成核粒，进而串成的念珠状结构，其中，组蛋白 H_2A、H_2B、H_3 和 H_4 各两分子构成八聚体作为核心，DNA 链在其结构上缠绕两周形成核小体（图 2-10），组蛋白 H_1 位于核粒间 DNA 链上。DNA 与组蛋白八聚体形成核小体结构时，存在着负超螺旋。

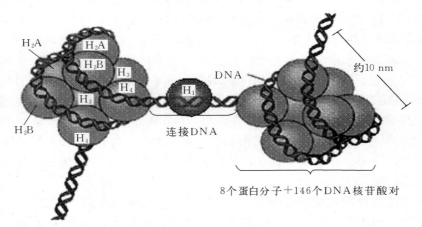

图 2-10 核小体的结构

染色质在生物发育的某个阶段可以进一步压缩成染色体（图 2-11），形成了更高级的结构。

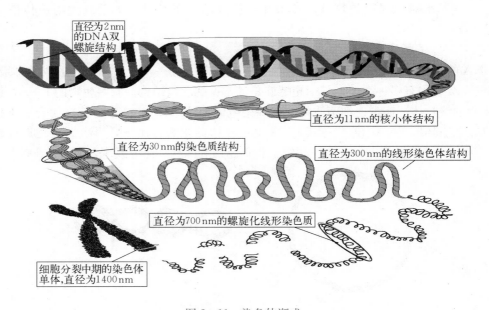

图 2-11 染色体渐成

三、RNA 的空间结构

RNA 种类很多，主要有三种形式：信使 RNA（mRNA）、核糖体 RNA（rRNA）和转运 RNA（tRNA）。根据 RNA 的某些性质和 X 射线衍射图像，多数天然 RNA 是呈单链状态，这种单链在空间上通过自身回折，使互补碱基形成局部的双螺旋，称为臂，不能配对的碱基形成突环（图 2-12），其结果是形成了一种多环多臂的二级结构形式。一般有 40%～70% 核苷酸参与螺旋的形成。

RNA 双螺旋区的主要维系力也是碱基堆积力，其次是配对碱基之间的氢键。每段螺旋区至少要有 4～6 对碱基才能保持稳定。不同的 RNA 中，双螺旋区结构所占的比例不同，rRNA 中约占 40%，tRNA 中约占 50%，mRNA 则多呈线状。

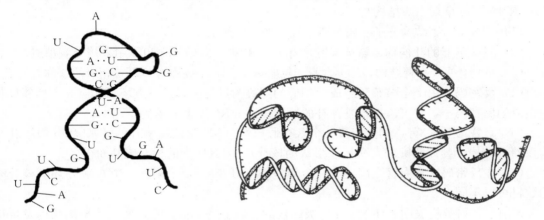

图 2-12　RNA 形成的突环和二级结构

（一）mRNA 的结构

mRNA 作为蛋白质合成的模板指导蛋白质的合成。在细胞内它的含量很少，但种类非常多。

mRNA 的分子结构呈一条直线，一般含有 900～1 800 个核苷酸。多数真核细胞 mRNA 的 5′ 末端还有一个称为 7′-甲基鸟嘌呤的"帽"结构（图 2-13），此结构可能与蛋白质生物合成的起始有关，同时可以增强 mRNA 的稳定性。

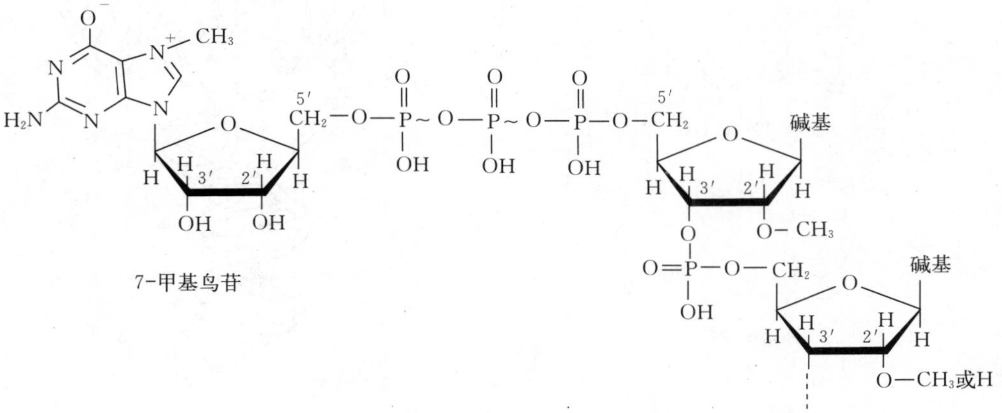

图 2-13　mRNA 5′ 末端的"帽"结构

在真核细胞 3′末端有一段长短不一的多聚腺苷酸的"尾"结构，称为多聚 A 尾。由数十个到 200 个腺苷酸连接而成。这种"多聚 A 尾"结构是在 mRNA 合成后经加工修饰形成的。该结构可能与 mRNA 从细胞核向细胞质的转移及 mRNA 的稳定性有关（原核生物一般无此结构）。

（二）tRNA 的结构

在蛋白质生物合成过程中，tRNA 主要起运输氨基酸到核糖体的作用。目前，三种 RNA 中对 tRNA 的结构了解得最清楚。细胞内的 tRNA 种类很多，每一种氨基酸都有相应的一种或几种 tRNA，但任何一种 tRNA 只对应一种氨基酸。各种生物的 tRNA 在结构上有许多共同点，多由 70～90 个核苷酸构成，碱基中含有较多的稀有碱基，不同种类的 tRNA 的二级结构都呈三叶草形（图 2-14）。

tRNA 三叶草形二级结构具有以下特点：

（1）tRNA 二级结构分子一般由四个环、四个臂组成。

（2）三叶草形的叶柄称为氨基酸臂，臂上 3′末端部位 CCA—OH 用来接受氨基酸。

（3）左侧有一环一臂结构，环上含有二氢尿嘧啶（D），故称为 D 环，相应的臂称为 D 臂。

（4）反密码环由 7 个核苷酸组成，相应的臂称为反密码臂。下方环顶端有 3 个相邻核苷酸组成的反密码子，它可以按碱基互补的原则识别 mRNA 上的密码子。

（5）右臂为 TψC 臂，其上连接一个含有假尿苷（ψ）及核糖胸苷的 TψC 环（假尿苷是指核糖 1′碳原子与尿嘧啶的 5′碳原子形成的核苷），因其所含的稀有碱基而得名。

（6）在反密码臂和右臂之间还有一个额外环（可变环）。不同的 tRNA 额外环上核苷酸的数目可以不同。

X 射线衍射分析表明，tRNA 在二级结构的基础上进一步折叠，使三叶草形结构发生扭曲形成倒"L"形的三级结构（图 2-15）。这种倒"L"形源于四环、四臂在空间上的排列，氨基酸臂位于倒"L"的一端，反密码子环位于另一端。

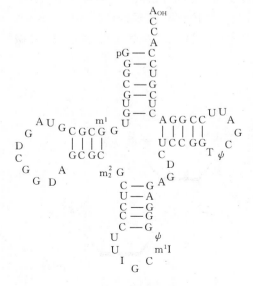

图 2-14 tRNA 的三叶草形结构

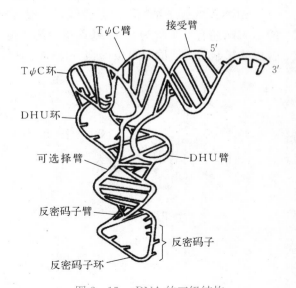

图 2-15 tRNA 的三级结构

（三）rRNA 的结构

rRNA 的相对分子质量最大，结构也相当复杂。原核生物的 rRNA 有 3 种，即 5S rRNA、16S rRNA 和 23S rRNA。真核生物的 rRNA 有 4 种，即 5S rRNA、5.8S rRNA、18S rRNA 和 28S rRNA（S 是大分子物质在超速离心沉降中的一个物理学单位，称为沉降系数，典型的 S 值一般为 1×10^{-13} s）。在细胞内，单独的 rRNA 不能执行其功能，它与多种蛋白质结合组成核蛋白体，在蛋白质生物合成中作为蛋白质合成场所。原核生物和真核生物的核蛋白体均由大、小亚基组成（表 2-5）。

表 2-5　核蛋白体的组成

来　源	亚基	rRNA 种类	蛋白质种类
真核生物	大 60S	5S、5.8S、28S	36～50
	小 40S	18S	30～32
原核生物	大 50S	5S、23S	34
	小 30S	16S	21

单元 三 核酸的性质

单元解析
DANYUANJIEXI

应注重学习 DNA 变性与复性的特点及应用。通过学习核酸的性质掌握核酸的分离、纯化和检测技术。

一、核酸的一般性质

（一）核酸是相对分子质量很大的生物大分子

活体中 DNA 多数为白色纤维状固体，相对分子质量很大，其溶液的黏度极高；RNA 为白色粉末状固体，分子比 DNA 分子小且短，相对分子质量在数百至数百万之间，其溶液的黏度较 DNA 溶液要低得多。

（二）核酸的溶解性

核酸是极性化合物，微溶于水，不溶于乙醇、乙醚、氯仿等有机溶剂，因此常用乙醇从溶液中沉淀核酸。核酸的钠盐比核酸溶解度大。在生物体内核酸与蛋白质结合形成核蛋白，RNA 核蛋白易溶于 0.14 mol/L 的稀氯化钠溶液中，几乎不溶于 2 mol/L 的氯化钠溶液，DNA 核蛋白的溶解性与之相反。利用此性质，可以把生物样品中的 DNA 核蛋白与 RNA 核蛋白以及其他杂质区分开。

（三）核酸的两性性质

核酸中含有磷酸基和碱基，所以核酸具有两性，但总体上呈酸性。在核酸中两个单核苷酸间的磷酸基很容易电离出氢离子，所以核酸可以看成是多元酸，具有较强的酸性。RNA 能在室温条件下被稀碱水解成核苷酸，而 DNA 较稳定，但会变性，可利用这一性质把 RNA 和 DNA 分开。在低温酸性条件下，RNA 和 DNA 都较稳定，而在高温酸性条件下，RNA 和 DNA 都不稳定。核酸被酸水解可得到碱基或碱基与核苷酸的混合物。嘌呤碱比嘧嘧碱更容易水解下来。

在一定的 pH 溶液中，核酸分子在电场中可泳动，所以，常用电泳的方法对其分离纯化。

（四）核酸的紫外吸收性质

核酸分子中的嘌呤环和嘧啶环具有双键共轭体系，对紫外光具有强烈吸收作用，最大吸收峰波长大约为 260 nm。依据 1 μg/mL 的 DNA 溶液的吸光度 A_{260} 为 0.020，1 μg/mL 的 RNA 溶液的吸光度 A_{260} 为 0.022，可用紫外分光光度计在 260 nm 处测得光吸收值，从而测得溶液中核酸的含量。通常在我们提纯的核酸样品中会混有较多的蛋白质，蛋白质对紫外线最大吸收峰波长大约为 280 nm，可用 A_{260}/A_{280} 来对核酸样品进行纯度的鉴定。

（五）颜色反应

两类核酸中不同的戊糖各自具备不同的颜色反应。RNA 中核糖在加热的条件下与盐酸、苔黑酚（3，5-二羟基甲苯）和三氯化铁（作催化剂）反应，生成绿色化合物；DNA 中脱氧核糖与二苯胺在酸性溶液中加热，生成蓝色化合物。通过以上反应可以对 RNA 和 DNA 做定性鉴别及定量测定。

核酸在强酸中加热，能完全水解生成磷酸，磷酸与钼酸铵生成磷钼酸铵，再加抗坏血酸或亚硫酸钠等还原剂，可被还原为钼蓝而使溶液呈现蓝色。钼蓝反应可用于核酸的定量测定。

二、核酸的变性与复性

（一）核酸的变性

受理化因素影响，若维持核酸三维结构的碱基堆积力和氢键被破坏，其空间结构改变，理化性质及生物学功能发生变化，这种现象称为变性（图 2-16）。核酸变性只是碱基间的氢键和碱基堆积力被破坏，并不破坏核酸链中的共价键。核酸变性后，由双螺旋结构转变成单链无规则线团状结构，黏度下降、沉降速度加快且失去生理活性。因为双螺旋内部碱基外露，在 260 nm 处紫外线吸收明显增强，此现象也称为增色效应。常用增色效应跟踪 DNA 的变性过程，了解 DNA 的变性程度。

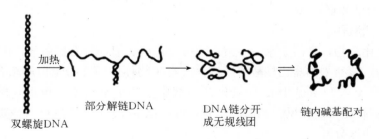

图 2-16 DNA 变性的全过程

引起核酸变性的因素有物理因素和化学因素，加热、辐射、超声波、强酸、强碱以及某些化学试剂等都能造成核酸变性，而且大多数变性是不可逆的。其中加热引起的变性称为热变性。

将 DNA 溶液加热，随着温度的升高，DNA 变性，溶液在 260 nm 处的吸光度增加，最后达到最大值。以温度对紫外吸收值作图得一条曲线，称为熔解曲线（图 2-17）。

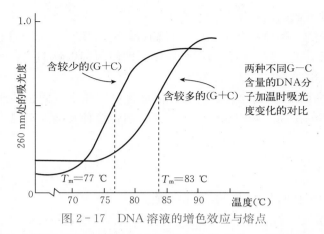

图 2-17　DNA 溶液的增色效应与熔点

从图 2-17 中可以看出，核酸的热变性不是随温度升高逐渐进行的，而是在一个较窄的临界温度范围内"爆发式"发生并迅速完成的。核酸变性过程中当紫外线光吸收增加达 50% 时的温度（即 DNA 分子变性达到 50%）称为解链温度，又称为熔解温度或熔点，用 T_m 表示。DNA 的 T_m 值一般为 $70 \sim 85$ ℃，不同的 DNA 其 T_m 值不同。

凡是能破坏氢键，妨碍碱基堆积作用和增加磷酸基静电斥力的因素都能使 T_m 降低，也能增加 DNA 变性的可能。例如：

（1）高 pH 会使碱基失去质子而破坏氢键，低 pH 会脱嘌呤。

（2）某些变性剂（甲酰胺、尿素、甲醛等）可破坏氢键和碱基堆积力。

（3）环境中低的正离子浓度能降低 T_m 而促进变性。

（4）核酸本身的碱基组成也是一个重要影响因素：碱基 A 与 T 间以 2 个氢键相连，G 与 C 间以 3 个氢键相连，$G \equiv C$ 含量高的核酸，其 T_m 自然也高。

核酸变性大多数是不可逆的，在提取和保存核酸的过程中，要特别注意防止核酸变性。例如，高温能引起核酸的不可逆变性，保存核酸溶液最好采用低温。加水稀释核酸的盐溶液，也会造成核酸的不可逆变性；在提取及分离核酸时，要注意盐类电解质的浓度，防止稀释造成核酸变性。强酸和强碱都会引起核酸的不可逆变性，因此核酸应当保存在 pH=7 的缓冲溶液中。

（二）核酸的复性

变性核酸的两条互补单链在适当的条件下重新生成核酸分子的过程，称为复性。热变性 DNA 的两条互补单链，在缓慢冷却的条件下，可以重新缔合成双螺旋结构，这个过程称为退火。复性是变性的一种逆过程，影响核酸复性的因素有温度、核酸片段的大小、单链浓度的高低、链内重复序列的含量和溶液的离子强度等。在一定的温度条件下，核酸要经过多次试探性碰撞才能形成正确的互补区，温度过低也不利于复性，比 T_m 低 25 ℃ 是复性的理想温度。将热变性的 DNA 骤然冷却，DNA 不可能复性。

DNA 复性后重新恢复双螺旋结构，其碱基又"藏匿"于双螺旋内部，碱基对又呈堆积状态，DNA 溶液在 260 nm 处的吸收值逐渐变小，这种现象称为减色效应。可通过减色效应判断 DNA 的复性程度。

（三）分子杂交

DNA 单链与在某些区域有互补序列的异源 DNA 单链或 RNA 链形成双螺旋结构的过程

称为分子杂交。这样形成的新分子称为杂交 DNA 分子。分子杂交是以 DNA 的变性和复性为理论基础的。其中的一条单链杂交前要进行标记，称为探针。杂交过程是高度特异性的，利用探针已知序列可以进行特异性的靶序列检测。即使两种生物 DNA 分子之间形成百万分之一的双链区，也能够被检出。

分子杂交技术不仅用于 DNA 分子内遗传信息含量的测定，而且还用于 DNA 亲缘关系的测定、遗传性疾病的诊断、肿瘤病因学的研究、遗传育种及基因工程的研究。

模块小结

本模块主要介绍了核酸的组成、结构和性质。

1. 核酸的化学组成　磷酸、戊糖（核糖、脱氧核糖）、碱基（A、T、G、C、U），核苷酸的形成方式，组成 RNA、DNA 的核苷酸的结构、名称及缩写符号，重要核苷酸的结构特点及其功能。

2. DNA 的结构　DNA 的一级结构（核酸序列及其表示）、二级结构（DNA 双螺旋结构模型）特点、碱基互补配对原则、结构维持的化学键。

3. RNA 的结构　碱基组成特点、RNA 的种类及结构。

4. 核酸的理化性质　核酸的一般性质、变性与复性、分子杂交。

拓展提高

核 酸 药 物

核酸药物作为抗病毒药物以其毒性低、不产生抗药性等特点被广泛应用于临床。核酸药物是各种具有不同功能的寡聚核糖核苷酸（RNA）或寡聚脱氧核糖核苷酸（DNA），主要在基因水平上发挥作用。一般认为，核酸药物包括 Aptamer、抗基因（antigene）、核酶（ribozyme）、反义核酸（antisense nucleic acid）、RNA 干扰剂。由于其具有特异性针对致病基因，也就是说具有特定的靶点和作用机制，因此核酸药物具有广泛的应用前景。

核酸药物根据其作用特点不同，大致可分为以下几类。①抗病毒剂：代表药物有利巴韦林、阿昔洛韦和 6-可糖腺苷等，临床上主要用于抗肝炎病毒、疱疹病毒和其他病毒。②抗肿瘤剂：代表药物有用于治疗消化道癌的氟尿嘧啶以及用于治疗各类白血病的阿糖胞苷等。③干扰素诱导剂：代表药物为聚肌胞，临床上用于抗肝炎病毒、疱疹病毒等。④免疫增强剂：主要用于抗肿瘤、抗病毒的辅助治疗。⑤供能剂：用于肝炎、心脏病的辅助治疗。

思考与练习

一、名词解释

1. 核苷酸　2. 核酸一级结构　3. T_m　4. DNA 的变性　5. DNA 复性　6. 分子杂交
7. PCR

二、简答题

1. 核酸分为哪几类？核酸对生命活动有何重要作用？

2. DNA 和 RNA 在组成上有何异同点？

3. 组成核酸的基本单位是什么？它由哪些成分构成？

4. DNA 双螺旋结构有何特点？

5. RNA 包括哪几种？它们的主要功能是什么？

6. tRNA 二级结构有何特点？

7. 什么是核酸的变性？DNA 变性后结构和性质发生了什么变化？

8. 什么是核酸的复性？

9. 提取 DNA 时要注意什么？

10. 如何分离 DNA 和 RNA？

11. 已知一段 DNA 的一条链为 5′AGCTGACCTAGA3′，写出另一条互补链。

12. DNA 和 RNA 分子中碱基配对规律是什么？

 动物组织核酸的提取与鉴定

【目的】 掌握动物组织中核酸的提取与鉴定的原理和方法。

【原理】 动物组织细胞中的核糖核酸（RNA）与脱氧核糖核酸（DNA）大部分与蛋白质结合形成核蛋白。可用三氯醋酸沉淀出核蛋白，并用 95% 乙醇加热除去附着在沉淀中的脂类杂质。然后用 10% 氯化钠溶液从核蛋白中分离出核酸（钠盐形式），往此核酸钠盐溶液中加入乙醇可以将核酸沉淀析出。

析出的核酸（DNA 与 RNA）均由单核苷酸组成，单核苷酸中含有磷酸、有机碱（嘌呤与嘧啶）和戊糖（核糖、脱氧核糖）。核酸用硫酸水解后，即可游离出这 3 类物质。

用下述方法可分别鉴定出上述 3 类物质。

1. 磷酸　用钼酸铵与之作用可生成磷钼酸，磷钼酸可被氨基萘酚磺酸还原形成蓝色钼蓝。

2. 嘌呤碱　用硝酸银与之反应生成灰褐色的絮状嘌呤银化合物。

3. 戊糖

(1) 核糖。用硫酸使之生成糠醛，糠醛与 3，5-二羟甲苯缩合成为一种绿色化合物。

(2) 脱氧核糖。在硫酸的作用下生成 β，ω-羟基-γ-酮基戊醛，后者与二苯胺作用生成蓝色化合物。

【器材与试剂】

1. 器材　匀浆器，台式天平，离心机，水浴锅，玻璃棒，吸管，烧杯。

2. 试剂

(1) 钼酸铵试剂：钼酸铵 2.5 g 溶于 20 mL 蒸馏水中，再加入 5 mol/L 硫酸 30 mL，用蒸馏水稀释至 100 mL。

(2) 氨基萘酚磺酸：商品氨基萘酚磺酸为暗灰色，需提纯后使用。将 15 g NaHSO₃ 及 1 g Na₂SO₃ 溶解于 100 mL 蒸馏水中（90 ℃），加入 1.5 g 商品氨基萘酚磺酸，搅拌使大部

分溶解（仅少量杂质不溶解），趁热过滤，再迅速使滤液冷却。加入 1 mL 浓盐酸，则有白色氨基萘酚磺酸沉淀析出，过滤并用水洗涤固体数次。再用乙醇洗涤直到纯白色为止。最后用乙醚洗涤，并将固体放在暗处，使乙醚挥发，将此提纯的氨基萘酚磺酸保存于棕色瓶中备用。

取 195 mL 15％的 $NaHSO_3$ 溶液（溶液必须透明），加入 0.5 g 提纯的氨基萘酚磺酸及 20％的 Na_2SO_3 溶液 5 mL，在热水浴中搅拌使固体溶解（如不能全部溶解，可再加入 Na_2SO_3 溶液，每次数滴，但加入量以 1 mL 为限度）。此为氨基萘酚磺酸的浓溶液，置冰箱可保存 2～3 周，如颜色变黄，须重新配制。临用前，将上述浓溶液用蒸馏水稀释 10 倍。

（3）3，5-二羟甲苯溶液：取相对密度为 1.19 的盐酸溶液 100 mL，加入 $FeCl_3 \cdot 6H_2O$ 100 mg 及 3，5-二羟甲苯 100 mg，混匀溶解后，置于棕色瓶中。此试剂宜在临用前新配制。市售的 3，5-二羟甲苯不纯，必须用苯重结晶 1～2 次，并用活性炭脱色后方可使用。

（4）二苯胺试剂：取 1 g 纯的二苯胺溶于 100 mL 重蒸馏的冰醋酸中（或分析纯冰醋酸），加入 2.75 mL 浓硫酸，摇匀，放在棕色瓶中保存。此试剂必须临用时配制。

（5）NaCl 溶液（0.9％），三氯醋酸（20％），乙醇（95％），H_2SO_4（5％），$AgNO_3$（5％）。

【方法与操作】

1. **匀浆制备**　称取新鲜猪肝（或大鼠肝）5 g，加入等质量冰冷的 0.9％NaCl 溶液，及时剪碎。放入玻璃匀浆器中，研磨成匀浆。研磨过程中，要随时将匀浆器置于冰盐溶液中冷却。

2. **分离提取**

（1）将 5 mL 匀浆置于离心管内，立即加入 20％三氯醋酸 5 mL，用玻璃棒搅匀，静止 3 min 后，在 3 000 r/min 的条件下离心 10 min。

（2）倾去上清液，往沉淀中加入 95％乙醇 5 mL，用玻璃棒搅匀。用一个带有长玻璃管的木塞塞紧离心管口，在沸水浴中加热至沸，回馏 2 min。注意乙醇沸腾后将火关小，以免乙醇蒸气燃烧。冷却后在 2 500 r/min 的条件下离心 10 min。

（3）倾去上层乙醇。将离心管倒置于滤纸上，使乙醇倒干。往沉淀中加入 10％ NaCl 溶液 4 mL，置沸水浴中加热 8 min，并用玻璃棒搅拌。取出待冷却后在 2 500 r/min 的条件下离心10 min。

（4）量取上清液后倾入一个小烧杯内（若不清亮可重复离心一次以除去残渣），取等量在冰浴中冷却的 95％乙醇，逐滴加入小烧杯内，即可见白色沉淀逐渐出现。静置 10 min 后，转入离心管在 3 000 r/min 的条件下离心 10 min，即得核酸的白色钠盐沉淀。

3. **核酸的水解**　在含有核酸钠盐的离心管内加入 5％硫酸 4 mL，用玻璃棒搅匀，再用装有长玻璃管的软木塞塞紧管口，在沸水浴中回馏 15 min 即可。

4. **DNA 与 RNA 成分的鉴定**

（1）磷酸的鉴定。取试管 2 支，按表实 2-1 操作。

表实 2-1

试管号	水解液（滴）	5％H_2SO_4（滴）	钼酸铵试剂（滴）	氨基萘酚磺酸（滴）
测定	10	0	5	20
对照	0	10	5	20

放置数分钟，观察两支试管内颜色变化。

（2）嘌呤碱的测定。取试管 2 支，按表实 2-2 操作。

表实 2-2

试管号	水解液（滴）	5%H₂SO₄（滴）	浓氨水（滴）	5%AgNO₃（滴）
测定	20	0	数滴使呈碱性	10
对照	0	20	数滴使呈碱性	10

加浓氨水使呈碱性（可用 pH 试纸鉴定）。加入 $AgNO_3$ 后，观察现象，静置 15 min 后再比较两支试管中沉淀颜色。

（3）核糖的测定。取试管 2 支，按表实 2-3 进行操作。

表实 2-3

试管号	水解液（滴）	5%H₂SO₄（滴）	3,5-二羟甲苯试剂（滴）
测定	4	0	6
对照	0	4	6

将 2 支试管放入沸水中加热 10 min，比较两支试管的颜色变化。

（4）脱氧核糖的鉴定。取试管 2 支，按表实 2-4 进行操作。

表实 2-4

试管号	水解液（滴）	5%H₂SO₄（滴）	二苯胺试剂（滴）
测定	20	0	40
对照	0	20	40

将两管同时放入沸水中加热 10 min 后，观察两支试管内颜色变化。

思 政 园 地

我国首次人工合成酵母丙氨酸转移核糖核酸

模块三

酶 与 维 生 素

掌握酶的一般概念、酶的分子组成和结构以及结构与功能的关系。掌握影响酶促反应速率的因素，掌握酶原、酶原激活及其生理意义。了解酶的分类和命名、酶催化作用机理、核酶和抗体酶。了解与辅酶有关的维生素，了解各种维生素的结构、性质、生理功能及缺乏症。

技能目标
JINENGMUBIAO

掌握分光光度法测定酶活性的方法。

生命活动最基本的特征是进行新陈代谢。新陈代谢过程是由无数复杂的化学反应完成的，生物体内进行的这些化学反应都是在常温、常压、酸碱适中的温和条件下有条不紊地迅速完成的。实验证明，同样的化学反应，在体外，有的却进行得很缓慢，有的只能在高温、高压、强酸、强碱等剧烈条件下才能进行，有的甚至无法进行。新陈代谢之所以能在这样温和的环境下有规律地快速进行，原因就在于生物体内存在着加速化学反应进程的生物催化剂——酶，生命有机体对代谢的调节要通过酶来实现。动物的很多疾病与酶的异常有密切关系，许多药物也是通过对酶的影响来达到治疗疾病的目的。

几千年来，酶一直参与人类的生产、生活实践活动。我们的祖先早就知道粮食在适当的条件下可以酿酒、酿醋、制酱，人能消化各种食物，绿色植物能制造糖等。但人类对酶的科学认识始于 19 世纪，而对酶的深入研究却始于 20 世纪。现已发现和鉴定的蛋白酶有 8 000 多种，其中近 1 000 种已得到结晶，很多酶的化学结构和三维结构也已被彻底阐明。

研究发现，多数维生素参与酶的化学组成，并与酶的作用密切相关。

单元 ◇ 一 酶的一般概念

单元解析
DANYUANJIEXI

本单元介绍了酶的定义、分类、命名、活性测定及酶促反应的特点。通过实例重点介绍酶的特性。通过本单元的学习可对酶产生初步的认识，为后续章节的学习打基础。

一、酶的概念

（一）酶的概念

酶是由生物活细胞产生的一类具有生物催化作用的有机物，也称为生物催化剂。1926

年美国生化学家 Sumner 首次从刀豆中提取出脲酶结晶，并证明它是蛋白质。此后，确证了酶的化学本质主要是蛋白质。酶是由氨基酸组成的具有复杂结构的大分子化合物，具有两性电离及等电点、变性作用、沉淀现象、颜色反应、光谱吸收等蛋白质所具有的理化性质，酶还具有特定的免疫原性和高分子性质。

近年来，随着对酶的深入研究，除了蛋白质可作为生物催化剂外，人们还发现了具有催化活性的其他物质，如核糖核酸（RNA）、脱氧核糖核酸（DNA）、抗体等，前两者常称为核酶，后者称为抗体酶。现代科学认为，酶是由生物活细胞产生的，能在体内和体外起同样催化作用的一类具有活性中心和特殊构象的生物大分子，包括蛋白质和核酸。本模块主要学习蛋白质类的酶。

（二）酶促反应

酶所催化的化学反应称为酶促反应。在酶促反应中，被酶催化的物质称为底物（substrate，S），也称为基质或作用物；催化反应所生成的物质称为产物（product，P）；酶所具有的催化能力称为酶的活性，如果酶丧失催化能力称为酶失活。

二、酶的分类和命名

（一）酶的分类

国际酶学委员会提出酶的系统分类法是：根据酶促反应的类型，将酶分为六大类，分别用 1、2、3、4、5、6 编号来表示。

1. 氧化还原酶类 催化底物进行氧化还原反应的酶类，如乳酸脱氢酶、琥珀酸脱氢酶、细胞色素氧化酶等。该类酶的辅酶是 NAD^+ 或 $NADP^+$，FMN 或 FAD。生物体内的氧化还原反应以脱氢加氢为主，还有得失电子及直接与氧化合的反应。

反应通式：$AH_2 + B \rightarrow A + BH_2$

2. 转移酶类 催化底物之间进行某种基团的转移或交换的酶类。

反应通式：$A - R + C \rightarrow A + C - R$

3. 水解酶类 催化底物发生水解反应的酶类，如淀粉酶、蛋白酶、脂肪酶、磷酸酶等。常见的被水解的键的类型有：酯键、糖苷键、肽键。

反应通式：$A - B + H_2O \rightarrow A - H + B - OH$

4. 裂合酶类或裂解酶类 催化非水解地除去底物分子中的基团的反应及其逆反应的酶类。

反应通式：$A - B \rightarrow A + B$

5. 异构酶类 催化各种同分异构体间相互转化的酶类。

反应通式：$A \Longleftrightarrow B$

6. 合成酶类或连接酶类 催化两分子底物合成为一分子化合物，同时偶联 ATP 的磷酸键断裂释放能量的酶类，如羧化酶、谷氨酰胺合成酶、谷胱甘肽合成酶等。

反应通式：$A + B + ATP \rightarrow A - B + ADP + Pi$

（二）酶的命名

酶的命名方法分为习惯命名法和系统命名法。

1. 习惯命名法 通常是以酶催化的底物、反应的性质以及酶的来源命名。

（1）依据酶所催化的底物命名，如淀粉酶、脂肪酶、蛋白酶等。

（2）依据催化反应的类型命名，如脱氢酶、转氨酶等。

（3）综合上述两项原则命名，如乳酸脱氢酶、氨基酸氧化酶等。

（4）在这些命名的基础上有时还加上酶的来源或酶的其他特点，如唾液淀粉酶、胰蛋白酶等。

习惯命名法简单、易懂，应用历史较长，但缺乏系统的规则，因此国际酶学委员会于1961年提出了一个新的命名系统——系统命名法。

2. 系统命名法 国际酶学委员会（I.E.C）以酶的分类为依据，制定了与分类法相适应的系统命名法。系统命名法规定每一个酶均有一个系统名称，它标明酶的所有底物与反应性质，并附有一个4位数字的分类编号。底物名称之间用"："隔开，若底物之一是水可以略去不写。如葡萄糖激酶催化的下列反应：

$$ATP + D\text{-}葡萄糖 \longrightarrow ADP + D\text{-}葡萄糖\text{-}6\text{-}磷酸$$

该酶的系统命名及分类编号分别是 ATP：葡萄糖磷酸基转移酶，E.C.2.7.1.1，明确表示该酶催化从 ATP 转移一个磷酸基到葡萄糖分子上的化学反应。系统命名法虽然合理，但比较烦琐，使用不方便。为了应用方便，国际酶学委员会又从每种酶的数个习惯名称中选定一个简便实用的推荐名称。

三、酶催化作用的特点

酶作为生物催化剂具有一般催化剂的特征，如：用量少而催化效率高，在化学反应前后没有质和量的改变；只能催化热力学上允许进行的化学反应；只能缩短化学反应达到平衡所需的时间，而不能改变化学反应的平衡点，即不能改变反应的平衡常数；对可逆反应的正反应和逆反应都具有催化作用；作用的机理在于降低了反应的活化能。同时，酶又具有与一般催化剂不同的个性特征，表现在以下几方面。

1. 极高的催化效率 一般而言，对于同一反应，酶催化反应的速率比非催化反应的速率高 $10^8 \sim 10^{20}$ 倍，比一般催化剂催化的反应速率高 $10^7 \sim 10^{13}$ 倍。例如，酵母蔗糖酶催化蔗糖水解的速率是 H^+ 催化此反应速率的 2.5×10^{12} 倍；脲酶催化尿素水解的反应速率是 H^+ 催化作用的 7×10^{12} 倍。酶如此高的催化效率有赖于酶蛋白分子与底物分子之间独特的作用机制。由于酶的催化效率极高，故在生物体内尽管含量很低，却可迅速地催化大量的底物发生反应，以满足代谢的需求。

2. 高度的专一性 与一般催化剂不同，酶对其所催化的底物具有较严格的选择性。即一种酶只能作用于一种或一类底物，或一定的化学键，催化一定的化学反应并生成一定的产物，常将酶的这种特性称为酶的特异性或专一性（specificity）。例如，盐酸可使糖、脂肪、蛋白质等多种物质水解，而淀粉酶只能催化淀粉水解，对脂肪和蛋白质则无催化作用。酶催化作用的特异性取决于酶蛋白分子上的特定结构。根据酶对底物选择的严格程度不同，酶的特异性可大致分为三种类型：

（1）绝对专一性。一种酶只能催化一种底物发生一定的化学反应，并生成一定的产物。如脲酶只能催化尿素水解成 NH_3 和 CO_2，而对其他具同样酰胺键结构的肽类或其他化合物没有作用。

（2）相对专一性。有些酶的特异性相对较差，这种酶可作用于一类底物或一种化学键。如脂肪酶不仅能催化脂肪水解，也可水解简单的酯类化合物；磷酸酶对一般的磷酸酯都有水解作用；蔗糖酶不仅能水解蔗糖，也可水解棉籽糖中的同一糖苷键。

（3）立体异构专一性。当底物具有立体异构现象时，一种酶只对某一底物的一种立体异构体具有催化作用，而对其立体对映体不起催化作用。如 L-乳酸脱氢酶只催化 L-型乳酸脱氢转变为丙酮酸的反应，而对 D-型乳酸没有催化作用。α-淀粉酶只能水解淀粉中的 α-1，4 糖苷键，而不能水解纤维素中的 β-1，4 糖苷键。

3. 反应条件温和（酶活性的不稳定性） 酶是蛋白质，对环境条件的变化极为敏感。高温、高压、强酸、强碱、有机溶剂、重金属盐、紫外线、剧烈震荡等任何使蛋白质变性的理化因素都可使酶蛋白变性，从而使其失去催化活性。甚至温度、pH 的轻微变化，或少量抑制剂的存在，也能使酶的催化活性发生明显的变化。因此，酶一般要在生物体体温的温度、常压、近中性 pH 等较温和环境条件下起催化作用，否则酶的活性降低甚至丧失。

4. 酶催化活性的可调控性 酶是细胞的组成成分，和体内其他物质一样在不断地进行新陈代谢，酶的催化活性和酶的含量也受多方面的调控。例如，代谢物对酶的反馈调节、激活剂和抑制剂的调节作用、酶的变构调节和酶的化学修饰、酶与代谢物在细胞内的区域化分布、酶的生物合成的诱导与阻遏作用等。通过各种调控方式，改变酶的催化活性，以适应生理功能的需要，促进体内物质代谢的协调统一，保证生命活动的正常进行。

四、酶活性及其测定

（一）酶活性

酶活性又称酶活力，是指酶催化化学反应的能力。酶活力的大小可用在一定条件下酶催化某一化学反应的速率来表示。因此，酶活力的测定实际上就是测定某一化学反应的速率。反应速率可用单位时间内底物的减少量或者产物的生成量来表示。在一般的反应中，底物往往是过量的，在测定的初速率范围内，底物减少量仅为底物总量的很小一部分，测定不易准确；而产物从无到有，较易测定。故一般用单位时间内产物生成的量来表示反应速率。

（二）酶活性测定

酶活性的大小可用酶活力单位来表示。酶活力单位是指在特定的条件下，酶促反应在单位时间内生成一定量的产物或者消耗一定量的底物所需的酶量。酶活力单位往往与所用的测定方法、反应条件等因素相关。1961 年国际酶学委员会规定，1 个酶活力国际单位（IU）是指：在最适条件下，每分钟催化减少 $1\ \mu mol/L$ 底物或生成 $1\ \mu mol/L$ 产物所需的酶量。如果酶的底物中有一个以上的可被作用的化学键或基团，则一个国际单位指的是：每分钟催化 $1\ \mu mol/L$ 的有关基团或化学键的变化所需的酶量。温度一般规定是 25 ℃。1972 年，国际酶学委员会为了使酶的活力单位与国际单位制中的反应速率表达方式一致，推荐使用一种新的单位来代表酶的活力，即"催量（Katal）"，简称 Kat。1 Kat 定义为：在最适条件下，每秒钟能使 1 mol/L 底物转化为产物所需的酶量。Kat 和 IU 之间的关系是：$1\ Kat = 6 \times 10^7\ IU$。

（三）比活力

酶的比活力也称比活性，是指每毫克酶蛋白所具有的活力单位数。有时也用每克酶制剂或者每毫升酶制剂所含有的活力单位数来表示。比活力是表示酶制剂纯度的一个重要指标。对同一种酶来说，酶的比活力越高，纯度越高。

单元 二 酶的结构与功能的关系

单元解析

本单元介绍酶的化学组成、酶的结构以及酶的结构和功能的关系。通过本单元的学习，了解"活性中心"在酶结构中的重要性并认识到酶的结构决定酶的功能，再结合酶原激活、同工酶和变构酶的例子，加深对"结构决定功能"的认识。

一、酶的化学组成

酶和其他蛋白质一样，根据其化学组成可分为单纯蛋白酶（simple enzyme）和结合蛋白酶（conjugated enzyme）两类。

1. 单纯蛋白酶　单纯蛋白酶是仅由氨基酸残基构成的单纯蛋白质，通常只有一条多肽链。其催化活性主要由蛋白质结构所决定。一般催化水解反应的酶，如淀粉酶、脂肪酶、蛋白酶、脲酶、核糖核酸酶等均属于单纯蛋白酶。

2. 结合蛋白酶　结合蛋白酶由蛋白质部分和非蛋白质部分组成。此类酶水解后除得到氨基酸外，还有非氨基酸类物质。蛋白质部分称为酶蛋白（apoenzyme），非蛋白质部分称为辅助因子（cofactor），生物体内多数酶是结合蛋白酶。酶蛋白和辅助因子结合形成的复合物称为全酶（holoenzyme）。即：全酶＝酶蛋白＋辅助因子。

辅助因子是对热稳定的金属离子或非蛋白质的有机小分子。常见的金属离子辅助因子有 K^+、Na^+、Mg^{2+}、Zn^{2+}、Fe^{2+}（Fe^{3+}）、Cu^{2+}（Cu^+）、Mn^{2+} 等。起辅助因子作用的有机小分子的分子结构中常含有维生素或维生素类物质，它们的主要作用是参与酶的催化过程，在酶促反应中起着传递电子、质子或转移基团（如酰基、氨基、甲基等）的作用。

酶的辅助因子按其与酶蛋白结合的紧密程度与作用特点不同可分为辅酶和辅基。与酶蛋白结合疏松、用透析或超滤的方法可将其与酶蛋白分开的称为辅酶（coenzyme）。与酶蛋白结合紧密、不能通过透析或超滤方法将其除去的称为辅基（prosthetic group）。辅酶和辅基仅仅在于他们与酶蛋白结合的牢固程度的不同，并无严格的界限和化学本质的区别。

酶催化作用有赖于全酶的完整性，酶蛋白和辅助因子分别单独存在时均无催化活性，只有结合在一起构成全酶后才有催化活性。一种辅助因子可与不同的酶蛋白结合构成多种不同的特异性酶。在酶促反应过程中，酶蛋白起识别和结合底物的作用，决定该酶的专一性，而辅助因子决定反应的类型。

二、酶的活性部位和必需基团

（一）酶的活性中心的概念

酶蛋白分子的结构特点是具有活性中心。酶分子很大，结构也很复杂，存在许多氨基酸侧链基团，如—NH_2、—$COOH$、—SH、—OH 等，但在发挥催化作用时并不是整个分子都参加，而只是少数氨基酸侧链基团起作用。酶分子中，与酶的催化活性与专一性直接有关的基团称为酶的必需基团或活性基团（essential group）。常见的必需基团有：组氨酸残基上的咪唑基、丝氨酸和苏氨酸残基上的羟基、半胱氨酸残基上的巯基、某些酸性氨基酸残基上的自由羧基和碱性氨基酸残基上的氨基等。这些必需基团虽然在一级结构上可能相距很远，但在酶结构中的空间位置上比较靠近，集中在一起形成一定空间部位。该部位与底物结合并催化底物转化为产物。酶分子中，由必需基团相互靠近所构成的能直接结合底物并催化底物转变为产物的空间部位，称为酶的活性中心（active center）或活性部位（active site）。

（二）酶活性中心的组成

酶的活性中心一般是由酶分子中几个氨基酸残基的侧链基团所组成的。构成活性中心的这几个基团，可能在同一条多肽链的一级结构上相距很远，甚至不在同一条多肽链上。但是通过多肽链的盘绕折叠，使它们在空间结构上相互靠近，构成了酶的活性中心。例如，与胰凝乳蛋白酶催化活性有关的化学基团在第 57 位（组氨酸残基）、102 位（天冬氨酸残基）、195 位（丝氨酸残基）上，它们在酶蛋白的一级结构中相距较远，但在空间结构上相互靠近，参与和底物结合，催化底物生成产物。单纯蛋白酶的活性中心只包括几个氨基酸侧链基团；结合蛋白酶的活性中心除包括几个氨基酸侧链基团外，辅酶或者辅基上的某一部分结构往往也是其中的组成部分。

酶活性中心内的一些化学基团，是酶发挥作用及与底物直接接触的基团，称为活性中心内的必需基团。按照功能不同，酶活性中心的必需基团分为两种：一种是直接与底物结合的结合基团，构成结合部位，它决定酶催化的专一性；另一种是催化底物打开旧化学键，形成新化学键并迅速生成产物的催化基团，构成催化部位，决定酶促反应的类型，即酶的催化性质（图 3-1）。但是，结合基团和催化基团并不是各自独立的，而是相互联系的整体，活性中心内的有些必需基团可同时具备这两方面的功能。

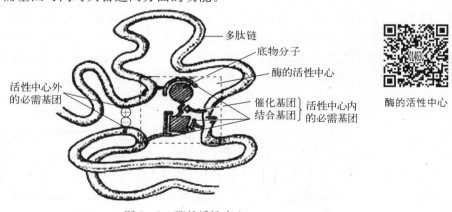

图 3-1 酶的活性中心

酶的活性中心是酶表现催化活性的关键部位，活性中心的结构一旦被破坏，酶立即丧失催化活性。但是应当指出，酶的活性中心并不是孤立存在的，它与酶蛋白的整体结构之间是辩证统一的，活性中心的形成，要求酶蛋白具有一定的空间结构。在活性中心外也有些基团虽然不与底物直接作用，但对维持活性中心的空间结构是必需的，称为活性中心外的必需基团。因此，酶分子中除活性中心外的其他部分结构，对于酶的催化作用来说可能是次要的，但绝不是毫无意义的，它们至少为活性中心的形成提供了必要的结构基础。

酶之所以具有高度的专一性，是由于不同的酶具有不同的活性中心，导致酶分子空间结构（构象）不同，催化作用也就各不相同。相反，具有相同或相近活性中心的酶，尽管其分子组成和理化性质不同，其催化作用则可能相同或极为相似。

（三）活性中心的特点

（1）酶活性中心只占酶分子总体积的一小部分（通常只占整个酶分子体积的 $1\%\sim2\%$）。

（2）酶活性中心往往位于酶分子表面的凹陷（crevice）处，形成一个非极性环境，以利于酶和底物结合，并发生催化作用。

（3）酶活性中心具有精致的三维空间结构，若空间结构（构象）被破坏，则酶丧失其催化活性。

（4）酶活性中心的空间结构不是刚性的，当它与底物结合时可以发生某些变化，使之更适合于和底物结合。

（5）酶活性中心与底物结合的键力是相当弱的，这有利于产物的生成。

三、酶原与酶原的激活

（一）概念

有些酶在细胞内最初合成或初分泌时，没有催化活性，这种无活性的酶的前体称为酶原（zymogen）。酶原是体内某些酶暂不表现催化活性的一种特殊存在形式。

（二）酶原激活的本质

在一定条件下，酶原受某种因素作用后，释放出一些氨基酸和小肽，暴露或形成活性中心，转变成具有活性的酶，这一过程称为酶原的激活。胃蛋白酶、胰蛋白酶、糜蛋白酶（胰凝乳蛋白酶）、羧基肽酶、弹性蛋白酶等在它们初分泌时均以无活性的酶原形式存在，在一定的条件下酶原才能转化成具有活性的酶。例如，胰蛋白酶原在胰腺细胞内合成和初分泌时，以无活性的胰蛋白酶原形式存在，当它随胰液进入肠道后，可被肠液中的肠激酶激活（也可被胰蛋白酶本身所激活）。在肠激酶的作用下，从 N 端水解掉一个六肽片段，因而促使酶分子空间构象发生某些改变，使组氨酸、丝氨酸、缬氨酸、异亮氨酸等残基互相靠近，形成活性中心，胰蛋白酶原转变成具有催化活性的胰蛋白酶（图 3-2）。

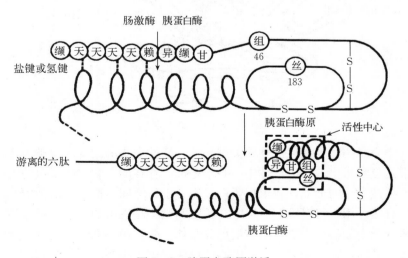

图 3-2 胰蛋白酶原激活

（三）酶原激活的生理意义

酶原激活的生理意义在于既可避免细胞产生的酶对细胞进行自身消化，又可使酶原达到特定部位发挥催化作用。如胰腺分泌的胰蛋白酶原，必须在肠道内经激活后才能水解蛋白质，这样就保护了胰腺细胞免受酶的破坏。又如，血液中参与凝血过程的酶类，在正常情况下均以酶原形式存在，从而保证血流畅通。在出血时，凝血酶被激活，使血液凝固，以防止过多出血。

四、同 工 酶

同工酶（isozyme）是存在于同一种属生物或同一个体中，能催化同一种化学反应，但酶蛋白分子的结构及理化性质和生化特性（K_m、电泳行为等）存在明显差异的一组酶。

乳酸脱氢酶（lactate dehydrogenase，LDH）是首先被深入研究的一种同工酶。存在于哺乳动物中的 LDH 是由 H（心肌型）和 M（骨骼肌型）两种类型的亚基，按不同的组合方式装配成的四聚体。H 亚基和 M 亚基由两种不同结构基因编码。两种亚基可装配成 H_4（LDH_1）、H_3M（LDH_2）、H_2M_2（LDH_3）、HM_3（LDH_4）、M_4（LDH_5）5 种四聚体。此外，在动物睾丸及精子中还发现由另一种基因编码的 X 亚基组成的四聚体 C_4（LDH—X）。

同工酶广泛存在于生物界，具有多种多样的生物学功能。同工酶的存在能满足某些组织或某一发育阶段代谢转换的特殊需要，提供了对不同组织和不同发育阶段代谢转换的独特的调节方式；在临床检验中，通过观测血清中的 LDH 同工酶的电泳图谱，可以作为疾病辅助诊断的手段，如心肌受损时血清 LDH_1 含量上升，肝细胞受损时 LDH_5 含量增高；同种动物的不同品种，其同工酶的图谱不同，因此分析同工酶的图谱可以作为品种鉴定的指标，对于遗传育种研究有一定的指导意义。

五、变 构 酶

变构酶（allosteric enzyme）是一类重要的调节酶，其分子除了含有结合部位和催化部位外，还有调节部位（也称为调节中心或变构部位），调节部位可与调节物结合，改变酶分子的构象，并引起酶催化活性的改变。调节物又称效应物或别构剂，变构酶又称别构酶。

若调节物的结合使酶与底物亲和力或催化效率提高，则称为别构激活剂；反之，若使酶与底物的亲和力或催化效率降低，则称为别构抑制剂。

一般来说，变构酶的效应物是小分子有机化合物，有的是底物。当效应物与酶分子上的相应部位结合后，引起酶的构象改变而影响酶的催化活性，这种作用称为变构效应（allosteric regulation）或别构调节作用。

变构酶一般位于反应途径的关键位置，控制整个反应途径的反应速率。很多反应中底物是变构酶的激活剂，通过变构调节可以避免过多的底物积累。另外，细胞可通过别构抑制的方式及早调节整个代谢途径的速率，减少不必要的底物消耗。这种调控对于维持细胞内的代谢平衡起了重要作用。

单元 三 酶的催化作用机理

单元解析

本单元介绍酶的催化作用和活化能之间的关系、中间产物学说及诱导契合学说。通过本单元的学习，了解酶具有高效性的原因及酶和底物结合成为中间产物的机制，从而掌握酶的催化机理。

一、酶的催化作用与分子活化能的关系

酶和一般催化剂加速反应的机制都是降低反应的活化能。根据化学反应的原理，一个化学反应能够进行，首先参加反应的分子要相互碰撞，但是仅有碰撞还不能导致反应的进行，只有那些处于活化状态的分子才能发生反应，即反应分子必须具备足够的能量，也就是所具有的能量超过该反应所需的能阈的分子才能进行反应。底物分子由常态变成可反应的活化态分子所需要的能量称为活化能。显然，活化分子越多，反应速率越快。在酶促反应中，由于酶能够短暂地与反应物结合形成过渡态，从而降低了化学反应的活化能，这样只需要较少的能量就能使反应物进入"活化态"（图3-3）。所以和非酶促反应相比，活化分子的数量大大增加，从而加快了反应速率。如 H_2O_2 的分解，当没有催化剂时活化能为 75.24 kJ/mol，用铂作为催化剂时，活化能仅为 48.9 kJ/mol，而当有过氧化氢酶催化时，活化能下降到 8.36 kJ/mol 或以下。

由此可见，酶比一般催化剂降低活化能的幅度更大，即酶可以使更多的底物分子转变为活化分子，因此酶促反应效率更高。

钥匙理论

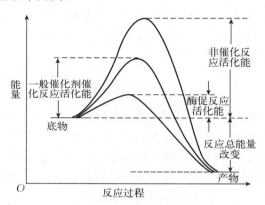

图3-3 酶和一般化学催化剂降低反应活化能

二、中间产物学说

酶如何使反应的活化能降低？目前比较圆满的解释是"中间产物学说"。

设一反应　　　　　　　　　$S \longrightarrow P$ 　　　　　　　　　　　　　（1）
　　　　　　　　　　　底物　产物

酶在催化此反应时，首先与底物结合成一个不稳定的中间产物（也称为中间络合物），然后中间产物再分解成产物和原来的酶。

$$E+S \Longleftrightarrow ES \longrightarrow E+P \qquad (2)$$

由于酶催化的反应（2）的能阈比没有酶催化的反应（1）要低，反应（2）所需的活化能亦比反应（1）低，所以反应速率加快。

中间产物是客观存在的，但是由于中间产物很不稳定，易迅速分解成产物，因此不易把它从反应体系中分离出来。随着分离技术的提高，有些中间产物已经成功得到分离，如 D-氨基酸氧化酶与D-氨基酸结合而成的复合物已经被分离并结晶出来。

三、诱导契合学说

已经知道，酶在催化化学反应时要和底物形成中间产物。但是酶和底物如何结合成中间产物？又如何完成其催化作用？关于这些问题有很多假设。酶对它所作用的底物有着严格的选择性。它只能催化一定结构或一些结构近似的化合物发生反应。Email Fisher 认为酶和底物结合时，底物的结构必须和酶活性中心的结构非常吻合，就像锁和钥匙一样，这样才能紧密结合形成中间产物。这就是"锁钥学说"（图 3-4）。但是后来发现，当底物与酶结合时，酶分子上的某些基团常发生明显的变化。另外无法解释可逆反应及酶对底物的相对专一性。因此"锁钥学说"把酶的结构看成固定不变的，是不切实际的。近年来，大量研究表明，酶和底物游离存在时，其形状并不精确互补，即酶的活性中心并不是僵硬的，而是具有一定的柔性的结构。当底物与酶相遇时，可诱

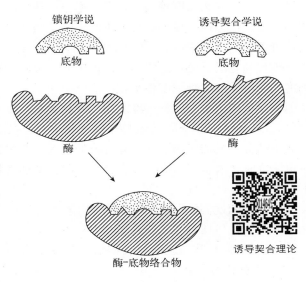

图 3-4　酶和底物结合

导酶蛋白的构象发生相应的变化，使酶活性中心上有关的各个基团正确地排列和定向，这种适应性的变化更有利于使酶和底物契合成中间产物，并引起底物发生反应。这就是"诱导契合学说"。应当说诱导是双向的，既有底物对酶的诱导，又有酶对底物的诱导，因此在酶与底物结合时两者结构都发生了变化。该学说是由 D. E. Koshland 于 1958 年提出的，酶的诱导契合学说成功地解释了酶的各种特异性，现被大多数人所接受（图 3-4）。

单元 〈四〉 影响酶促反应速率的因素

单元解析
DANYUANJIEXI

本单元介绍底物浓度、酶浓度、温度、pH、激活剂、抑制剂六个因素对酶促反应速率的影响。通过本单元的学习，能够学会利用某种因素对酶活性的影响来指导生产实践，如低温麻醉、高温灭菌等，还可以理解某些医用药物和农药的应用原理。

由于酶是蛋白质，凡能影响蛋白质理化性质发生改变的理化因素都可影响酶的结构和功能。活性中心是酶催化作用的关键部位，凡能影响活性中心发挥作用的因素都可影响酶的催化活性，进而影响酶促反应速度。酶促反应速度受许多因素的影响，这些因素主要包括底物浓度、酶浓度、pH、温度、激活剂和抑制剂等，以下分别予以介绍。

一、底物浓度对酶促反应速率的影响

在酶浓度及其他条件不变的情况下，底物浓度变化对酶促反应速率影响的作图，呈矩形双曲线。在底物浓度较低时，反应速率随底物浓度的增加而增加，两者呈正比关系，反应为一级反应；当底物浓度较高时，反应速率虽然也随底物的增加而加速，但反应速率不再呈正比例加速，反应速率增加的幅度不断下降；当底物浓度增高到一定程度时，反应速率趋于恒定，继续增加底物浓度，反应速率不再增加，达到极限，此时的反应速率称为最大反应速率，表现为零级反应，说明酶的活性中心已被底物所饱和。所有的酶都有饱和现象，只是达到饱和时所需的底物浓度各不相同而已。

酶促反应速率与底物浓度之间的变化关系，反映了酶-底物复合物的形成与生成产物的过程。E＋S⇌ES→E＋P，即中间产物学说。在底物浓度很低时，酶的活性中心没有全部与底物结合，增加底物浓度，复合物的形成与产物的生成均呈正比关系增加；当底物增加至一定浓度时，酶全部形成了复合物，此时再增加底物浓度也不会增加复合物，反应速率趋于恒定。

1. 米-曼氏方程式 为了解释底物浓度与反应速率的关系，1913 年 L. Michaelis 与 M. L. Menten 将图 3-5 归纳为反应速率与底物浓度的数学表达式——米-曼氏方程式：

$$V=\frac{V_{max}[S]}{K_m+[S]}$$

式中，V 表示反应初速率；$[S]$ 表示底物浓度；V_{max} 表示反应的最大速率；K_m 表示米氏常数。

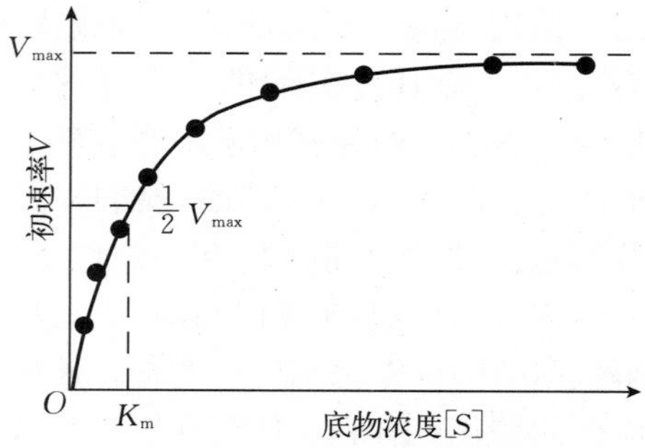

2. K_m 的意义

(1) 当酶促反应速率为最大反应速率一半时（设 $V=1/2\,V_{max}$），米氏常数与底物浓度相等（$K_m=[S]$）。

图 3-5　底物浓度对酶促反应速率的影响

$$\frac{1}{2}V_{max}=\frac{V_{max}[S]}{K_m+[S]}$$

$$即\ K_m=[S]$$

K_m 是酶促反应速率为最大反应速率一半时的底物浓度（单位为：mol/L）。K_m 是酶的特征性常数之一，通常只与酶的性质、酶所催化的底物和反应环境（如温度、离子强度、pH 等）有关，而与酶的浓度无关。每一种酶都有其特定的 K_m 值，测定酶的 K_m 可作为鉴别酶的一种手段，但必须在指定的实验条件下进行。

(2) K_m 可用来近似地表示酶与底物的亲和力。K_m 越小表明达到最大速率一半时所需要的底物浓度越小，即酶对底物的亲和力越大，反之亲和力则小。因此，对于具有相对专一性的酶，作用于多个底物时，具有最小 K_m 的底物就是该酶的最适底物或者天然底物。显然，最适底物与酶的亲和力最大。

(3) 催化可逆反应的酶，当正反应和逆反应 K_m 不同时，可以大致推测该酶正逆两向反应的效率，K_m 小的底物所代表的反应方向是该酶催化的优势方向。

(4) 在有多个酶催化的系列反应中，确定各种酶的 K_m 及相应底物浓度，有助于判断代谢过程中的限速步骤。在各底物浓度相当时，K_m 大的酶则为限速酶，相应的步骤则为限速步骤。

（5）测定不同的抑制剂对某一酶 K_m 及 V_{max} 的影响，可帮助判断该抑制剂是此酶的竞争性抑制剂还是非竞争性抑制剂。

3. V_{max} 的含义　V_{max} 是酶完全被底物饱和时的反应速率，与酶浓度呈正比。

二、酶浓度对酶促反应速率的影响

酶促反应体系中，在底物浓度足以使酶饱和的情况下，酶促反应速率与酶浓度呈正比关系。即酶浓度越高，反应速率越快（图 3 - 6）。但该正比关系是有条件的，一是底物浓度足够大；二是使用的必须是纯酶制剂或不含抑制剂、激活剂或失活剂的粗酶制剂。

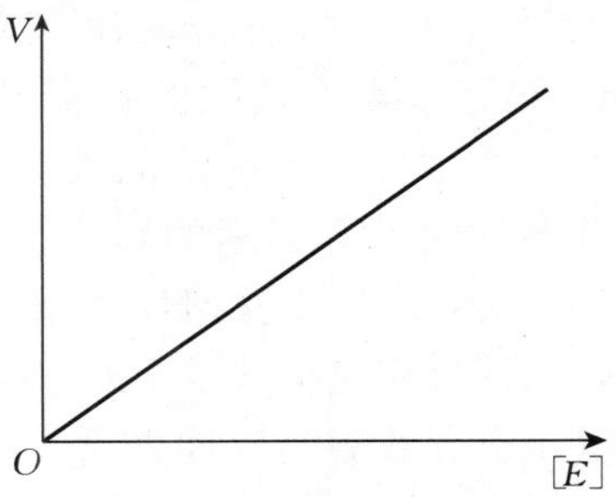

三、温度对酶促反应速率的影响

化学反应速率受温度变化的影响。温度过低抑制酶的活性。温度过高可引起酶蛋白变性，使酶失活，因此，温度对酶促反应速率具有双重影响。在较低温度范围内，随着温度升高，酶的活性逐步增加，以致达到最大反应速率。升高温度一方面可加快酶促反应速率，同时也增加酶的变性。温度升高到 60 ℃以上时，大多数酶开始变性；80 ℃时，多数酶的变性不可逆转，反应速率则因酶变性而降低，高温灭菌就是利用这一原理。综合这两种因素，将酶促反应速率达到最快时的环境温度称为酶促反应的最适温度。温血动物组织中酶的最适温度一般在 35～40 ℃。环境温度低于最适温度时，升温加快反应速率这一效应起主导作用，温度每升高 10 ℃，反应速率可加大 1～2 倍（图 3 - 7）。

低温条件下，由于分子碰撞机会少的缘故，酶的催化作用难以发挥，酶活性处于抑制状态。但低温一般不破坏酶，一旦温度回升后，酶又恢复活性。所以酶制剂和酶检测标本（如血清、血浆等）应放在低温保存。另外，低温麻醉主要是通过低温降低酶活性，以减慢组织细胞代谢速率，提高机体在手术过程中对氧和营养物质缺乏的耐受性。酶的最适温度不是酶的特征性常数，常受到其他条件如底物、作用时间、pH、抑制剂等的影响。比如，酶可以在短时间内耐受较高的温度，相反，延长反应时间，最适温度便降低。据此，在生化检验中，可以采取提高温度并缩短反应时间的方法，进行酶的快速检测诊断。

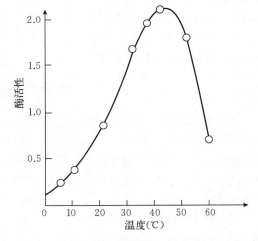

图 3 - 6　酶浓度对反应速率的影响

图 3 - 7　温度对淀粉酶活性的影响

四、pH 对酶促反应速率的影响

酶促反应介质的 pH 可影响酶分子的结构，特别是影响酶活性中心上必需基团的解离状态，同时也可影响底物和辅酶（如 NAD^+、$CoA—SH$、氨基酸等）的解离程度，从而影响酶与底物的结合。只有在某一 pH 范围内，酶、底物和辅酶的解离状态最适宜于它们之间互相结合，酶具有最大催化作用，使酶促反应速率达最大值。因此 pH 的改变对酶的催化作用影响很大（图 3-8）。酶催化活性最大时的环境 pH 称为酶促反应的最适pH。最适 pH 不是酶的特征性常数，它受底物浓度、缓冲液的种类与浓度以及酶的纯度等因素的影响。溶液的pH 高于或低于最适 pH，酶的活性降低，酶促反应速率减慢，远离最适 pH

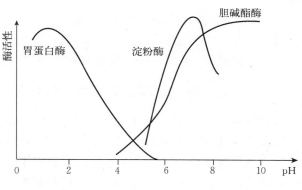

图 3-8 pH 对某些酶活性的影响

时甚至会导致酶的变性失活。每一种酶都有其各自的最适 pH。生物体内大多数酶的最适pH 接近中性，但也有例外，如胃蛋白酶的最适 pH 大约为 1.8，肝精氨酸酶的最适 pH 在9.8 左右。实践中用酸性溶液配制胃蛋白酶合剂，就是依据这一特点。此外，同一种酶催化不同的底物其最适 pH 也稍有变动。pH 影响酶活力的原因可能有：①过酸或过碱会影响酶蛋白的构象，甚至使酶变性而失活；②pH 改变不剧烈时，酶虽不变性，但活力受影响，因为 pH 会影响底物分子的解离状态、酶分子的解离状态，也可能影响中间产物 ES 的解离状态；③pH 影响反应分子中另一些基团的解离，而这些基团的离子化状态与酶的专一性及酶分子中活性中心的构象有关。

五、激活剂对酶促反应速率的影响

使酶由无活性变为有活性或使酶活性增加的物质称为酶的激活剂（activator）。激活剂对酶促反应速率的影响，主要通过酶的激活或酶原的激活来实现。酶的激活是使已具活性的酶的活性增加，酶原的激活是使本来无活性的酶原变成有活性的酶。激活剂包括无机离子、简单的有机化合物和蛋白质类物质。最常见的激活剂 Cl^- 是唾液淀粉酶最强的激活剂。

金属离子如 Na^+、K^+、Mg^{2+}、Ca^{2+}、Cu^{2+}、Zn^{2+}、Fe^{2+} 等，既是许多酶的辅助因子，也是酶的激活剂。还原剂能激活某些酶，使酶分子中的二硫键还原成有活性的巯基，从而提高酶的活性，如抗坏血酸、半胱氨酸、还原型谷胱甘肽等。螯合剂如 EDTA（乙二胺四乙酸）等可螯合金属，解除重金属对酶的抑制作用。蛋白质类激活剂使无活性的酶原变成有活性的酶（酶原激活）。

激活剂对酶的作用是相对的，即一种激活剂对某种酶能起激活作用，而对另一种酶可能起抑制作用，如 Cu^{2+} 是唾液淀粉酶的抑制剂；另外，激活剂的浓度对其作用也有影响，即同一种激活剂由于浓度高，可以从激活作用转为抑制作用。

六、抑制剂对酶促反应速率的影响

在酶促反应中，凡能有选择地使酶活性降低或丧失，但不能使酶蛋白变性的物质统称为酶的抑制剂（inhibitor）。无选择地引起酶蛋白变性，使酶活性丧失的理化因素，不属于抑制剂范畴。抑制剂的种类也很多，如有机磷及有机汞化合物、重金属离子、氰化物、磺胺类药物等。抑制剂降低酶的活性，但并不引起酶蛋白变性的作用称为抑制作用。根据抑制剂与酶的作用是否可逆，将酶的抑制作用分为不可逆抑制作用和可逆性抑制作用两类。

（一）不可逆抑制作用

抑制剂通常以共价键与酶的活性中心上的必需基团结合，使酶的活性丧失，而且不能用透析、超滤等物理的方法使酶恢复活性，这种抑制作用称为不可逆抑制。这种抑制只能靠某些药物才能解除，从而使酶恢复活性。不可逆抑制剂有以下种类：

1. 有机磷化合物　例如：农药敌百虫（美曲膦酯）、敌敌畏（DDVP）、1059（内吸磷）等，它们都能专一性地与胆碱酯酶活性中心丝氨酸残基的羟基（—OH）结合，抑制胆碱酯酶活性。通常把这些能够与酶活性中心的必需基团进行共价结合，从而抑制酶活性的抑制剂称为专一性抑制剂。

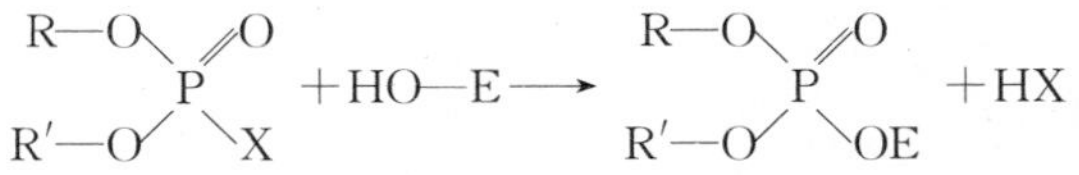

$$
\begin{array}{c}
\underset{\text{有机磷化合物}}{\overset{R\text{—O}}{\underset{R'\text{—O}}{\diagdown}}\overset{\text{O}}{\underset{\text{X}}{P}}} \quad + \underset{\text{羟基酶}}{HO\text{—E}} \longrightarrow \underset{\text{失活的酶}}{\overset{R\text{—O}}{\underset{R'\text{—O}}{\diagdown}}\overset{\text{O}}{\underset{\text{OE}}{P}}} \quad + \underset{\text{酸}}{HX}
\end{array}
$$

胆碱酯酶催化乙酰胆碱水解，它是一种羟基酶，有机磷化合物中毒时，使酶的羟基磷酸化，从而使此酶活性受到抑制，造成神经末梢分泌的乙酰胆碱不能及时水解而堆积，使得迷走神经兴奋而呈现中毒症状，甚至使动物死亡。临床上常采用解磷定（PAM）治疗有机磷化合物中毒。解磷定与磷酰化羟基酶的磷酰基结合，使羟基酶游离，从而解除有机磷化合物对酶的抑制作用，使酶恢复活性。

2. 有机汞、有机砷化合物　这类化合物与酶分子中半胱氨酸残基的巯基作用，抑制含巯基的酶，如对氯汞苯甲酸（PCMB）。由于这些抑制剂所结合的巯基不局限于必需基团，所以此类抑制剂又称为非专一性抑制剂。化学毒剂路易氏气是一种含砷的化合物，它能抑制体内的巯基酶的活性而使人畜中毒。这类抑制可以通过加入过量巯基类化合物如半胱氨酸、还原型谷胱甘肽（GSH）或二巯丙醇而解除。

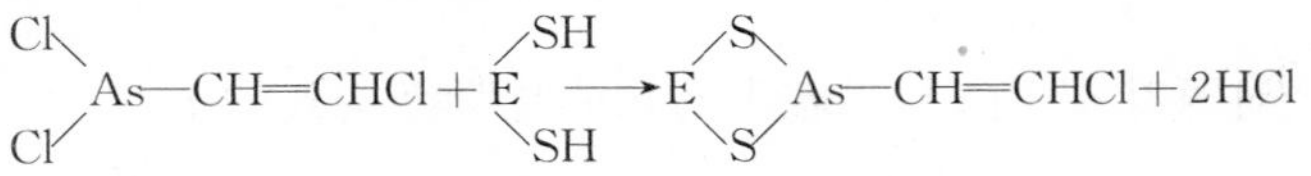

$$
\underset{\text{路易氏气}}{\overset{\text{Cl}}{\underset{\text{Cl}}{\diagdown}}\text{As—CH=CHCl}} + \underset{\text{巯基酶}}{\overset{\text{SH}}{\underset{\text{SH}}{E\diagup}}} \longrightarrow \underset{\text{失活的酶}}{E\overset{\text{S}}{\underset{\text{S}}{\diagdown}}\text{As—CH=CHCl}} + \underset{\text{酸}}{2HCl}
$$

3. 重金属盐　含 Pb^{2+}、Hg^{2+}、Cu^{2+}、Fe^{2+}、Ag^{+} 的重金属盐在高浓度时会使酶蛋白变性失活，而在低浓度时会对某些酶的活性产生抑制作用，通常选用金属螯合剂如 EDTA 螯合除去有害的金属离子，恢复酶的活性。

4. 氰化物、硫化物和 CO　这类化合物能与酶分子中金属离子（辅助因子）形成较为稳定的络合物，使酶的活性受到抑制。如氰化物（CN^{-}）作为剧毒物质与细胞色素氧化酶等含铁卟啉的酶中 Fe^{2+} 络合，使酶没有携带氧分子的能力而失活，进而阻断了电子传递而阻止细胞呼吸。

5. 烷化试剂　这类试剂往往含有一个活泼的卤素原子，如碘乙酸、2，4 - 二硝基氟苯等，能与巯基、氨基、羧基、咪唑基等基团作用。常用碘乙酸等作鉴定酶中是否存在巯基的特殊试剂。

（二）可逆性抑制作用

这类抑制剂通常以非共价键与酶可逆性结合，使酶活性降低或丧失，用透析或超滤等方法可将抑制剂除去，恢复酶的活性。根据抑制剂与底物的关系，可逆性抑制作用可分为三种类型：

1. 竞争性抑制作用　竞争性抑制剂（I）与酶（E）的正常底物（S）有相似的结构，因此它与底物分子竞争性地结合到酶的活性中心，从而阻碍酶与底物结合形成中间产物，这种抑制作用称为竞争性抑制作用（competitive inhibition）。竞争性抑制作用具有以下特点：①抑制剂在化学结构上与底物分子相似，两者竞相争夺同一酶的活性中心；②抑制剂与酶的活性中心结合后，酶分子失去催化作用；③竞争性抑制作用的强弱，取决于抑制剂与底物之间的相对浓度，抑制剂浓度不变时，通过增加底物浓度可以减弱甚至解除竞争性抑制作用；④酶既可以结合底物分子也可以结合抑制剂，但不能与两者同时结合。E、S、I 及其催化反应的关系如下式：

竞争性抑制

$$E+S \rightleftharpoons ES \longrightarrow E+P$$
$$+$$
$$I$$
$$\Updownarrow$$
$$EI$$

应用竞争性抑制的原理可阐明某些药物的作用机理。如磺胺类药物和磺胺增效剂，便是通过竞争性抑制作用抑制细菌生长的。对磺胺类药物敏感的细菌在生长繁殖时，不能利用环境中的叶酸，而是在菌体内二氢叶酸合成酶的作用下，利用对氨苯甲酸（PABA）、二氢蝶呤及谷氨酸，合成二氢叶酸（FH_2），后者在二氢叶酸还原酶的作用下，进一步还原成四氢叶酸（FH_4），四氢叶酸是细菌合成核酸过程中不可缺少的辅酶。磺胺类药物与对氨苯甲酸结构相似，是二氢叶酸合成酶的竞争性抑制剂，可以抑制二氢叶酸的合成；磺胺增效剂（TMP）与二氢叶酸结构相似，是二氢叶酸还原酶的竞争性抑制剂，可以抑制四氢叶酸的合成。

磺胺药的抗菌机理

$$\begin{array}{l}对氨苯甲酸 \\ 二氢蝶呤 \\ 谷氨酸 \end{array} \xrightarrow[\text{磺胺类药物（一）}]{\text{二氢叶酸合成酶}} 二氢叶酸 \xrightarrow[\text{TMP（一）}]{\text{二氢叶酸还原酶}} 四氢叶酸$$

对氨基苯甲酸与磺胺类药物的化学结构式如下：

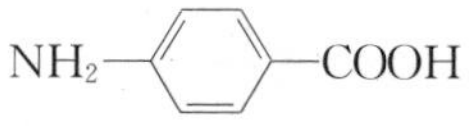

$$NH_2\!-\!\!\bigcirc\!\!-\!COOH \qquad NH_2\!-\!\!\bigcirc\!\!-\!SO_2NHR$$

　　　　对氨基苯甲酸 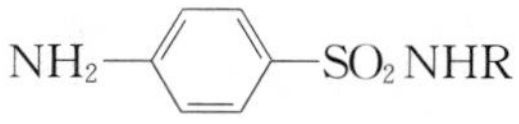　　　　　　　　　磺胺类药物

磺胺类药物与其增效剂分别在两个作用点，竞争性抑制细菌体内二氢叶酸的合成及四氢叶酸的合成，影响一碳单位的代谢，从而有效地抑制了细菌体内核酸及蛋白质的生物合成，导致细菌死亡。人体能从食物中直接获取叶酸，所以人体四氢叶酸的合成不受磺胺类药物及其增效剂的影响。

许多抗代谢类抗癌药物，如氨甲蝶呤（MTX）、5-氟尿嘧啶（5-FU）、6-巯基嘌呤（6-MP）等，几乎都是酶的竞争性抑制剂，它们分别抑制四氢叶酸、脱氧嘧啶核苷酸及嘌呤核苷酸的合成，可抑制肿瘤细胞的生长。

2. 非竞争性抑制作用　非竞争性抑制剂与酶活性中心外的其他位点可逆地结合，它使酶的三维结构改变，导致酶催化活性降低。此种结合不影响酶与底物分子的结合，同时，酶与底物分子的结合也不影响酶与抑制剂的结合。底物与抑制剂之间无竞争关系。但酶-底物-抑制剂复合物（ESI）不能进一步释放产物。这种抑制作用称为非竞争性抑制作用（non-competitive inhibition）。典型的非竞争性抑制作用的反应过程是：

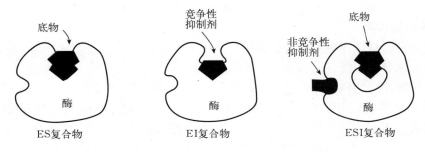

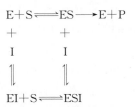

格哈德·杜马克与磺胺药

抑制作用的强弱取决于抑制剂的浓度，此种抑制作用不能通过增加底物浓度来减弱或消除。图 3-9 可说明竞争性抑制与非竞争性抑制的区别。例如，毒毛花苷 G 抑制细胞膜上 Na^+-K^+-ATP 酶活性就是以非竞争性抑制方式进行的。

图 3-9 竞争性抑制与非竞争性抑制的作用机制

3. 反竞争性抑制作用 抑制剂不与酶结合，仅与酶和底物分子形成的中间复合物结合，使中间复合物 ES 的量下降，即 ES+I→ESI。当 ES 与 I 结合后，ESI 不能分解成产物，酶的催化活性被抑制。在反应体系中存在反竞争性抑制剂时，不仅不排斥 E 和 S 的结合，反而可增加二者的亲和力，这与竞争性抑制作用相反，故称为反竞争性抑制作用。例如，肼类化合物抑制胃蛋白酶就是反竞争性抑制。其抑制作用的反应过程如下：

$$E+S \rightleftharpoons ES \longrightarrow E+P$$

单元 五 核酶与抗体酶

单元解析

本单元主要介绍核酶和抗体酶的概念、发现、分类及应用。通过本单元的学习，了解新型酶的发现和应用前景。

一、核　酶

（一）核酶（ribozyme）的概念

20 世纪 80 年代初期，美国科学家 Cech 和 Altman 各自独立地发现 RNA 具有生物催化功能，从而改变了生物体内所有的生物催化剂都是蛋白质的传统观念。这个发现被认为是近几十年来生化领域内最令人鼓舞的发现之一。

1982 年 Cech 等以原生动物嗜热四膜虫（tetrahymena thermophila）为材料，研究 rRNA 的基因转录问题时发现：转录产物 rRNA 前体很不稳定，在 ATP、GTP 存在下，可以发生自我剪接，生成 26S rRNA。后经体外转录实验进一步证明大肠杆菌 RNA 聚合酶在细胞外转录出的该 rRNA 前体也能够进行自我剪接反应。通过这种方式排除了任何蛋白质酶的催化作用，进一步说明该 rRNA 前体的自我剪接是其自身固有的特性，即证明了 RNA 具有催化功能。为区别于传统的蛋白质性质的酶，Cech 给这种具有催化活性的 RNA 定名为 ribozyme。1989 年 Cech 和 Altman 共同获得了诺贝尔化学奖。

（二）核酶的种类

按作用底物，自然界现有核酶分为催化分子内反应的核酶和催化分子间反应的核酶。在此主要介绍催化分子内反应的核酶。

催化分子内反应的核酶分为自我剪接核酶和自我剪切核酶两类。

1. 自我剪接核酶　自我剪接有两种方式，是由于存在两类不同内含子 RNA（IVS）决定的。自我剪接的第一种方式是：Ⅰ型 IVS 催化自我剪接需要鸟苷（G）和 Mg^{2+} 参与，结果得到剪接产物 G－IVS。自我剪接的第二种方式是：Ⅱ型 IVS 催化自我剪接并不需要鸟苷参与，这种自我剪接是由Ⅱ型 IVS 的特定结构决定的，并类似于细胞核 mRNA 前体的剪接方式。现已证实，Ⅰ型和Ⅱ型 IVS 的自我剪接反应都是可逆的，表明他们都能催化 IVS 移位和实现 RNA 重组。自我剪接核酶作用机制是通过既剪又接的方式去除内含子，包含剪切与连接两个步骤。

2. 自我剪切核酶　自我剪切核酶包括：锤头结构核酶、发夹结构核酶、丁型肝炎病毒核酶等。

（1）锤头结构核酶。Symons 在比较研究了一些植物类病毒、拟病毒和卫星病毒自我剪切规律后，于 1986 年提出锤头结构（hammer head structure）的二级结构模型。锤头结构核酶长约 30 个核苷酸，由 3 个碱基配对的螺旋区、两个单链区和突出的核苷酸构成（图 3－10）。该酶可分为 3 个部分，中间是以单链形式存在的 13 个保守核苷酸和螺旋Ⅱ组成的催化核心，两侧的螺旋Ⅰ/Ⅲ为可变序列，共同组成特异性序列，决定核酶的特异性。锤头结构核酶是较小的核酶。其自我剪切活性依赖于结构的完整性，只要满足锤头状的二级结构和 13 个核苷酸的保守序列，剪切反应就会在锤头结构右上方的 GUN 序列的 3′端自动发生。

（2）发夹结构核酶。1989 年 Hample 等提出发夹结构核酶模型，发夹结构核酶切割活性所需最小长度

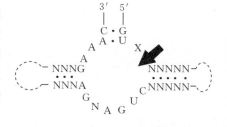

图 3－10　锤头结构核酶

为 50 个核苷酸，其中 15 个是必需的。该酶由 4 个螺旋区（H）和数个环状区（J）组成。螺旋Ⅰ、Ⅱ的主要功能是与靶序列结合，决定核酶切割部位的特异性，螺旋Ⅲ配对碱基及其 3′端的未配对碱基均为切割活性所必需。发夹结构核酶在负链 sTRSV RNA 中发现，它不同于正链 sTRSV RNA 和其他有关病毒 RNA 的自我剪切结构。

（3）丁型肝炎病毒（HDV）核酶和链孢霉线粒体（VS）RNA 自我剪切的结构特点，完全不同于锤头结构和发夹结构，表明自然界存在多式多样的自我剪切加工方式。

催化分子间反应的核酶如 RNase P 的 M_1 RNA 具有催化 tRNA 前体 5′端成熟的功能，RNase P 是由 RNA 和蛋白质两部分组成的，前者占全酶总量的 77%，后者占 23%。前面已介绍过的 L_{19} RNA 具有多种酶活性，可催化多种分子间反应。

（三）核酶的研究意义及应用前景

1. 核酶的研究意义

（1）它突破了"生物体内所有的生物催化剂都是蛋白质"的传统观念。

（2）具有催化功能 RNA 的重大发现，使人们对普遍感兴趣的生命起源这一问题有了新的认识。长期以来，人们认为所有的生命形式在冗长的相互依赖的循环中，信息分子和功能分子是分离的，核酸是信息分子，蛋白质是功能分子。核酶的发现表明：RNA 是一种既能携带遗传信息又有生物催化功能的生物分子。因此，RNA 既是信息分子，又是功能分子，很可能早于蛋白质和 DNA，是生命起源中首先出现的生物大分子，而一些有酶活性的内含子，可能是生物进化过程中残存的分子"化石"。具酶活性的 RNA 的发现，有助于人们提出了生物大分子和生命起源的新概念，促进对生命起源的研究。

（3）从生物进化角度来看，生物催化剂从核酶到蛋白质的转变，伴随着生物代谢高效率和生命现象的更趋复杂。核酶与蛋白质酶的差异不仅在于化学本质的不同，两者的催化活性也相差很大。核酶的催化活性比大多数蛋白质酶要低得多。生物催化分子进化的可能过程是：RNA→RNA -蛋白质→蛋白质- RNA→蛋白质-辅酶（辅基）→蛋白质。它表示生物催化功能从 RNA 到蛋白质的转移。现在，主要的生物催化剂是蛋白质-辅酶（辅基）。这将促进对生物进化的认识和研究。

2. 核酶的应用前景
首先，可以设计出自然界不存在的各种核酶。例如，按已知自我剪切原理，剪切是高度专一的，把自我剪切转换成分子间剪切，利用锤头结构就可以设计出相应的核酶，用以破坏一些有害病毒的 RNA 分子，以及有害病毒基因转录出的 mRNA 或者其前体。

其次，核酶基因研究前景诱人，在基因治疗领域中备受青睐，其研究进展也相当迅速。根据锤头结构或发夹结构原理设计核酶基因，连接于特定的表达载体并在不同细胞内表达已经成功。结果表明核酶基因导入细胞或体内可以阻断基因表达，用作抗病毒感染、抗肿瘤的有效药物，前景是诱人的，应用将是广泛的。核酶基因导入已获得美国食品与药品监督管理局（FDA）批准，并已在临床上使用。我国已在体外用核酶成功地剪切了乙肝病毒、甲肝病毒、蚕核型多角体病毒及 MTV（烟草花叶病毒）等核酸片段。

二、脱氧核酶

1. 脱氧核酶（deoxyribozyme）的概念
脱氧核酶是利用体外分子进化技术合成的一种单链 DNA 片段，具有高效的催化活性和结构识别能力。

1994 年，Gerald. F. Joyce 等报道了一个人工合成的 35 bp 的多聚脱氧核糖核苷酸能够催化特定的核糖核苷酸或脱氧核糖核苷酸形成磷酸二酯键，并将这一具有催化活性的 DNA 称为脱氧核酶或 DNA 酶（DNA enzyme，DE）。

1995 年，Cuenoud 等在《Nature》报道了一个具有连接酶活性的 DNA，能够催化与它互补的两个 DNA 片断之间形成磷酸二酯键。迄今已经发现了数十种脱氧核酶。

尽管到目前为止，还未发现自然界中存在天然的脱氧核酶，但脱氧核酶的发现仍然使人类对于酶的认识又产生了一次重大飞跃，是继核酶发现后又一次对生物催化剂知识的补充。这将有助于了解有关生命的一个最基本问题，即生命如何由 RNA 世界演化为今天的以 DNA 和蛋白质为基础的细胞形式。这项发现也揭示出 RNA 转变为 DNA 过程的演化路径可能也存在于其他与核酸相似的物质中，有助于了解生命基础结构及其进化过程。

2. 脱氧核酸的分类　根据催化功能的不同，可以将脱氧核酶分为五大类：切割 RNA 的脱氧核酶、切割 DNA 的脱氧核酶、具有激酶活性的脱氧核酶、具有连接酶功能的脱氧核酶、催化卟啉环金属螯合反应的脱氧核酶。其中以具 RNA 切割活性的脱氧核酶更引人关注，该酶不仅能催化 RNA 特定部位的切割反应，而且能从 mRNA 水平对基因进行灭活，从而调控蛋白的表达。

3. 脱氧核酶的研究前景　脱氧核酶有望成为基因功能研究、核酸突变分析、对抗病毒及肿瘤等疾病的新型核酸工具酶。

三、抗 体 酶

抗体酶是 20 世纪 80 年代后期才出现的一种具有催化能力的蛋白质，其本质上是免疫球蛋白，但是在易变区被赋予了酶的属性，所以又称为催化性抗体（catalytic antibody）。抗体酶是生物学与化学的研究成果在分子水平上交叉渗透的产物，是将抗体的多样性和酶分子的巨大催化能力结合在一起的蛋白质分子设计的新方法。

1946 年，Pauling 用过渡态理论，阐明了酶催化的实质，即酶之所以具有催化活性是因为它能特异性结合，并稳定化学反应的过渡态（底物激态），从而降低反应能级。1984 年 Lerner 推测：以过渡态类似物作为半抗原，则其诱发出的抗体即与该类似物有着互补的构象，这种抗体与底物结合后，即可诱导底物进入过渡态构象，从而引起催化作用。根据这个猜想 Lerner 和 P. C. Schultz 分别领导各自的研究小组独立地证明了：针对羧酸酯水解的过渡态类似物产生的抗体，能催化相应的羧酸酯和碳酸酯的水解反应。1986 年美国《Science》杂志同时发表了他们的发现，并将这类具有催化能力的免疫球蛋白称为抗体酶或催化抗体。这标志着抗体酶的研究进入了一个新阶段。

抗体酶的研究不仅有重要的理论价值，为酶的过渡态理论提供了有力的实验证据，而且有令人鼓舞的应用前景。抗体酶的研究，为人们提供了一条合理途径去设计适合于市场需要的蛋白质，即人为地设计制作酶。利用动物免疫系统产生抗体的高度专一性，可以得到一系列高度专一性的抗体酶，使抗体酶不断丰富，随之生产大量针对性强、药效高的药物。立体专一性抗体酶的研究，使生产高纯度立体专一性的药物成为现实。抗体酶可有选择地使病毒外壳蛋白的肽键裂解，从而防止病毒与靶细胞结合。抗体酶技术已受到高度重视，抗体酶的定向设计开辟了一个不依赖于蛋白质工程的真正酶工程的领域。

单元 六 维生素与辅酶

单元解析

本单元介绍维生素的分类、命名，各种维生素的结构、功能、所构成的辅酶及相应辅酶的功能。通过本单元的学习，掌握相关维生素是如何构成辅酶的，构成的辅酶功能如何，并初步认识各种维生素的性质和功能及相关的缺乏症，为《动物营养学》的学习打基础。

人们对维生素的认识来源于医学实践和科学试验。从发现维生素到充分认识它、并重视它，已经有几千年的历史了，中国唐代医学家孙思邈（公元 581—682 年）曾经指出，用动物肝防治夜盲症，用谷皮汤熬粥防治脚气病。后来发现两种物质中分别含有相应的维生素。这样的实践也发生在动物饲养方面，发现喂养动物时，饲料中除了蛋白质、脂肪、糖类和矿物质之外，还必须有维生素。

一、维生素的概念

维生素是一类小分子有机化合物，动物体内不能合成或很少合成，它既不是生物体的能源物质，也不是结构物质，但却是维持细胞正常功能所必需的，尽管需要量极少，但缺乏时会得相应的疾病，每天必须通过各种食物摄取。

维生素的生理功能：主要是对新陈代谢过程起调节作用。多数维生素是辅酶或辅基的组分，参与相应的生化反应，所以机体一旦缺少某种维生素时，可使新陈代谢过程发生障碍，继而生物不能正常生长发育，就会发生相应的维生素缺乏症。例如，动物缺乏维生素 B_1 会引起多发性神经炎。但是，过量或不适当地食用维生素，对身体也是有害的。

二、维生素分类与命名

维生素的分类与命名，目前看来还没有一个统一标准，不像酶的分类那样由国际酶学委员会来规范，所以比较混乱，各地常对一种维生素起几种名称，它们都是从不同的角度来命名的，目前有这样几种分类与命名方法：

1. 根据发现的先后顺序用大写的英文字母命名 此种命名方法较常用。如第一个发现的用维生素 A，第二个发现的用维生素 B，依此类推，现在到维生素 K 了。可是同一时间发现的、原来认为是同种维生素的，随着科学研究的不断深入，发现它们是不同种化合物，于是又在相同字母右下角用 1、2、3、4 等数字加以区别，如维生素 B_1、维生素 B_2 等。

用这种分类方法分类并命名，目前所知道的种类有：维生素 A_1、维生素 A_2、维生素 B_1、维生素 B_2、维生素 B_3、维生素 B_5、维生素 B_6、维生素 B_7、维生素 B_{11}、维生素 B_{12}、维生素 C、维生素 D_1、维生素 D_2、维生素 D_3、维生素 E、维生素 K。同时大家会发现不论是英文字母还是数字都有残缺，这是因为有的原来认为是维生素后来又被否定了，原有的排号因为大家已经习惯就不再改变，于是成了现在的样子。

2. 根据生理功能进行命名　维生素 D 有预防和治疗佝偻病的作用，于是称为抗佝偻病维生素；维生素 C 有抗坏血酸的作用，于是称为抗坏血酸维生素。

3. 根据分子结构分类命名　如维生素 B_1 是含硫的胺类，故又称硫胺素；维生素 B_{11} 分子中含有羧基，因此又称为叶酸。

4. 根据化学溶解性分类命名　溶于水的称为水溶性维生素，包括 B 族维生素和维生素 C；不溶于水而溶于脂类的称为脂溶性维生素，包括维生素 A、维生素 D、维生素 E、维生素 K。

5. 根据来源情况分类命名　维生素 A 原在胡萝卜中含量较多于是称为胡萝卜素；维生素 B_3 广泛存在于自然界中的各种生物体中因而称为泛酸；植物的绿叶中含量较多的维生素 B_{11} 又称为叶酸。

三、维生素与辅酶

（一）维生素 B_1 与辅酶

1. 化学本质　维生素 B_1 是由含硫的噻唑环和含氨基的嘧啶环所组成的，故称硫胺素。维生素 B_1 为无色结晶体，溶于水，在酸性溶液中很稳定，在碱性溶液中不稳定，易被氧化和受热破坏。一般使用的维生素 B_1 都是化学合成的硫胺素盐酸盐。维生素 B_1 在体内经硫胺素激酶催化，可与 ATP 作用转变成焦磷酸硫胺素（TPP^+）。

化学结构式如下：

艾克曼与脚气病

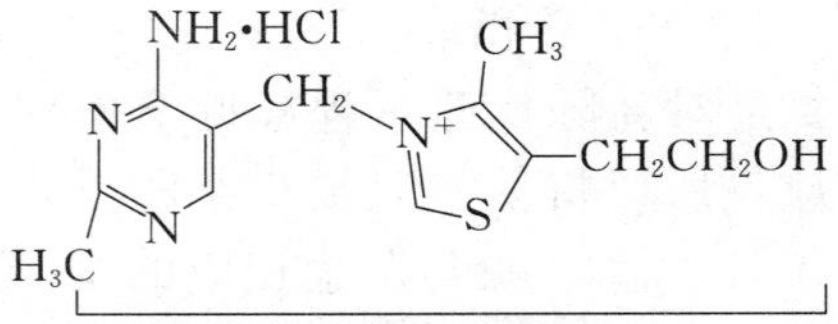

维生素B_1(硫胺素)盐酸盐

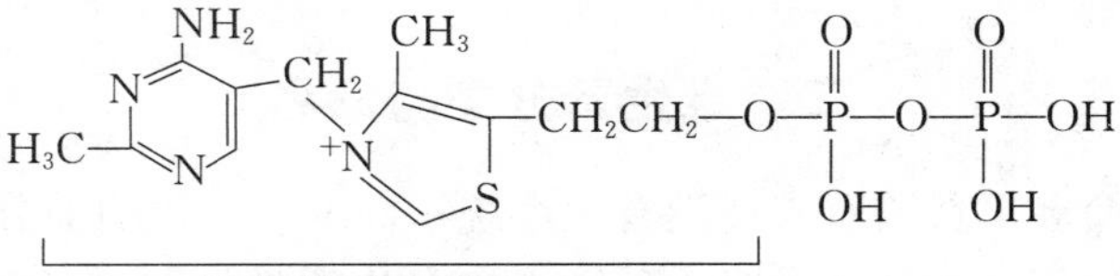

硫胺素(维生素B_1)

焦磷酸硫胺素(TPP^+)

2. 辅酶（TPP^+）　TPP^+ 是催化丙酮酸或 α-酮戊二酸氧化脱羧反应的辅酶，所以又称为羧化辅酶。在此反应中，丙酮酸在丙酮酸脱氢酶系催化下，经脱羧、脱氢而生成乙酰辅酶 A 进入三羧酸循环。整个反应中除 TPP^+ 外还需要硫辛酸、CoA、NAD 和 FAD 等多种辅酶参加（详见糖代谢模块）。

（二）维生素 B_2 与辅酶

1. 化学本质　维生素 B_2 是一种含有核糖醇基的黄色物质，故又称为核黄素。其化学本质为核糖醇与 6，7-二甲基异咯嗪的缩合物。维生素 B_2 为黄色针状晶体，味苦，微溶于水，极易溶于碱性溶液。水溶液呈黄绿色荧光，对光不稳定。

化学结构式如下：

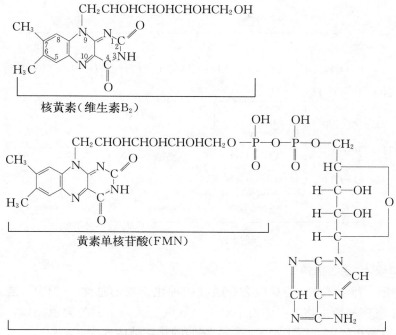

2. 辅基（FMN/FAD） 在生物体内维生素 B$_2$ 以黄素单核苷酸（FMN）和黄素腺嘌呤二核苷酸（FAD）的形式存在。它们是多种氧化还原酶（黄素酶）的辅基，一般与酶蛋白结合较紧，不易分开，可参与氧化过程中氢的传递作用。

R 的不同表示 FMN 或 FAD   FMNH$_2$ 或 FADH$_2$

简化式如下：

$$FMN \underset{-2H}{\overset{+2H}{\rightleftharpoons}} FMNH_2$$

$$FAD \underset{-2H}{\overset{+2H}{\rightleftharpoons}} FADH_2$$

（三）泛酸与辅酶

1. 化学本质 泛酸是由 β-丙氨酸与 α，γ-二羟-β-二甲基丁酸缩合而构成的有机酸，因其广泛存在于动植物组织故名泛酸或遍多酸。其结构式如下：

泛酸

2. 辅酶　泛酸在机体组织内是与巯基乙胺、焦磷酸及 $3'$-磷酸腺苷结合成为辅酶 A 而起作用的。因其活性基团为巯基，故常用 CoA—SH 表示。其结构式如下：

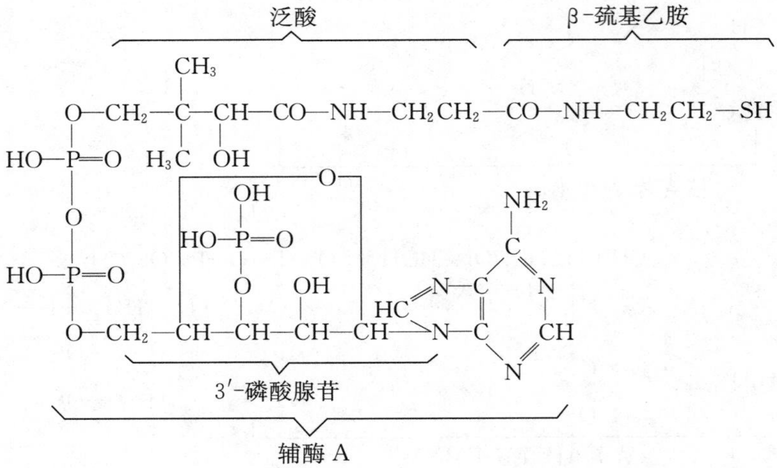

辅酶 A

（四）维生素 PP 与辅酶

1. 化学本质　维生素 PP 是烟酸和烟酰胺两种化合物的总称（"PP"是防癞皮病的缩写），它们都是吡啶的衍生物，在体内主要由色氨酸生成。它们为无色晶体，较稳定，不被光和热破坏，对碱很稳定，溶于水及乙醇。它们的化学结构式为：

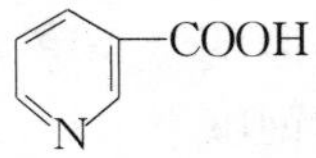

烟酸 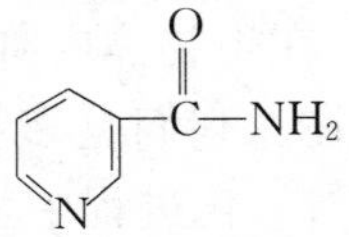　　　　　　　　烟酰胺

2. 辅酶　烟酰胺是构成烟酰胺腺嘌呤二核苷酸 NAD^+（辅酶Ⅰ）和烟酰胺腺嘌呤二核苷酸磷酸 $NADP^+$（辅酶Ⅱ）的成分。NAD^+ 和 $NADP^+$ 在体内是多种不需氧的脱氢酶的辅酶，在氧化还原反应中起到传递氢的作用，并且反应可逆，过程如下：

$$NAD^+ \xrightleftharpoons[-2H]{+2H} NADH + H^+$$

$$NADP^+ \xrightleftharpoons[-2H]{+2H} NADPH + H^+$$

化学结构式如下：（R＝H 为 NAD^+，$R＝PO_3H_2$ 为 $NADP^+$）

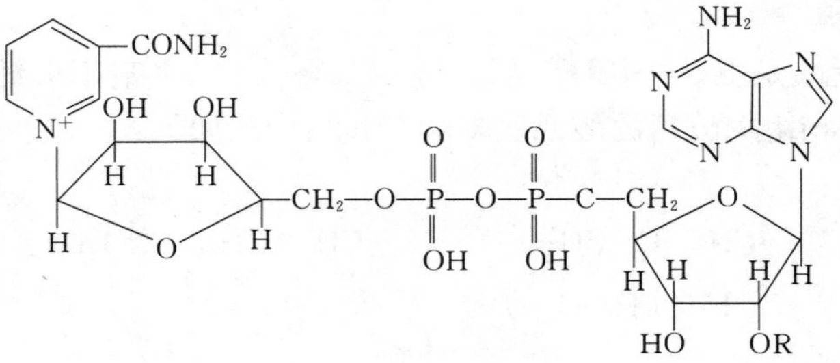

（五）维生素 B_6 与辅酶

1. 化学本质　维生素 B_6 是吡啶的衍生物，包括吡哆醇、吡哆醛和吡哆胺三种化合物，在体内它们可以相互转变。维生素 B_6 实际上是几种物质——吡哆醇、吡哆醛、吡哆胺的集合，它们以共价键与转氨酶中赖氨酸残基的氨基连接，形成分子内碱，即生成分子内部的醛亚胺，组成转氨酶的辅基。它们的相互转变过程如下：

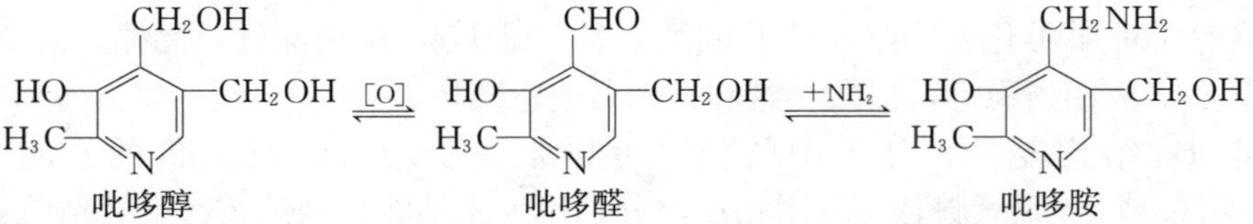

吡哆醇　　　　　　　　　吡哆醛　　　　　　　　　吡哆胺

2. 辅酶　维生素 B_6 的活性形式磷酸吡哆醛和磷酸吡哆胺是氨基酸代谢中多种转氨酶的辅酶。

（六）生物素与辅酶

1. 化学本质　生物素也称为维生素 H，具有噻吩与尿素相结合的骈环，并带有戊酸侧链。其化学结构式为：

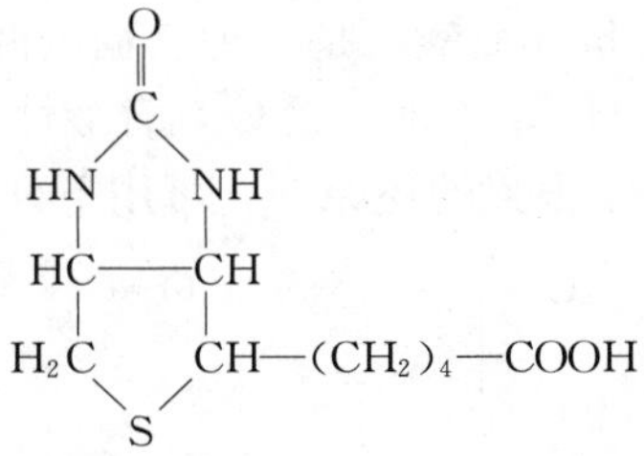

生物素是一种无色、针状的物质，微溶于水中，较易溶解于乙醇中，但不溶于其他有机溶剂中。生物素对热较稳定，并不被酸或碱所破坏。

2. 辅酶　生物素侧链上的羧基，与羧化酶蛋白分子中的赖氨酸残基中的 ε-氨基，以酰胺键相连接，并起羧基传递体的作用。传递的羧基结合在生物素的氮原子上，因此生物素是羧化酶的辅基。

（七）叶酸与辅酶

1. 化学本质　叶酸由于最早从植物叶子中提取而得名，别名维生素 M、维生素 B_{11}、蝶酰谷氨酸等。叶酸是由蝶呤啶、对氨基苯甲酸和谷氨酸三种成分组成的分子。叶酸的化学名称是蝶酰谷氨酸。其结构式如下：

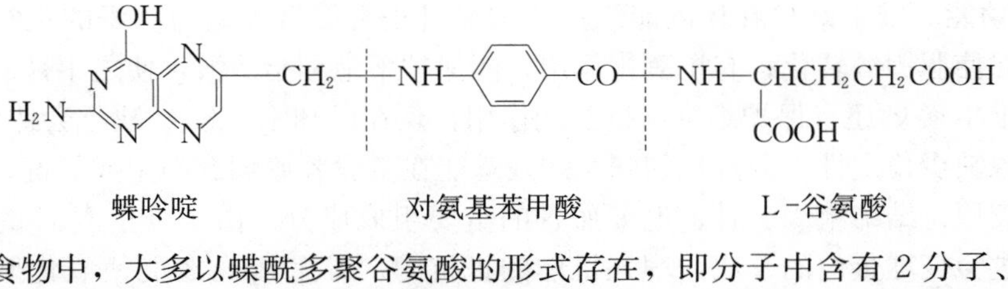

蝶呤啶　　　　　　　　对氨基苯甲酸　　　　　　　L-谷氨酸

叶酸在食物中，大多以蝶酰多聚谷氨酸的形式存在，即分子中含有 2 分子、3 分子以至 7 分子的谷氨酸，相互连接在一起。这些具有蝶酰谷氨酸生物活性的一类物质，称为叶酸盐。叶酸在体内必须转变成四氢叶酸（FH_4 或 THFA）才有生理活性。小肠黏膜、肝及骨髓等组织含有叶酸还原酶，在 NADPH 和维生素 C 的参与下，可催化此种转变。

2. 辅酶　叶酸经肠道吸收，在肝中略有贮存。叶酸在肝中受叶酸还原酶、二氢叶酸还原酶及 NADPH 的作用，转变为四氢叶酸，四氢叶酸是一碳单位转移酶的辅酶。

（八）维生素 B_{12} 与辅酶

1. 化学本质　维生素 B_{12} 因其分子中含有金属钴和许多酰氨基，又称钴胺素或氰钴素，是一种由含钴的卟啉类化合物组成的 B 族维生素。维生素 B_{12} 为深红色晶体，溶于水、乙醇和丙酮。其水溶液相当稳定，但酸、碱和日光可使它破坏。

维生素 B_{12} 结构复杂，分子中的钴（可以是一价、二价或三价的）能与—CN、—OH、—CH_3 或 $5'$-脱氧腺苷等基团相连，分别称为氰钴胺、羟钴胺、甲基钴胺和 $5'$-脱氧腺苷钴胺，后者又称为辅酶 B_{12}。其实，甲基钴胺也是维生素 B_{12} 的辅酶形式。

2. 辅酶　维生素 B_{12} 的两种辅酶形式为甲基钴胺和 $5'$-脱氧腺苷钴胺，它们在代谢中的作用各不相同。甲基钴胺（$CH_3 \cdot B_{12}$）参与体内甲基转移反应和叶酸代谢，是 N_5—甲基四氢叶酸酶甲基转移酶的辅酶。此酶催化 N_5—甲基四氢叶酸和同型半胱氨酸之间不可逆的甲基移换反应，产生四氢叶酸和蛋氨酸。

（九）维生素 C

1. 化学本质　维生素 C 又称抗坏血酸，是一种己糖内酯，分子中 $2'$ 和 $3'$ 位碳原子上两个相邻的烯醇式羟基极易解离出 H^+，故维生素 C 具有酸性。这两个位置上的羟基也很容易被氧化成羰基，所以维生素 C 又是很强的还原剂。可用下列图解表示：

维生素 C　　　　　氧化型维生素 C

维生素 C 为无色晶体，味酸，溶于水及乙醇，不耐热，在碱性溶液中极不稳定，日光照射后易被氧化破坏，有微量铜、铁等重金属离子存在时更易氧化分解，干燥条件下较为稳定。故维生素 C 制剂应放在干燥、低温和避光处保存。

2. 辅酶　维生素 C 是脯氨酸羟化酶的辅酶。此外，细胞中许多含—SH 的酶需要游离的—SH 状态才能发挥作用，维生素 C 可维持这些酶的—SH 处于还原状态。

3. 生理功能　维生素 C 在体内能维持毛细血管正常渗透和结缔组织的正常代谢；调节脂肪代谢，促使胆固醇转化；有抗氧化作用，能保护不饱和脂肪酸，使之不被氧化成为过氧化物，因此维生素 C 还有保护细胞和抗衰老作用。现在已知维生素 C 缺乏会造成羟化损害，使合成的胶原缺少稳定性，而羟化的脯氨酸残基能在三股胶原螺旋间生成氢键，使胶原分子得以稳定。胶原是结缔组织、骨、毛细血管的重要组成成分。由于维生素 C 的氧化还原作用，它可促进免疫球蛋白的合成，增强机体的抵抗力。维生素 C 还能使氧化型谷胱甘肽转化为还原型谷胱甘肽（简称 GSH），而 GSH 可与重金属结合而排出体外，因此维生素 C 常用于重金属的解毒。维生素 C 是重要的水溶性抗氧化剂，它的抗氧化功能是多方面的。维生素 E 在抗膜脂质不饱和脂肪酸过氧化作用中，生成生育酚自由基，它的再还原主要依赖维生素 C。它与脂溶性抗氧化剂维生素 E、胡萝卜素等的偶联协同作用，在清除氧自由基方面和参与体内其他的氧化还原反应方面起着重要的作用。

（十）维生素 A

1. 化学本质　维生素 A 又称抗干眼病维生素，为脂溶性维生素，包括维生素 A_1（视黄醇）和维生素 A_2（3-脱氢视黄醇），两者均为 20 个碳含白芷酮环的多烯烃一元醇。维生素 A_1 和维生素 A_2 的差别仅为后者在 $3'$ 与 $4'$ 碳原子之间多一个双键。它们的化学结构式如下：

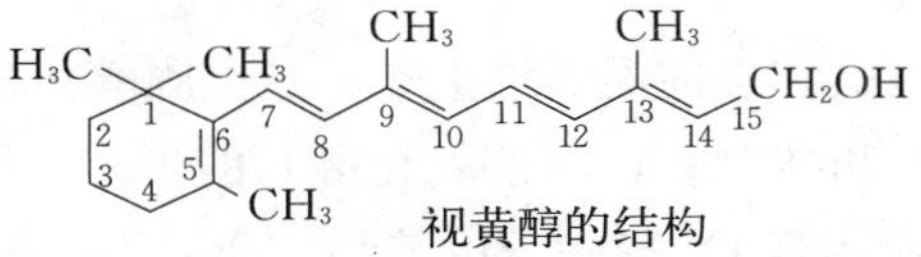

视黄醇的结构

维生素 A_1（视黄醇）

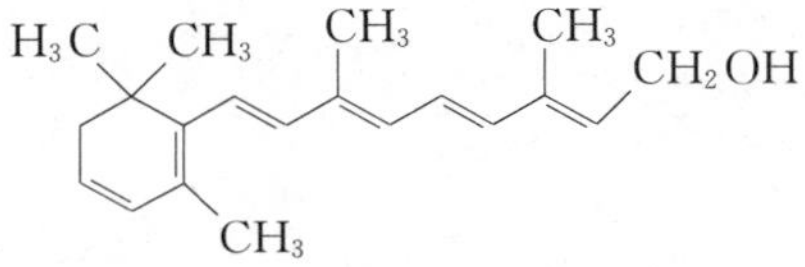

维生素 A_2（3-脱氢视黄醇）

植物（如胡萝卜、菠菜、甘薯）中所含的胡萝卜素，在人体内经肠壁或肝中的胡萝卜素酶的作用，可以转化为维生素 A。转化过程为：

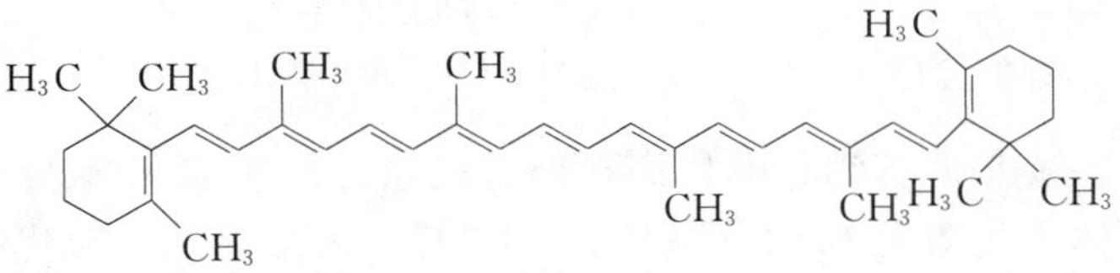

β-胡萝卜素

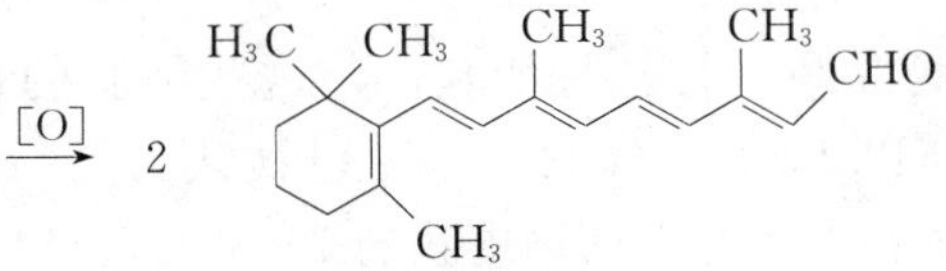

维生素 A 醛

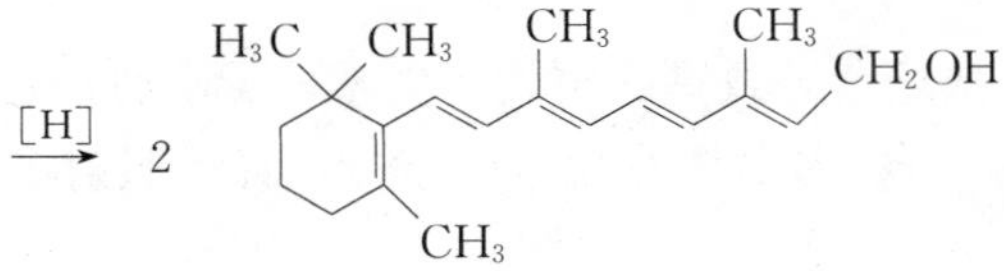

维生素 A

2. 生理功能　维生素 A 影响许多细胞内的新陈代谢过程，在视网膜的视觉反应中有特殊的作用，而维生素 A 醛（视黄醛）在视觉过程中起重要作用。视网膜中有感强光和感弱光的两种细胞，感弱光的细胞中含有一种色素称为视紫红质，它是在黑暗的环境中由顺视黄醛和视蛋白结合而成的，在遇光时则会分解成反视黄醛和视蛋白，并引起神经冲动，传入中枢产生视觉。视黄醛在体内不断地被消耗，需要维生素A加以补充。

3. 缺乏症　动物体内缺少维生素A的典型症状是上皮细胞发生角化作用，使动物在弱光中的视力减退，这就是产生夜盲症的原因。幼小动物生长期维生素A供应不足时会延缓生长，骨骼发育不正常。

4. 存在范围　维生素A主要存在于动物肝、未脱脂乳及其制品、蛋类等食物。植物性食物中的类胡萝卜素在肠壁内能转变为维生素A，因此含β-胡萝卜素的植物性食物如菠菜、青椒、韭菜、胡萝卜、南瓜等也是动物体所需维生素A的来源。

（十一）维生素D

1. 化学本质　维生素D又称抗佝偻病维生素，是类固醇衍生物。有4种有效成分，其中维生素D_2（麦角钙化醇）和维生素D_3（胆钙化醇）的生理活性较高。两者的结构十分类似，维生素D_2在侧链上比维生素D_3多一个甲基和一个双键。维生素D为无色晶体，不溶于水而溶于油脂及脂溶性溶剂，相当稳定，不易被酸、碱或氧化所破坏。它的化学结构式为：

维生素D_2　　　　　　　　维生素D_3

2. 生理功能　主要是调解钙、磷代谢，但现已清楚维生素D本身并不具调节钙、磷代谢的作用，需在体内代谢成$1,25\text{-}(OH)_2\text{-}D_3$后，才能对钙、磷代谢起调节作用，$1,25\text{-}(OH)_2\text{-}D_3$是维生素D的活性形式。维生素D的第一次羟化生成$25\text{-}OH\text{-}D_3$在肝中进行，然后再在肾进行第二次羟化，生成$1,25\text{-}(OH)_2\text{-}D_3$。后者由血液中维生素D结合蛋白运送到靶器官如小肠黏膜、骨、肾细胞，与这些细胞的核内特异受体结合，使钙结合蛋白基因激活表达，所以$1,25\text{-}(OH)_2\text{-}D_3$已被认为是一种激素，对钙、磷代谢起调节作用。酵母的麦角固醇和人、脊椎动物皮肤的7-脱氢胆固醇经紫外光照射，可分别生成维生素D_2和维生素D_3。两者有相同的生物学功能，但维生素D_3的生理活性强于维生素D_2。

3. 缺乏症　维生素D缺乏会导致钙、磷代谢失常，影响骨质形成，导致佝偻病。

4. 存在范围　鱼肝油、肝、蛋黄中富含维生素D，日光照射皮肤可制造维生素D_3。

（十二）维生素E

1. 化学本质　维生素E又称生育酚（抗不育维生素）。其化学结构为异戊二烯的6-羟基杂满（苯骈二氢吡喃）的衍生物。天然存在的维生素E有7种，其中生物活性最强的是α-生育酚，为淡黄色无嗅无味的油状物，不溶于水，溶于油脂，耐热、耐酸并耐碱，极易被氧化，可作抗氧化剂。它的化学结构式如下：

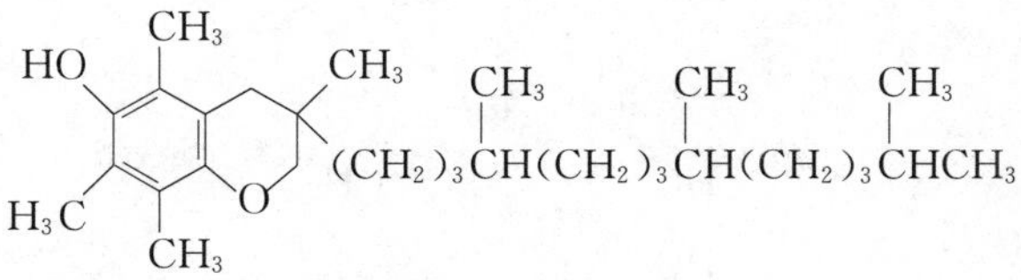

维生素 E（α-生育酚）

2. 生理功能　主要在两个方面：第一，与动物生育有关；第二，维生素 E 具抗氧化作用，它是一类动物体内重要的过氧化自由基的清除剂，保护生物膜磷脂和血浆脂蛋白中的多不饱和脂肪酸免遭氧自由基破坏。维生素 E 是一种断链抗氧化剂，阻断酯类过氧化链式反应的产生与扩展，从而保护细胞膜的完整性。

3. 缺乏症　在缺乏维生素 E 时，过氧化自由基（ROO·）可与多不饱和脂肪酸（RH）反应，生成有机过氧化物（ROOH）与新的有机自由基（R·）。R·经氧化又生成新的过氧化自由基，于是形成一条过氧化自由基生成的锁链，使自由基的损伤作用进一步放大。维生素 E 缺乏时，雌性鼠胚胎胎盘萎缩，易流产，雄性鼠出现睾丸萎缩、精子活动能力减退，小鸡的脉管出现异常。

4. 存在范围　1938 年卡勒等人成功合成 α-生育酚。在自然界，维生素 E 广泛分布于动植物油脂、蛋黄、牛奶、水果、莴苣叶等食物中，在麦胚油、玉米油、花生油、棉籽油中含量更丰富。

动物体内不能合成维生素 E，所需的维生素 E 都从食物中取得。维生素 E 主要用于防治不育症和习惯性流产。维生素 E 作为一种抗衰老药物，对延缓衰老有一定作用。由于维生素 E 是一种抗氧化剂，在浓缩鱼肝油中略加维生素 E，可保护鱼肝油中的维生素 A 不被氧化破坏，以延长维生素 A 的贮存期。

（十三）维生素 K

1. 化学本质　维生素 K 又称凝血维生素，是具有异戊烯类侧链的萘醌化合物，自然界存在维生素 K_1 和维生素 K_2 两种。维生素 K_3 为人工合成的化合物，可作为维生素 K_1 和维生素 K_2 的代用品。它们的结构式如下：

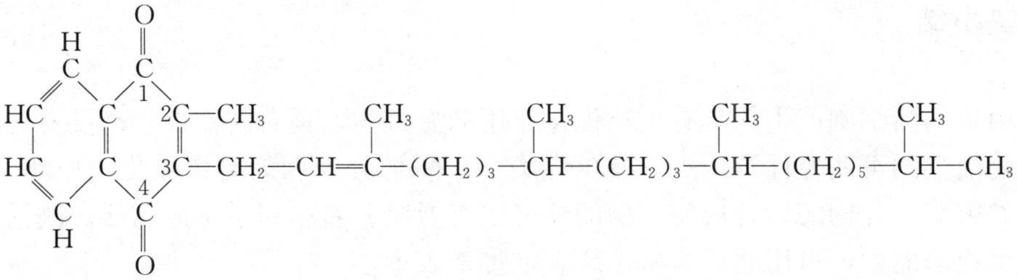

维生素 K_1

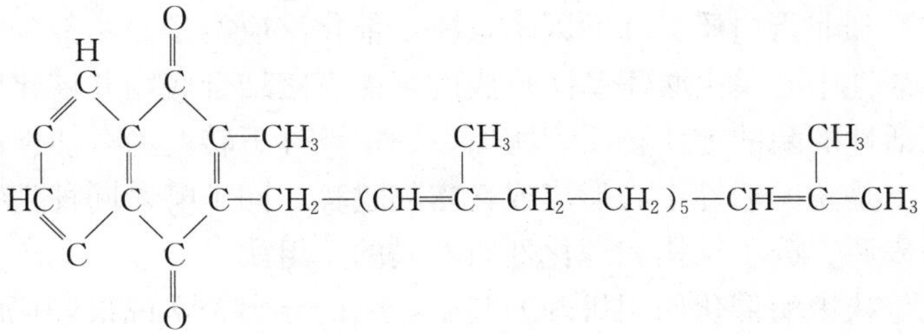

维生素 K_2

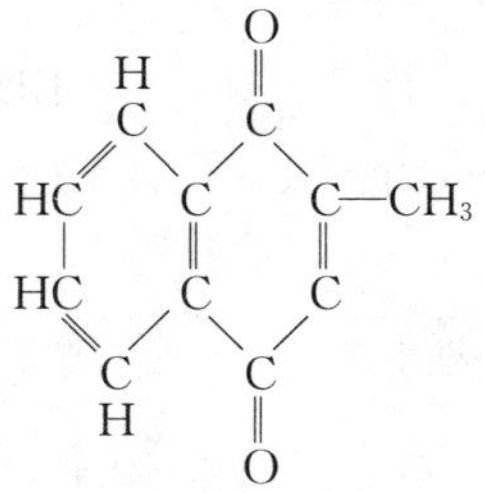

维生素 K₃

2. 生理功能　维生素 K 是谷氨酸 γ 羧化酶的辅酶，可参与骨钙素中谷氨酸的 γ 位羧基化，从而促进骨矿盐沉积，促进骨形成。

3. 缺乏症　当口服抗生素造成肠道菌谱紊乱或胆汁分泌障碍（如阻塞性黄疸）等脂肪吸收不良情况下，可发生维生 K 缺乏，维生素 K 缺乏表现为凝血过程出现障碍，凝血时间延长。

4. 存在范围　由于绿叶蔬菜含有丰富的维生素 K₁，所以植物性食物是维生素 K₁ 的主要来源。

四、其他常见辅酶

1. 硫辛酸　硫辛酸是一种含硫脂肪酸，结构是 6，8 -二硫辛酸，在糖代谢中有重要作用，是丙酮酸和 α -酮戊二酸脱氢酶复合体中的辅酶，在氧化脱羧过程中起着传递酰基和氢的作用。

2. 铁卟啉　铁卟啉是血红蛋白的组成成分，由 4 个吡咯环借助 4 个甲烯基桥连接而成。分子中有 1 个铁原子，位于卟啉环的中心。铁卟啉也是细胞色素 C 氧化酶、过氧化氢酶和过氧化物酶的辅基，通过铁卟啉的三价铁和二价铁之间的相互转化起到传递电子的作用。

模块小结

　　酶是由生物活细胞产生的具有生物催化作用的有机物，具有高效性、高度专一性、不稳定性、催化活性的可调控性等特点。按反应类型，酶可分为六大类：氧化还原酶、转移酶、水解酶、裂解酶、异构酶、合成酶。酶的命名法有习惯命名法和系统命名法。酶活性是指酶催化化学反应的能力，可用酶活力单位或者催量来表示。

　　按照组成，酶可分为单纯蛋白酶和结合蛋白酶。结合蛋白酶又称全酶，由蛋白质（称酶蛋白，决定专一性）和非蛋白质（辅助因子，决定催化反应类型）两部分组成。酶的结构与其功能密切相关。活性中心是由必需基团形成的，能直接结合底物并催化底物生成产物的空间区域。酶原是无活性的酶的前体物质。酶原在一定条件下转变为有活性的酶的过程称为酶原的激活，其实际上是酶的活性中心形成或暴露的过程。同工酶是同种生物体内能够催化相同的化学反应，而来源、分子结构和理化性质不同的一组酶。

　　中间产物学说是认识酶催化作用机理的基础，而诱导契合学说很好地解释了酶与底物之间的结合。

　　酶催化作用的影响因素有底物浓度、酶浓度、温度、pH、激活剂、抑制剂等。底物浓度和反应速率的关系可以用米氏方程来表示，米氏常数 K_m 是酶的特征性常数，一定程度上反映了酶与底物的亲和力。酶的抑制作用包括不可逆抑制作用与可逆性抑制作用，其中的竞争性抑制作用是一种重要的抑制作用。

　　核酶是指核酸酶，脱氧核酶是具有催化功能的单链 DNA 片段，抗体酶是免疫球蛋白酶。

　　维生素是维持机体正常生命活动所必需的一类小分子有机化合物。机体不能合成维生素或合成量不足，必须由食物摄取。因为多数维生素是辅酶或辅基的组分，和酶的催化作用密切相关，所以其生理功能是对机体的物质代谢起重要的调节作用。不同维生素其化学结构、生理功能不同。水溶性维生素包括维生素 B 族和维生素 C，脂溶性维生素包括维生素 A、维生素 D、维生素 E 和维生素 K。

　　酶对于动物的健康至关重要，在科学研究和生产实践中有广泛的应用。

拓展提高

（一）酶制剂在动物生产中的应用

　　近年来，酶制剂作为饲料添加剂引起世界畜牧业的普遍重视并被广泛应用，其应用范围从最初的鸡、猪等单胃动物推广到反刍动物和水产养殖生产中。美国、芬兰、瑞典等欧美国家目前 90％以上的饲料中都添加了酶制剂，且利用的酶制剂种类已从单一的酶制剂向复合酶制剂发展，酶制剂已成为当今乃至将来畜牧业生产中不可缺少的一类饲料添加剂。

　　酶制剂的作用主要体现在以下几个方面：①补充内源性酶的不足，并刺激内源性酶的分泌；②破解植物细胞壁和分解可溶性非淀粉多糖，提高营养物质的利用率；③改善了动物的健康水平，提高代谢水平。

　　酶制剂作为一类无毒、无残留的新型高效绿色饲料添加剂，通过调节动物消化道的营养生理、微生态平衡和食糜的理化性能而改善动物的生产性能，引起了饲料工业和养殖业的普遍重视，显现出良好的经济效益和生态效益以及广阔的发展前景。

（二）青霉素的抗菌机理

　　1928 年，英国细菌学家弗莱明（Fleming）在实验室中无意发现，培养皿中的葡萄球菌由于被污染而长了一个大霉团，在霉团周围的葡萄球菌均被杀死，而离霉团较远的葡萄球菌依然存活。他把这种霉团接种到无菌培养基上，发现霉菌生长很快，并形成一个白中透绿的霉团。通过鉴定，他发现这种霉菌是青霉菌的一种，葡萄球菌、链球菌和白喉杆菌都能被它抑制，而经过过滤含霉菌分泌物的液体就被称为"青霉素"。目前，青霉素类抗生素（抗生素原称抗菌素，是指由细菌、放线菌、真菌等微生物经培养而得到的一定浓度下对病原体有抑制和杀灭作用的一种产物）是 β-内酯酰胺类中一大类抗生素的总称。

　　青霉素的作用机制是干扰细菌细胞壁的合成。青霉素通过抑制细菌细胞壁四肽侧链和五肽交联桥的结合而阻碍细胞壁合成从而发挥杀菌作用。青霉素的结构与细胞壁的成分——黏肽结构中的 D-丙氨酰-D-丙氨酸近似，可与后者竞争转肽酶，阻碍黏肽的形成，造成细胞壁的缺损，使细菌失去细胞壁的渗透屏障，使水分不断内渗，以致菌体膨胀，促使细菌裂解死亡，从而对细菌起到杀灭作用。其对革兰氏阳性菌有效，由于革兰氏阴性菌缺乏五肽交联桥，青霉素对其作用不大。因为哺乳类动物和真菌细胞无细胞壁，故青霉素对人毒性小，对真菌无效。

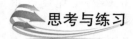 **思考与练习**

一、名词解释

1. 酶　2. 酶的活性中心　3. 酶原激活　4. 辅酶　5. 同工酶　6. 竞争性抑制作用　7. 维生素　8. 核酶

二、简答题

1. 酶的催化作用有哪些特点？
2. 何谓同工酶？举例说明同工酶的应用。
3. 何谓酶原激活？试述酶原激活的机理及其生理意义。
4. 简述有机磷农药中毒的生化机理。
5. 简述磺胺类药物抑菌的生化机理。
6. 简述影响酶促反应速率的因素。

实训 一 唾液淀粉酶的特性试验

【目的】

观察淀粉在水解过程中遇碘后溶液颜色的变化。观察温度、pH、激活剂与抑制剂对唾液淀粉酶活性的影响。

【原理】

人唾液中淀粉酶为 α-淀粉酶，在唾液腺细胞内合成。在唾液淀粉酶的作用下，淀粉水解，经过一系列的中间产物，最后生成麦芽糖和葡萄糖。变化过程如下：

淀粉→紫色糊精→红色糊精→麦芽糖、葡萄糖

淀粉、紫色糊精、红色糊精遇碘后分别呈蓝色、紫色与红色。麦芽糖和葡萄糖遇碘不变色。

淀粉与糊精无还原性，或还原性很弱，对班氏试剂呈阴性反应。麦芽糖、葡萄糖是还原糖，与班氏试剂共热后生成红棕色氧化亚铜沉淀。

唾液淀粉酶的最适温度为 $37 \sim 40\,℃$，最适 pH 为 6.8。偏离此最适环境时，酶的活性减弱。

低浓度的 Cl^- 能增强淀粉酶的活性，是淀粉酶的激活剂。Cu^{2+} 等金属离子能降低该酶的活性，是该酶的抑制剂。

【器材与试剂】

1. **器材**　试管，烧杯，量筒，玻璃棒，白瓷板，铁三脚架，酒精灯，恒温水浴锅。
2. **试剂**　0.4% 的 HCl 溶液，0.1% 的乳酸溶液，1% Na_2CO_3 溶液，1% NaCl 溶液，

1% $CuSO_4$ 溶液，0.1%淀粉溶液。

（1）1%淀粉溶液（含 0.3% NaCl）：将 1 g 可溶性淀粉与 0.3 g NaCl 混合于 5 mL 的蒸馏水中，搅动后缓慢倒入沸腾的 95 mL 蒸馏水中，煮沸 1 min，冷却后倒入试剂瓶中。

（2）碘液：称取 2 g 碘化钾溶于 5 mL 蒸馏水中，再加 1 g 碘，待碘完全溶解后，加蒸馏水 295 mL，混合均匀后贮于棕色瓶内。

（3）班氏试剂：将 17.3 g 硫酸铜晶体溶入 100 mL 蒸馏水中，然后加入 100 mL 蒸馏水。取柠檬酸钠 173 g 及碳酸钠 100 g，加蒸馏水 600 mL，加热使之溶解。冷却后，再加蒸馏水 200 mL，最后，把硫酸铜溶液缓慢地倾入柠檬酸钠-碳酸钠溶液中，边加边搅拌，如有沉淀可过滤除去或自然沉降一段时间取上清液。此试剂可长期保存。

（4）唾液淀粉酶液：实验者先用蒸馏水漱口，然后含一口蒸馏水于口中，轻嗽一两分钟，吐入小烧杯中，用脱脂棉过滤，除去稀释液中可能含有的食物残渣。并将该滤液稀释 1 倍。

【方法与操作】

1. **淀粉酶活性的检测** 取 1 支试管，注入 1%淀粉溶液 5 mL 与稀释的唾液 0.5～2 mL。混匀后插入 1 根玻璃棒，将试管连同玻璃棒置于 37 ℃水浴中。不时地用玻璃棒从试管中取出 1 滴溶液，滴加在白瓷板上，随即加 1 滴碘液，观察溶液呈现的颜色。此实验延续至溶液呈微黄色为止。记录淀粉在水解过程中遇碘后溶液颜色的变化。

向上面试管的剩余溶液中加 2 mL 班氏试剂，放入沸水中加热 10 min 左右，观察有何现象并说明为什么会出现这种现象。

2. **pH 对酶活性的影响** 取 4 支试管，分别加入 0.4%盐酸（pH≈1）、0.1%乳酸（pH≈5）、蒸馏水（pH≈7）与 1%碳酸钠（pH≈9）各 2 mL，再向以上 4 支试管中各加 2 mL 1%淀粉溶液及 2 mL 淀粉酶液。混合摇匀后置于 37 ℃水浴中，保温 15 min。向 4 支试管中各加 2 mL 班氏试剂，在沸水浴上加热，根据生成红棕色沉淀的多少，说明淀粉水解的强弱。

综合以上结果，说明 pH 对酶活性的影响。

3. **温度对酶活性的影响** 取 3 支试管，各加 3 mL 1%淀粉溶液；另取 3 支试管，各加 1 mL 淀粉酶液。将此 6 支试管分为三组，每组中盛淀粉溶液与淀粉酶液的试管各 1 支，三组试管分别置入 0 ℃、37 ℃与 70 ℃的水浴。5 min 后，将各组中的淀粉溶液倒入淀粉酶液中，继续维持原温度条件 5 min 后，立即滴加 2 滴碘液，观察溶液颜色的变化。根据观察结果说明温度对酶活性的影响。

4. **激活剂与抑制剂对酶活性的影响** 取 3 支试管，按表实 3-1 加入各种试剂。混匀后，置于 37 ℃水浴中保温。从 1 号试管中用玻璃棒取出 1 滴溶液，置于白瓷板上用碘液检查淀粉的水解程度。待 1 号试管内的溶液遇碘不再变色后，立即取出所有的试管，各加碘液 2 滴，观察溶液颜色的变化，并解释原因。

表实 3-1

管号	1	2	3
1%NaCl（mL）	1	—	—
1%$CuSO_4$（mL）	—	1	—

（续）

管号	1	2	3
蒸馏水（mL）	—	—	1
淀粉酶液（mL）	1	1	1
0.1%淀粉液（mL）	3	3	3

【分析与讨论】通过本试验，结合理论课的学习，总结出哪些因素影响唾液淀粉酶活性及是如何影响的。

实训 二 血清乳酸脱氢酶活性测定

【目的】掌握乳酸脱氢酶活性测定原理；学习测定酶活性的方法。

【原理】乳酸脱氢酶（LDH）广泛存在于生物细胞内，是糖酵解和糖异生中的重要酶，可催化下列可逆反应：

$$\begin{array}{c} COOH \\ | \\ OH-CH \\ | \\ CH_3 \end{array} + NAD^+ \underset{pH\ 7.4\sim7.8}{\overset{LDH}{\underset{\rightleftharpoons}{pH\ 8.8\sim9.8}}} \begin{array}{c} COOH \\ | \\ C=O \\ | \\ CH_3 \end{array} + NADH+H^+$$

乳酸 　　　 氧化型辅酶 I 　　　 丙酮酸 　　 还原型辅酶 I

$$\begin{array}{c} CH_3 \\ | \\ C=O \\ | \\ COOH \end{array} + H_2NHN-\underset{NO_2}{\bigcirc}-NO_2 \rightarrow \begin{array}{c} CH_3 \\ | \\ C=NHN-\underset{NO_2}{\bigcirc}-NO_2 \\ | \\ HOOC \end{array} + H_2O$$

2，4-二硝基苯肼 　　　　　　　　 丙酮酸二硝基苯腙

LDH 催化乳酸脱氢生成丙酮酸，同时氧化型辅酶 I（NAD$^+$）作为氢受体被还原为还原型辅酶 I（NADH+H$^+$），丙酮酸与 2，4-二硝基苯肼作用生成丙酮酸二硝基苯腙，后者在碱性溶液中显棕红色。颜色深浅与丙酮酸浓度成正比，由此可推算 LDH 活性单位。

【器材和试剂】

1. **器材** 722 分光光度计。

2. **试剂**

（1）底物缓冲液（pH 8，含 0.3 mol/L 乳酸锂）。称取乳酸锂 2.9 g、二乙醇胺 2.1 g，加蒸馏水约 80 mL，用 1 mol/L HCl 调 pH 至 8，加水至 100 mL。

（2）11.3 mmol/L NAD$^+$ 溶液。称取 NAD$^+$ 15 mg（若含量为 70%，则称取 21.4 mg），溶于 2 mL 蒸馏水中，4 ℃可保存至少两周。

（3）0.5 mmol/L 丙酮酸标准溶液（临用前配制）。准确称取丙酮酸钠（分析纯）11 mg，用底物缓冲液溶解后，移入 200 mL 容量瓶中，用底物缓冲液定容至刻度。

（4）1 mmol/L 2，4-二硝基苯肼溶液。称取 2，4-二硝基苯肼 198 mg，加 10 mol/L 盐酸 100 mL，溶解后加蒸馏水至 1 L。置于棕色瓶中室温保存。

（5）0.4 mmol/L NaOH 溶液。

（6）新鲜血清。

【操作方法】

1. 标准曲线的制作　按照表实 3－2 制作。

表实 3－2　标准曲线的制作（单位：mL）

试剂	空白管	1	2	3	4	5
丙酮酸标准液	0	0.025	0.05	0.10	0.15	0.20
底物缓冲液	0.50	0.475	0.45	0.40	0.35	0.30
蒸馏水	0.11	0.11	0.11	0.11	0.11	0.11
2，4-二硝基苯肼	0.50	0.50	0.50	0.50	0.50	0.50
37 ℃水浴 15 min						
0.4 mmol/L NaOH	5.0	5.0	5.0	5.0	5.0	5.0
相当于 LDH 活性（金氏）单位	0	125	250	500	750	1 000

　　混匀各管后室温放置 5 min，将管内溶液加入 1.0 cm 光径比色杯并在 440 nm 波长下读取各管吸光度（使用 722 分光光度计，用空白管调零）。以吸光度为纵坐标、相应的酶活力单位为横坐标绘制标准曲线。

2. 血清酶活性测定　按照表实 3－3 操作。

表实 3－3　血清 LDH 酶活性测定（单位：mL）

试剂	测定管	对照管
血清	0.01	0.01
底物缓冲液	0.50	0.50
37 ℃水浴 5 min		
NAD$^+$溶液	0.10	—
37 ℃水浴 15 min		
2，4-二硝基苯肼	0.50	0.50
NAD$^+$溶液	—	0.10
37 ℃水浴 15 min		
0.4mmol/L NaOH	5.0	5.0

　　混匀各管后室温放置 5 min，将管内溶液加入 1.0 cm 光径比色杯并在 440 nm 波长下，读取各管吸光度（使用 722 分光光度计，用蒸馏水调零）。以测定管和对照管的吸光度之差查对标准曲线，求得酶活性单位。

【注意事项和参考范围】

1. 注意事项

（1）红细胞内 LDH 活性较血清内 LDH 活性高约 100 倍，故标本若有轻微的溶血就会导致测定结果比实际结果高数倍。由于 LDH$_4$、LDH$_5$ 对低温不稳定，故不应贮存于冰箱，不能及时检测的血清标本可在室温放置 2～3 d。

（2）乙二酸盐可抑制乳酸脱氢酶活性，故不能用乙二酸盐抗凝血清进行测定。

（3）测定结果超过 2 500 U 时，应将样品稀释后重新测定。

（4）比色应在 5～15 min 内完成，否则吸光度会下降。

（5）乳酸锂、乳酸钠、乳酸钾都可以作为 LDH 的底物，但后两者为水溶液，保存不当容易产生丙酮酸类物质从而抑制酶促反应，且含量不够准确，因此较少使用。乳酸锂为固体，性质稳定且较易称取。

2. 参考范围　190～437 金氏单位（LDH 活性单位定义：以 100 mL 血清，37 ℃作用 15 min，产生 1 μmol 丙酮酸为 1 金氏单位）。

思 政 园 地

独臂生物化学家

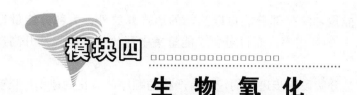

模块四

生 物 氧 化

知识目标
ZHISHIMUBIAO

理解生物氧化的概念、特点和意义，理解生物氧化过程中呼吸链的组成及作用机理，掌握线粒体生物氧化体系中能量的生成与利用，熟悉呼吸链的抑制剂、解偶联剂。

技能目标
JINENGMUBIAO

掌握氰化物、一氧化碳阻断呼吸链的位置，并据此选择正确的解毒方法。

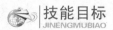

单元一 生物氧化概述

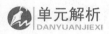

单元解析
DANYUANJIEXI

通过对生物氧化与非生物氧化的比较了解生物氧化的特点，为以后物质代谢的学习打下基础。

生物体在其生命活动过程中，不断地与外界环境进行着物质和能量交换。生物体细胞内物质的分解与合成、能量的释放与利用、都离不开生物氧化过程。

（一）生物氧化的概念

动物机体的生长、发育、繁殖等生命活动过程中所需的能量主要依靠从外界摄取的糖、脂肪、蛋白质等有机物在机体内氧化分解而产生。一般把糖、脂肪和蛋白质等有机化合物在生物体内氧化分解为 CO_2 和 H_2O，并释放能量的过程称为生物氧化。由于生物氧化是在组织细胞中进行的，所以又称为组织氧化或活细胞氧化。多数氧化过程需要氧并产生 CO_2，且与组织细胞的呼吸有关，因此又称为细胞呼吸或组织呼吸。

（二）生物氧化的特点

物质在动物机体内进行生物氧化过程和在外界环境中进行的非生物氧化过程其化学本质是相同的，都是脱氢、加氧、失电子的过程，两者释放的能量相同，遵循能量守恒，但两者进行氧化的方式是不同的，生物氧化有别于非生物氧化的特点有：

（1）生物氧化和非生物氧化反应条件不同。生物氧化是在机体活细胞内进行的，即在常温、常压、酸碱度适中（pH 接近中性）、有 H_2O 参加的温和条件下缓慢进行的，而非生物氧化是在短时间内高温、高压等干燥条件下进行的。

（2）生物氧化的一系列反应过程需要在酶催化下才能完成。

（3）生物氧化主要是代谢物脱氢和电子转移的反应，脱下的氢或电子经一系列传递才与氧结合成水，逐步释放能量，除少部分能量以热能的形式释放外，大部分能量暂时贮存在ATP中，不仅提高了能量的利用率，而且避免了能量集中释放使温度骤然升高造成对生物体的损害。

（4）生物氧化过程是分阶段逐步进行的，具有严格的顺序，氧化的速率严格受机体内多种因素的调控。

（5）生物氧化的场所：真核生物在细胞内线粒体内膜上进行，无线粒体的原核生物（如细菌）则在细胞膜上进行。

（三）生物氧化的方式

动物体内，生物氧化的方式通常有三种，即脱氢反应、加氧反应和失电子反应，其中最主要的是脱氢反应。

1. 脱氢反应 底物分子在酶的作用下脱氢的氧化反应，是生物体内最常见的氧化方式。代谢底物脱掉的氢原子，经线粒体生物氧化体系与非线粒体生物氧化体系，最终与分子氧结合生成水，底物分子脱氢的同时常伴有电子的转移。

$$CH_3-\underset{\underset{\text{乳酸}}{}}{\overset{\overset{OH}{|}}{CH}}-COOH \xrightarrow{\text{乳酸脱氢酶}} CH_3-\underset{\underset{\text{丙酮酸}}{}}{\overset{\overset{O}{||}}{C}}-COOH+2H^++2e$$

$$\underset{\underset{\text{延胡索酸}}{}}{\overset{\overset{CH-COOH}{||}}{CH-COOH}}+H_2O \xrightarrow{\text{延胡索酸酶}} \underset{\underset{\text{苹果酸}}{}}{\overset{\overset{HO-CH-COOH}{|}}{CH_2-COOH}} \xrightarrow{\text{脱氢酶}} \underset{\underset{\text{草酰乙酸}}{}}{\overset{\overset{O=C-COOH}{|}}{CH_2-COOH}}+2H^++2e$$

2. 加氧反应 底物分子中直接加入氧分子或氧原子，使底物被氧化的反应。

$$\underset{\text{苯丙氨酸}}{\text{(苯环)}-CH_2-\overset{\overset{}{|}}{\underset{NH_2}{CH}}-COOH} +\frac{1}{2}O_2 \rightarrow \underset{\text{酪氨酸}}{\text{(酚环)}-CH_2-\overset{}{\underset{NH_2}{CH}}-COOH}$$

3. 失电子反应 在反应过程中失去电子，使化合价升高的反应。

$$\text{细胞色素 } Fe^{2+} \xrightarrow{-e} \text{细胞色素 } Fe^{3+}$$

物质在生物体内的氧化反应常与还原反应并存，因此体内不存在游离的氢原子或电子。在氢和电子的转移过程中，能够提供氢或电子的物质称供氢体或供电子体，而接受氢或电子的物质称受氢体或受电子体。

依细胞定位和功能不同可将生物氧化分为两种体系：一是发生在细胞线粒体内以提供能量为主要功能的线粒体氧化体系；二是发生在细胞线粒体外行使特殊作用的非线粒体氧化体系。在线粒体氧化体系中，糖、脂肪、蛋白质分解代谢所产生的中间产物如乙酰CoA，经三羧酸循环彻底氧化，氧化脱下的氢经电子传递链传递，最终与氧结合生成水同时释放能量形成ATP。非线粒体氧化体系与能量的生成无关，其主要生理功能在于处理和消除环境污染物、化学致癌物、药物和毒物以及体内代谢产生的有害物等。

单元 二 生物氧化中二氧化碳的生成

单元解析

结合动物体的呼吸作用，阐述 CO_2 的生成方式。

生物氧化中，CO_2 的生成并不是由碳原子直接与氧结合，而是糖、蛋白质、脂肪等物质在体内代谢过程中先形成含羧基的化合物，然后在脱羧酶的作用下，进行脱羧反应生成 CO_2，根据脱羧过程是否伴有物质的氧化，把脱羧反应分为单纯脱羧和氧化脱羧两种类型。又由于脱羧时羧基的位置不同，又把脱羧分为单纯脱羧和氧化脱羧两种。

（一）单纯脱羧

不伴随氧化脱去羧基的反应称为单纯脱羧。不伴随氧化脱去 α-碳位上羧基的反应称为 α-单纯脱羧，如谷氨酸的脱羧反应。不伴随氧化反应脱去 β-碳位上羧基的反应称为 β-单纯脱羧，如草酰乙酸的脱羧反应。

$$HOOC\!-\!(CH_2)_2\!-\!\underset{\underset{NH_2}{|}}{CH}\!-\!COOH \xrightarrow{\text{谷氨酸脱羧酶}} HOOC\!-\!(CH_2)_2\!-\!CH_2\!-\!NH_2 + CO_2$$

谷氨酸　　　　　　　　　　　　　　　γ-氨基丁酸

$$\underset{\underset{CH_2-COOH}{|}}{O\!=\!C\!-\!COOH} \xrightarrow{\text{草酰乙酸脱羧酶}} CH_3\!-\!\overset{\overset{O}{\|}}{C}\!-\!COOH + CO_2$$

草酰乙酸　　　　　　　　　　　丙酮酸

（二）氧化脱羧

脱羧过程中伴随着物质氧化的反应称为氧化脱羧。丙酮酸的脱羧为 α-氧化脱羧，而苹果酸的脱羧为 β-氧化脱羧。

$$CH_3\!-\!\overset{\overset{O}{\|}}{C}\!-\!COOH + NAD^+ + CoA\!-\!SH \xrightarrow{\text{丙酮酸氧化脱羧酶系}}$$

丙酮酸

$$CH_3\!-\!\overset{\overset{O}{\|}}{C}\!\sim\!S\!-\!CoA + CO_2 + NADH + H^+$$

乙酰 CoA

$$HOOC\!-\!CH_2\!-\!\underset{\underset{}{}}{\overset{\overset{OH}{|}}{CH}}\!-\!COOH + NADP^+ \xrightarrow{\text{苹果酸酶}}$$

苹果酸

$$CH_3\!-\!\overset{\overset{O}{\|}}{C}\!-\!COOH + CO_2 + NADPH + H^+$$

丙酮酸

单元 三 生物氧化中水的生成

单元解析

根据动物体的呼吸作用，了解氧的存在与水的生成及能量的关系。重点是掌握存在于线粒体内膜上的两条呼吸链。

生物体内的水主要是由代谢物脱下氢经呼吸链传递交给氧生成。

一、呼吸链的概念

呼吸链是指排列在线粒体内膜上的一个有多种脱氢酶以及氢和电子传递体组成的氧化还原系统。在生物氧化过程中，代谢底物上的两个氢原子（可以表示为 $2H^+ + 2e$）被脱氢酶激活脱落，经过一系列按一定顺序排列的递氢体和递电子体的传递，最终与被激活的氧的负离子结合生成水并释放能量。这种氢和电子的传递体系称为电子传递链。氧是电子的最终受体，由于氧来自于细胞的呼吸作用，所以电子传递链又称呼吸链。

二、呼吸链的组成

线粒体中呼吸链主要由 4 种具有电子传递活性的氧化还原酶复合体和 2 个独立成分辅酶 Q 及细胞色素 c 构成，4 种氧化还原酶复合体分别是（表 4 - 1）：复合体 I 为 NADH - CoQ 还原酶（又称 NADH 脱氢酶）；复合体 II 为琥珀酸 - CoQ 还原酶；复合体 III 为 CoQ - Cyt c 还原酶；复合体 IV 为细胞色素 c（Cyt c）氧化酶。每一种复合体代表完整的呼吸链的一部分，具有其独特的组成成分，按一定顺序排列，完成电子传递过程。

表 4 - 1　呼吸链的组成

复合物	名称	辅酶	相对分子质量
I	NADH - CoQ 还原酶	FMN、Fe - s 蛋白	800 000
II	琥珀酸 - CoQ 还原酶	FAD、Fe - s 蛋白	125 000
III	CoQ - Cyt c 还原酶	Cyt b、Cyt c_1、Fe - s 蛋白	250 000
IV	Cyt c 氧化酶	Cyt aa_3、Cu^{2+}	200 000

（一）递氢体

1. 烟酰胺脱氢酶类　烟酰胺脱氢酶类的种类很多，但辅酶只有 2 种，一种是 NAD^+，即辅酶 I，另一种是 $NADP^+$，即辅酶 II。烟酰胺脱氢酶类是递氢体，能可逆地加氢和脱氢，每分子 NAD^+ 或 $NADP^+$ 每次能接受一个 H^+ 和两个电子，剩下一个 H^+ 留在介质中，作用原理简式如下：

$$NAD^+ \xrightleftharpoons[-2H]{+2H\ (+2H^+ +2e)} NADH + H^+$$

氧化型辅酶 I　　　　　　　　还原型辅酶 I

$$NADP^+ \xrightleftharpoons[-2H]{+2H\ (+2H^+ +2e)} NADPH + H^+$$

氧化型辅酶Ⅱ　　　　　　　　　　还原型辅酶Ⅱ

2. 黄素脱氢酶类　黄素脱氢酶类的种类很多，但辅酶只有 2 种，即 FMN 和 FAD，它们都是递氢体，每次可传递 2 个氢原子，作用原理简式如下：

$$FMN \xrightleftharpoons[-2H]{+2H} FMNH_2$$

$$FAD \xrightleftharpoons[-2H]{+2H} FADH_2$$

3. CoQ　辅酶 Q，又称泛醌。它是依靠醌式结构与酚式结构之间的变化来传递氢的，是一种递氢体。作用原理简式如下：

$$CoQ \xrightleftharpoons[-2H]{+2H} CoQH_2$$

（二）递电子体

1. 铁硫中心　铁硫中心又称为铁硫簇，是铁硫蛋白的活性中心。铁硫蛋白又称为非血红蛋白铁蛋白。铁硫中心有一铁一硫（Fe - S）、二铁二硫（Fe_2 - 2S）和四铁四硫（Fe_4 - 4S）几种不同类型，最常见的是二铁二硫（Fe_2 - 2S）和四铁四硫（Fe_4 - 4S）两种类型，通过铁原子的可逆的化合价变化完成电子传递，是递电子体。

$$Fe^{3+} + e \rightleftharpoons Fe^{2+}$$

2. 细胞色素　细胞色素是一类含有血红蛋白、铁卟啉的蛋白质，它也是借助铁原子化学价的互变传递电子，用符号 Cyt 表示。在生物体呼吸链中主要含 5 种细胞色素，即 Cyt b、$Cyt c_1$、Cyt c、Cyt a 和 $Cyt a_3$。但 a 和 a_3 不能分开，统称为细胞色素 aa_3（$Cyt aa_3$），位于呼吸链的末端，除了含有 Fe^{3+} 以外，还含 Cu^{2+}。细胞色素 a 通过 Cu^{2+} 将获得的电子直接传递给氧原子，使其变成氧离子（O^{2-}），也称为细胞色素氧化酶或细胞色素 c 氧化酶或末端氧化酶。

三、呼吸链中传递体的排列顺序

（一）NADH 呼吸链

NADH 呼吸链是最常见的电子传递链。在糖、脂肪、蛋白质的许多代谢反应中，以 NAD^+ 为辅酶的脱氢酶脱下的氢都要通过此呼吸链的递氢、递电子过程，最终把氢交给氧生成水。NADH 呼吸链由复合体Ⅰ（FMN、Fe - S 蛋白）、复合体Ⅲ（Cyt b Fe - s 蛋白，$Cyt c_1$）、复合体Ⅳ和 CoQ，Cyt c 两个独立成分组成。当 NAD^+ 从底物接受氢生成 $NADH + H^+$ 以后，首先通过复合体Ⅰ把氢传给 CoQ，生成还原性 $CoQH_2$，然后 $CoQH_2$ 把 2 个 H^+ 释放到基质中，而将 2 个电子一次经复合体Ⅲ、Cyt c、复合体Ⅳ传递，激活氧生成氧负离子，O^{2-} 与基质中的 2 个 H^+ 结合生成水（图 4 - 1）。

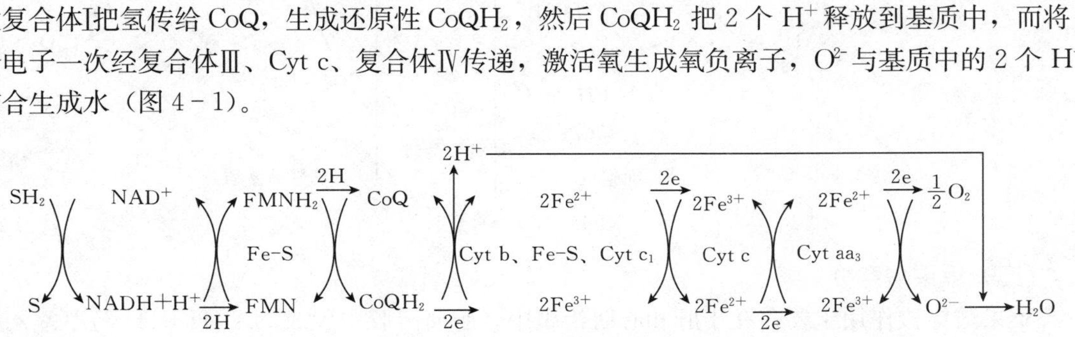

图 4 - 1　NADH 呼吸链电子传递过程

（二）$FADH_2$ 呼吸链

$FADH_2$ 呼吸链以 FAD 为最初受氢体，经复合体Ⅱ，将得到的氢传递给 CoQ，再向后的传递过程与 NADH 呼吸链相同，如图 4-2 所示。

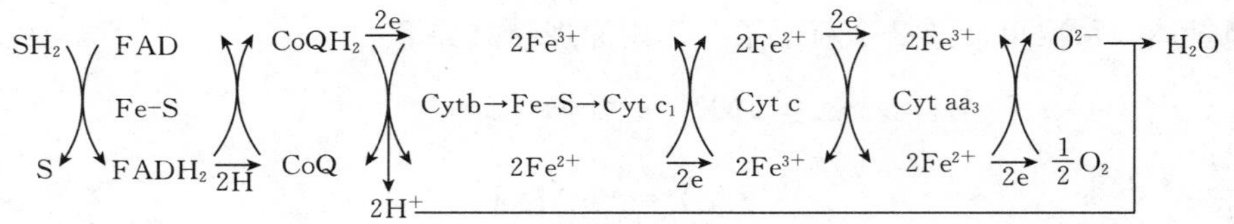

SH₂
FAD
Fe-S
S
FADH₂
2H
CoQH₂
CoQ
2e
2H⁺
2Fe³⁺
Cytb→Fe-S→Cyt c₁
2Fe²⁺
2Fe²⁺
Cyt c
2Fe³⁺
2e
2Fe³⁺
Cyt aa₃
2Fe²⁺
O²⁻
H₂O
1/2 O₂

图 4-2　$FADH_2$ 呼吸链电子传递过程

以上两种呼吸链在氢和电子传递过程中顺序和方向不能颠倒。

四、胞质溶胶 NADH 的氧化

在细胞的胞质溶胶中存在着 3-磷酸甘油醛脱氢酶和乳酸脱氢酶等，可从代谢底物脱氢生成 NADH。由于线粒体膜不允许 NADH 自由通过，因此胞液中脱下的氢也就不能直接进入呼吸链氧化生成水和 ATP，而需要通过线粒体内膜上存在的特殊穿梭系统才能将 NADH 转入线粒体内。目前知道的有两个穿梭系统，能够将胞液中的氢转运到线粒体内进行氧化。

（一）α-磷酸甘油穿梭

α-磷酸甘油穿梭作用存在于肌肉和大脑组织中。胞液中的 $NADH+H^+$ 与磷酸二羟丙酮在 α-磷酸甘油脱氢酶的作用下，生成 α-磷酸甘油和 NAD^+，α-磷酸甘油进入线粒体后再在 α-磷酸甘油脱氢酶的作用下，生成磷酸二羟丙酮和 $FADH_2$。$FADH_2$ 经 $FADH_2$ 呼吸链传递生成水，产生 2 mol ATP，而磷酸二羟丙酮又传出线粒体预备完成下一次氢的转运（图 4-3）。

α-磷酸甘油穿梭

CH₂OH
C=O
CH₂O—Ⓟ
磷酸二羟丙酮
NADH+H⁺
NAD⁺
CH₂OH
CHOH
CH₂O—Ⓟ
α-磷酸甘油
QH₂
FAD
Fe-S
Q
O₂
2-Ⓟ
H₂O
细胞质
线粒体膜
线粒体基质

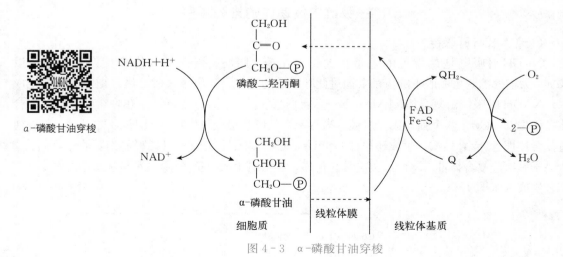

图 4-3　α-磷酸甘油穿梭

（二）苹果酸穿梭

苹果酸穿梭作用主要存在于肝和心肌组织中。胞质溶胶中生成 $NADH+H^+$ 与草酰乙酸在苹果酸脱氢酶作用下生成苹果酸，苹果酸作为氢的载体可以通过线粒体膜进入线粒体，再在线粒体内的苹果酸脱氢酶作用下，转变为草酰乙酸和 NADH＋H$^+$。后者进入 NADH 呼吸链把氢交给氧生成水并产生 3 mol ATP。草酰乙酸经谷草转氨酶催化生成天冬氨酸，穿过线粒体膜回到胞液中，天冬氨酸在胞液中经转氨作用又生成草酰乙酸，完成氢在线粒体膜内外的转运（图 4－4）。

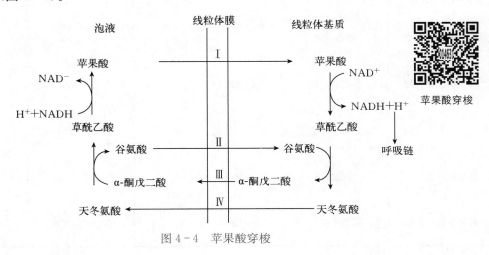

图 4－4　苹果酸穿梭

单元 四　生物氧化中能量的生成与利用

ATP 是生物体能量利用的形式，其在生物体内有两种生成方式，而氧化磷酸化是主要生成方式。通过本单元的学习结合实例说明呼吸链的阻断和解偶联作用对机体的影响。

一、高能键与高能化合物

动物机体在物质氧化分解过程中，释放能量满足机体各种生命活动需要，一部分能量维持体温或以热能散发，大部分转移到高能化合物中贮存起来，需要时再释放被生物所利用。生化标准条件下（25 ℃、1 mol/L）高能化合物水解，可释放出 20.93 kJ 以上能量，通常将水解或基团转移时能释放大量能量的活泼共价键称为高能键，用"～"表示，而含有高能键的化合物称为高能化合物。根据高能键的类型，高能化合物主要有 3 类：高能磷酸化合物、高能硫酯化合物、高能甲硫化合物。高能化合物及其种类如表 4－2 所示。

1. 高能磷酸化合物　ATP 是生命活动中直接供能的重要能量载体，是最重要的高能化合物。在生物内除了 ATP 和 ADP 两种高能磷酸化合物外，二磷酸核苷、二磷酸脱氧核苷和三磷酸核苷、三磷酸脱氧核苷等，均在能量的贮存、转移、利用及生物合成方面起着重要作用。

三磷酸腺苷（ATP）→二磷酸腺苷（ADP）＋Pi＋能量（30.5 kJ/mol）

2. 高能硫酯化合物　高能硫酯化合物是由代谢物的羧基和硫氢基脱水形成的，主要有乙酰 CoA、琥珀酰 CoA、脂酰基 CoA。

3. 高能甲硫化合物　主要有腺苷甲硫氨酸等。

表 4-2　高能化合物及其种类

高能化合物	高能化合物种类	高能化合物结构	实例	$\triangle G$（kJ/mol）
焦磷酸化合物	高能焦磷酸酯	A—R—Ⓟ～Ⓟ～Ⓟ	ATP、GTP 等	−30.5
胍基磷酸化合物	胍基磷酸	—NH—C—NH～Ⓟ ‖ NH	磷酸肌酸	−43.9
酰基磷酸化合物	酰基磷酸酯	RCOO～Ⓟ	1，3-二磷酸甘油酸	−49.3
烯醇式磷酸化合物	烯醇磷酸酯	—C—O～Ⓟ ‖ CH₂	磷酸烯醇式丙酮酸	−61.9
高能硫酯化合物	高能硫酯	RCO～S—CoA	乙酰 CoA	−34.3
高能甲硫化合物	高能甲硫酯	$CH_3～S^+—R_1$	腺苷甲硫氨酸	−40.1

二、ATP 的生成方式

生物体内的 ATP 是通过 ADP 的磷酸化作用生成的，动物体内磷酸化作用的方式有 2 种，即底物水平磷酸化和氧化磷酸化。

（一）底物水平磷酸化

营养物质在代谢过程中经过脱氢、脱羧、分子重排和烯醇化反应，产生高能磷酸基团或高能键，随后直接将高能磷酸基团转移给 ADP 生成 ATP，或水解高能键，将释放的能量用于 ADP 与无机磷酸反应，生成 ATP。以这种方式生成 ATP 称为底物磷酸化。

$$1，3\text{-二磷酸甘油酸} + ADP \xrightarrow{\text{3-磷酸甘油酸激酶}} 3\text{-磷酸甘油酸} + ATP$$
（高能磷酸化合物）

$$\text{磷酸烯醇式丙酮酸} + ADP \xrightarrow{\text{丙酮酸激酶}} \text{丙酮酸} + ATP$$
（高能磷酸化合物）

$$\text{琥珀酸单酰 CoA} + H_3PO_4 + GDP \xrightarrow{\text{琥珀酸单酰 CoA 合成酶}} \text{琥珀酸} + CoASH + GTP$$
（高能硫酯化合物）

底物磷酸化生成 ATP 不需要经过呼吸链的传递过程，也不需要消耗氧气，也不利用线粒体 ATP 酶的系统。因此，生成 ATP 的速度比较快，但是生成量不多。在机体缺氧或无氧条件下，底物磷酸化无疑是一种生成 ATP 的快捷和便利的方式。例如糖酵解途径中生成的 2 分子 ATP 就是以底物磷酸化的方式产生的。

（二）氧化磷酸化

机体内营养物质的氧化分解，多数情况下是在氧气充足的条件下进行的。因此，氧化磷酸化便是产生 ATP 的主要方式。底物脱下的氢经过呼吸链的依次传递，最终与氧结合生成 H_2O，这个过程所释放的能量用于 ADP 的磷酸化反应（ADP＋Pi）生成 ATP，这样，底物的氧化作用与 ADP 的磷酸化作用通过能量相偶联。ATP 的这种生成方式称为氧化磷酸化，或称氧化磷酸化偶联。

1. P/O 比值与偶联次数　P/O 比值是指当底物进行氧化时，每消耗 1 个氧原子所消耗的用于 ADP 磷酸化的无机磷酸中的磷原子数。因此，P/O 比值是确定氧化磷酸化次数的重要指标。例如，以 NADH 为首的呼吸链，传递一对氢给 1 个氧原子生成 1 分子 H_2O 时，可供 3 分子无机磷酸参与 ADP 的磷酸化反应，生成 3 分子 ATP，因此 P/O 比值为 3/1，即为 3。而以 $FADH_2$ 为首的呼吸链的 P/O 比值为 2，也就是说，生成 2 分子 ATP。

2. 偶联部位　呼吸链在传递电子的同时逐步释放能量，自由能由高到低逐渐降低，但并不是每一个传递过程都可以生成 ATP。氢在 NADH 呼吸链中，有 3 处氧化还原过程所释放的能量偶联磷酸化，产生 3 分子 ATP。氢在 $FADH_2$ 呼吸链中不经过上述的第一部位，而是直接通过辅酶 Q 进入呼吸链，因此只能在第二、第三部位偶联磷酸化产生 2 分子 ATP。

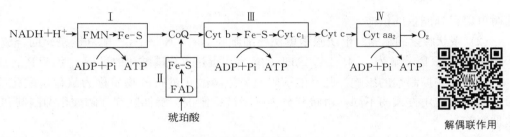

图 4-5　氧化磷酸化偶联部位

上述偶联部位分别位于传递体复合物 I、III 和 IV（图 4-5）。根据研究，复合物 II 上没有偶联。这个结论同两个呼吸链 P/O 比值大致吻合。

3. 氧化磷酸化的作用机理　目前对氧化磷酸化偶联作用机理的解释有 3 种假说：化学偶联假说、构象变化偶联假说和化学渗透偶联假说，其中化学渗透偶联假说得到较多人的支持。该假说是英国科学家 Peter Mitchel 于 1961 年提出的，其要点如下：

（1）呼吸链中的氢和电子的传递体以复合物的形式，按照一定的顺序排列在线粒体内膜上，氧化与磷酸化的偶联依赖于线粒体内膜的完整性。

（2）底物脱下的氢在通过呼吸链传递的时候，氢和电子传递体发挥了类似质子"泵"的作用，将 H^+ 从线粒体的基质中通过内膜转运到膜间隙中，造成了 H^+ 的跨膜电化学浓度。据测定，每转运一对电子，有 5 对质子从线粒体的基质中转运到膜间隙里。因此，膜间隙侧的质子浓度高，为正电荷，而基质一侧质子浓度低，为负电荷。其内部蕴涵的质子的电位差和浓度差将驱动 H^+ 向线粒体内回流和 ATP 的合成。

（3）当"泵"出到膜间隙中的 H^+ 顺着浓度梯度通过位于线粒体的内膜球体，即 F_0F_1-ATP 合酶重新转运回线粒体内腔基质中时，在 ATP 酶的催化下，ADP 与 Pi 发生磷酸化反应，生成 ATP（图 4-6）。

4. 生物体内氧化磷酸化的影响因素

（1）ADP、ATP 浓度的影响。氧化磷酸化的速率受生物体内能量水平的调节。当有机体进行运动、生产等活动时，ATP 分解为 ADP 和磷酸，释放的能量被机体利用，使得体内 ADP 的浓度升高，氧化磷酸化过程加快。当机体休息或营养较好时，大部分 ATP 不能被利用，使 ADP 浓度下降，因而抑制了氧化磷酸化的进行。这种调节作用使机体根据生理需要，

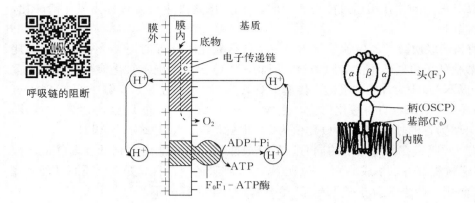

图 4 - 6　化学渗透假说与 F_0F_1 - ATP 酶结构

随时可以得到能量的供应。

（2）甲状腺素的影响。甲状腺素可诱导细胞膜 Na^+ - K^+ - ATP 酶（钠泵）的合成，钠泵运转加速了 ATP 分解为 ADP+Pi，ADP 的增多可促进氧化磷酸化的进行，使 ATP 合成增加。

（3）某些抑制剂的影响。凡是能够阻碍氧化磷酸化进行的物质称为氧化磷酸化抑制剂，根据抑制剂作用方式的不同，可将其分为呼吸链抑制剂、解偶联剂、磷酸化抑制剂和离子载体抑制剂。

呼吸链抑制剂可在呼吸链的特定部位阻断呼吸链的传递，如：鱼藤酮、异戊巴比妥可以阻断电子由 NADH 向 CoQ 的传递；抗霉素 A、二巯基丙醇可以抑制 Cyt b 向 Cyt c_1 的电子传递；而 CO、CN^-、H_2S 等能抑制 Cyt c 氧化酶，阻断电子由 Cyt aa_3 向 O_2 的传递（图 4 - 7）。

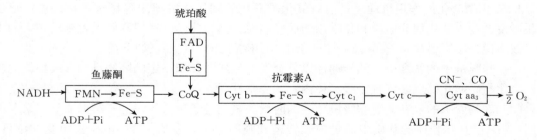

图 4 - 7　呼吸链抑制剂与抑制部位

解偶联剂是指能够使呼吸链电子传递与 ADP 磷酸化过程相脱离的物质，在氧化磷酸化过程中，底物的脱氢氧化与 ADP 的磷酸化是通过能量进行偶联的。某些物质，如 2，4 - 二硝基苯酚（DNP），能够解除这个偶联过程，其结果是底物的脱氢氧化继续进行，同样有电子的传递和氧气的消耗，同样有能量的释放，但却不能利用所释放的能量进行 ADP 的磷酸化，即不能生成 ATP。这种作用称为解偶联作用。具有解偶联作用的物质称为解偶联剂。

磷酸化抑制剂可以同时抑制电子传递和 ADP 磷酸化。例如，寡霉素可与 F_0F_1 - ATP 合酶结合，从而阻止 H^+ 通过质子通道回流，抑制了 ATP 的生成。H^+ 在线粒体内外膜之间的积累影响了质子由内膜内侧向膜间腔的泵出，阻碍了电子的传递。

离子载体抑制剂是一类脂溶性抗生素物质，这些物质能与一价阳离子（如 K^+）形成复合物，使 K^+ 等离子很容易透过线粒体膜，同时消耗呼吸链电子传递释放的能量，使 ATP 合成受阻，如缬氨霉素等。

三、能量的转移、贮存与利用

在生物体内，物质氧化分解逐步释放的大量能量不能直接被机体利用，必须把能量暂时贮存在 ATP 后，才能使能量进一步转移、贮存和利用。

1. 高能磷酸键的转移　ATP 是高能磷酸化合物，其高能磷酸键可转移给 GDP、UDP、CDP 等，生成相应的三磷酸核苷化合物参与体内代谢过程。

ATP+UDP↔ADP+UTP（参与多糖合成）

ATP+CDP↔ADP+CTP（参与磷脂合成）

ATP+GDP↔ADP+GTP（参与蛋白质合成）

2. 高能磷酸键的贮存　当细胞中的 ATP 浓度较高时，脊椎动物可以把 ATP 的能量和磷酸转移给肌酸生成磷酸肌酸，将能量贮存起来；当 ATP 浓度降低时，磷酸肌酸再将高能磷酸键转移给 ADP 形成 ATP，供机体代谢利用（图 4-8）。无脊椎动物则是把 ATP 中的能量转变为磷酸精氨酸贮存，机体需要能量时，磷酸精氨酸再分解把能量转移给 ADP，生成的 ATP 供机体利用。

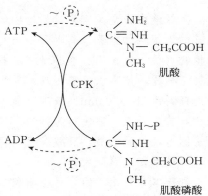

图 4-8　ATP 与磷酸肌酸相互转换
CPK：磷酸肌酸激酶

3. 高能化合物中能量的转化与利用　贮存在高能化合物的能量在酶的作用下被释放出来，由 ATP 携带把能量转移到机体相应的部位，为机体各种生理机能活动提供需要的能量（图 4-9）。

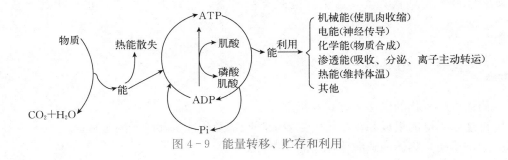

图 4-9　能量转移、贮存和利用

模块小结

生物氧化是生物体内的有机化合物氧化分解为 CO_2 和 H_2O 并释放能量的过程，脱氢反应是生物氧化的最主要方式，而脱羧反应是 CO_2 的生成方式，脱氢反应生成的 NADH 和 $FADH_2$ 通过粒体内膜上的呼吸链进行氧化。呼吸链是一个由多种脱氢酶以及氢和电子传递体组成的氧化还原系统，生物体内的呼吸链主要有 2 条，即 NADH 呼吸链和 $FADH_2$ 呼吸链。能量生成方式有 2 种，即底物水平磷酸化和氧化磷酸化，氧化磷酸化是生成 ATP 的主要方式，并受 ADP 及 ATP 浓度、甲状腺素、某些抑制剂等影响因素。胞质溶胶中 NADH

通过 α-磷酸甘油穿梭、苹果酸穿梭进入线粒体进行氧化。

 **拓展提高**

动物氰化物中毒机理

氢氰酸中毒是家畜常见的动物体呼吸链阻断与解偶联现象，氢氰酸中毒是动物采食富含氰苷的青饲料如木薯、高粱及玉米的新鲜幼苗或亚麻子、豆类（海南刀豆、狗爪豆）、蔷薇科植物（桃、李、梅、杏、枇杷、樱桃）的叶和种子，经胃内酶和盐酸的作用水解，产生游离的氢氰酸，发生以呼吸困难、震颤、惊厥等组织性缺氧为特征的中毒病。家畜采食含有氰苷的饲料后 15～20 min，表现腹痛不安、呼吸加快、可视黏膜鲜红、流出白色泡沫状唾液等症状，首先兴奋，很快转为抑制，呼出气有苦杏仁味，随之全身极度衰弱无力，步态不稳，很快倒地，体温下降，后肢麻痹，肌肉痉挛，瞳孔散大，反射减少或消失，心动徐缓，呼吸浅表，最后昏迷而死亡。

氰苷本身是无毒的。当含有氰苷的植物被动物采食咀嚼时，在水分及适宜的温度条件下，经植物的脂解酶作用，产生氢氰酸。进入机体的氰离子能抑制细胞内许多酶的活性，如细胞色素氧化酶、过氧化物酶、接触酶、脱羟酶、琥珀酸脱氢酶、乳酸脱氢酶等，其中最主要的是细胞色素氧化酶。氰离子能迅速与氧化型细胞色素氧化酶的三价铁离子结合，并阻碍其被细胞色素还原为还原型细胞色素酶（Fe^{2+}），结果失去了传递电子、激活分子氧的作用，抑制了组织内的生物氧化过程，阻止组织对氧的吸收作用，导致机体缺氧症。由于组织细胞不能从血液中摄取氧，致使动脉血液和静脉血液的颜色都呈鲜红色。由于中枢神经系统对缺氧特别敏感，而且氢氰酸在类脂质内溶解度较大，所以中枢神经系统首先受害，尤以血管运动中枢和呼吸中枢为甚，临床上表现为先兴奋，后抑制，并表现出严重的呼吸麻痹现象。

 **思考与练习**

1. 简述生物氧化的概念、方式及特点。
2. 试述呼吸链的组成和动物体内主要的呼吸链及传递氢和电子的过程。
3. 举例说明生物体内磷酸化作用的主要方式。
4. 糖酵解产生的 NADH 通过哪些途径进入呼吸链进行氧化？
5. 简述氧化作用与磷酸化作用偶联的部位及影响因素。

思 政 园 地

水和能量的生成

模块五

糖 类 代 谢

知识目标
ZHISHIMUBIAO

　　了解动物体内血糖的来源及去路；掌握糖酵解的基本反应过程及其限速酶、ATP 的生成及其生理意义；掌握糖有氧分解的基本反应过程、ATP 的生成及生理意义；掌握糖异生的概念与基本反应过程及其生理意义。

糖的生物学功能

技能目标
JINENGMUBIAO

　　1. 掌握血液生化样品的制备方法。
　　2. 掌握动物血糖的测定原理和方法。

单元 一 糖代谢概述

糖代谢一

糖的消化与吸收

单元解析
DANYUANJIEXI

　　了解糖作为主要营养物质的生理功能，掌握糖在动物体内的消化吸收、血糖的来源与去路，为以后糖代谢的学习打下基础。通过实验掌握血糖的测定方法。

（一）糖的生理功能

　　糖类广泛存在于动物体内，动物体从自然界摄取的物质中，除水以外，糖是最多的物质。糖具有多种重要的生理功能。

　　1. 氧化分解，供应能量　生命活动需要能量，动物体获得能量的方式是物质氧化。糖是动物体最主要的供能物质，动物机体所需要的能量 50%～80% 来自糖的氧化分解，每克糖在体内彻底氧化可释放 16.7 kJ 的能量，这些能量一部分以热的形式用于维持体温或散发到体外，一部分转变为高能化合物（如 ATP）用于维持动物机体的正常生命活动。

　　2. 构成组织细胞的成分　糖普遍存在于动物各组织中，是构成细胞的成分。如核糖和脱氧核糖是细胞内遗传物质（核酸）的组成成分；黏多糖是结缔组织基质的组成成分；杂多糖和结合糖是构建细胞膜、神经组织、结缔组织、细胞间质的主要成分。

　　3. 其他功能

　　（1）糖可以参与构成生物体内一些具有生理功能的物质，如免疫球蛋白、血型物质、部分激素及构成凝血因子的糖蛋白，这些糖蛋白的生物学功能与其分子中的寡糖基密切相关。

　　（2）糖在生物体内可以转变为脂肪而贮存，可转变为某些氨基酸供动物机体合成蛋白质，还可以转变为糖醛酸参与生物转化反应。

（二）糖代谢概况

糖是一类化学本质为多羟醛或多羟酮及其衍生物的有机化合物，在动物体内糖的主要存在形式是血糖及糖原。血糖是葡萄糖在血液中的运输形式，在机体糖代谢中占据主要地位；糖原是葡萄糖的多聚体，包括肝糖原、肌糖原和肾糖原等，是糖在体内的贮存形式。葡萄糖与糖原都能在体内氧化提供能量，食物中的糖类是机体中糖的主要来源，被动物体摄入经消化成单糖吸收后，经血液运输到各组织细胞进行合成代谢和分解代谢。

一般动物食物中的糖主要是淀粉，另外包括一些双糖及单糖。多糖及双糖都必须经过酶催化水解成单糖才能被吸收。

反刍动物饲料以草为主，糖源是纤维素，在瘤胃中可通过微生物发酵生成低级脂肪酸乙酸、丙酸和丁酸而被吸收利用。

（三）血糖及其调节

血液中所含的糖，除微量的半乳糖、果糖及其磷酸酯外，大部分是葡萄糖。血糖主要是指血液中所含的葡萄糖。每种动物的血糖含量各不相同，但对每种动物而言血糖浓度是恒定的。血糖浓度的相对恒定，是通过神经、激素调节血糖的来源和去路而达到的。

1. 血糖的来源和去路　血糖的主要来源包括 4 种：从食物中摄取，通过消化道吸收，这是血糖最主要的来源；肝糖原的分解；糖异生作用；其他单糖，如果糖、半乳糖等，也可转变为葡萄糖以补充血糖。

血糖的去路有如下几条：在组织中氧化分解供应机体能量；在组织中合成糖原；转变为脂类和非必需氨基酸等非糖类物质；转变为其他糖及糖衍生物，如葡萄糖可转变成核糖、脱氧核糖、氨基糖等，以作为一些重要物质合成的原料；从尿中排出。尿中排出葡萄糖不是正常的去路。正常生理情况下，葡萄糖虽然通过肾小球滤过，但在肾小管中又几乎全部被吸收入血液中。只有在某些生理或病理情况下，血糖含量过高，超过了肾小管再吸收的能力（称为肾糖阈）时，一部分糖才会从尿中排出，称为糖尿。

2. 血糖浓度的调节　动物体内分泌的激素在神经系统的控制下，调节血糖的浓度。主要的激素有胰岛素、肾上腺素和肾上腺皮质激素。除胰岛素可使血糖浓度降低外，其余激素都可使血糖浓度升高。它们的协调作用，使不断变化的血糖浓度维持相对恒定。

血糖浓度相对恒定具有重要的生理意义。生物体内各组织细胞生命活动所需能量大部分来自葡萄糖，血糖必须保持一定水平才能维持体内各器官和组织的需要。如果血糖含量过低，各组织得不到足够的葡萄糖供给能量，就会发生机能障碍。这一点对脑组织特别重要，这是由于脑组织不含糖原，而脑组织活动所需的能量除来自酮体外，必须有一部分来自血糖，以维持其正常的机能活动。可见，细胞内缺乏糖的供应，细胞功能就会发生紊乱。相反，血糖浓度如果超过正常水平，不能被组织利用，则由尿排出。

单元 二　糖的分解代谢

单元解析
DANYUANJIEXI

通过对糖主要代谢途径的学习，进一步加深对糖主要功能的了解。本单元的学习重点应放在糖的有氧代谢。建议每条途径都结合应用实例。

一、糖的无氧分解

(一) 糖酵解

1. 糖酵解的概念　糖的无氧分解是指细胞内的葡萄糖或糖原的葡萄糖单位在无氧或缺氧条件下,分解生成乳酸并释放少量能量的过程,又称糖酵解。糖酵解途径过程是 1940 年由 G. Embden、O. Meyerhof、J. K. parnas 等人阐明的,所以也称 EMP 途径。糖酵解的酶存在于胞质溶胶中,故糖酵解过程在胞质溶胶中进行。

2. 糖酵解的过程　葡萄糖的酵解可分为 4 个阶段:

(1) 由葡萄糖生成 1,6 - 二磷酸果糖。

糖代谢二

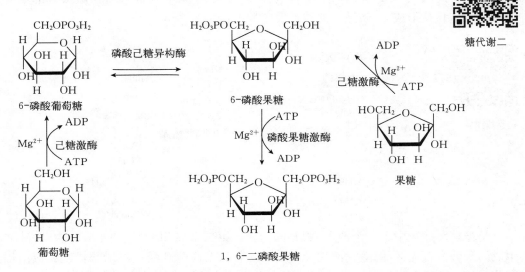

反应的第一步是葡萄糖的磷酸化,生成 6 - 磷酸葡萄糖。由葡萄糖转化为 6 - 磷酸葡萄糖过程不可逆,催化反应的酶是己糖激酶或葡萄糖激酶。所谓激酶是指催化磷酰基从 ATP 上转移到受体上的酶。己糖激酶可被 6 - 磷酸葡萄糖抑制以调节葡萄糖的分解速度,所以此酶是限速酶。葡萄糖激酶主要在肝中,对葡萄糖有专一性,并且不被 6 - 磷酸葡萄糖反馈抑制,此过程消耗 1 分子 ATP。若是糖原降解,首先磷酸化生成 1 - 磷酸葡萄糖,肝中的 1 - 磷酸葡萄糖在磷酸葡萄糖变位酶的催化下,生成 6 - 磷酸葡萄糖,这个过程不需要消耗 ATP。

反应的第二步是 6 - 磷酸葡萄糖异构化为 6 - 磷酸果糖,由磷酸己糖异构酶催化。

反应的第三步是 6 - 磷酸果糖由 ATP 磷酸化为 1,6 - 二磷酸果糖,此反应由磷酸果糖激酶催化,反应不可逆,并消耗 1 分子 ATP。

在此过程中,己糖激酶和磷酸果糖激酶催化的反应均是不可逆反应,两种酶都属于别构酶类,Mg^{2+} 存在时,激酶才表现出活性。可以通过调节酶的活性来控制 EMP 途径的反应速率。

(2) 1,6 - 二磷酸果糖裂解为 2 分子三碳单位。

$$
\begin{array}{ccc}
\text{1,6 - 二磷酸果糖} & \text{磷酸二羟丙酮} & \text{3 - 磷酸甘油醛}
\end{array}
$$

1，6-二磷酸果糖在醛缩酶的作用下，裂解为磷酸二羟丙酮和3-磷酸甘油醛，两者在磷酸丙糖异构酶作用下可以互变。由于3-磷酸甘油醛不断地被氧化成1，3-二磷酸甘油酸，促成磷酸二羟丙酮不断地转化为3-磷酸甘油醛，故认为1分子葡萄糖可转变为2分子3-磷酸甘油醛。

（3）丙酮酸的生成。从3-磷酸甘油醛转变为丙酮酸是糖酵解途径释放能量的过程。首先3-磷酸甘油醛脱氢和磷酸化生成1，3-二磷酸甘油酸，催化此反应的酶是3-磷酸甘油醛脱氢酶，脱下的氢由NAD^+接受形成$NADH+H^+$。在无氧条件下，$NADH+H^+$将用于丙酮酸的还原，在有氧条件下可进入呼吸链氧化。

反应中有能量产生，并吸收1分子无机磷酸生成1个高能磷酸键。随后在磷酸甘油酸激酶催化下，将此高能磷酸基转移给ADP生成ATP。3-磷酸甘油酸再在磷酸甘油酸变位酶催化下磷酸基移位形成2-磷酸甘油酸。反应如下：

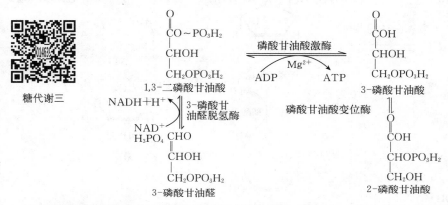

糖代谢三

这是糖酵解途径中第一个产生ATP的步骤，第二个ATP产生的步骤是由2-磷酸甘油酸生成丙酮酸。首先2-磷酸甘油酸脱水形成含有一个高能磷酸键的烯醇，此反应由烯醇化酶催化。然后在丙酮酸激酶的催化下，含有高能磷酸键的磷酸烯醇式丙酮酸将磷酸基转移至ADP生成ATP。

至此，从3-磷酸甘油醛至丙酮酸生成2分子ATP。因一分子葡萄糖生成2分子3-磷酸甘油醛，所以一分子葡萄糖至丙酮酸共生成4分子ATP。但在先前葡萄糖转变为1，6-二磷酸果糖的反应中已消耗2分子ATP，因此一分子葡萄糖至丙酮酸净生成2分子ATP。

（4）丙酮酸还原为乳酸。丙酮酸在无氧条件下，由乳酸脱氢酶催化，还原为乳酸，所需的$NADH+H^+$是3-磷酸甘油醛脱氢反应中产生的。这是一步是可逆的反应，当氧充足时，乳酸又可脱氢氧化为丙酮酸。乳酸是糖酵解途径的最终产物。

$$\begin{array}{c} COOH \\ | \\ C=O \\ | \\ CH_3 \end{array} + NADH + H^+ \xrightarrow{\text{乳酸脱氢酶}} \begin{array}{c} COOH \\ | \\ HC-OH \\ | \\ CH_3 \end{array} + NAD^+$$

糖酵解全过程的反应见图 5-1：

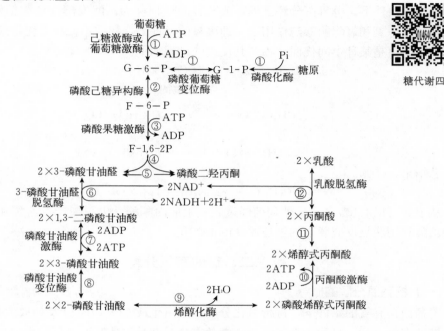

糖代谢四

图 5-1　糖酵解途径

3. 糖酵解产生的能量　从糖无氧分解的全部反应过程来看，由葡萄糖降解为丙酮酸有 3 步是不可逆反应，分别催化这 3 步反应的己糖激酶、磷酸果糖激酶和丙酮酸激酶均是限速酶，调控糖酵解的反应速度，其中的磷酸果糖激酶是最关键的限速酶。

糖或糖原的 1 mol 葡萄糖单位，在糖无氧分解过程中可以生成 2 mol 乳酸。因此，当动物有机体剧烈活动（包括重度使役）时，肌肉和血液中的乳酸浓度会增高。

糖酵解过程中能量的生成较少，1 mol 葡萄糖生成 2 mol 乳酸的过程中，可产生 4 mol ATP。扣除第一阶段消耗的 2 mol ATP，糖无氧分解过程 1 mol 葡萄糖分解可净生成 2 mol ATP。糖原的葡萄糖单位经无氧分解生成乳酸，可净生成 3 mol ATP。糖酵解生成能量的过程见表 5-1。

表 5-1　1 mol 葡萄糖糖酵解生成 ATP 的物质的量

反　　应	ATP 物质的量的增减（mol）
葡萄糖 → 6-磷酸葡萄糖	-1
6-磷酸果糖 → 1, 6-二磷酸果糖	-1
1, 3-二磷酸甘油酸 → 3-磷酸甘油酸	1×2
磷酸烯醇式丙酮酸 → 丙酮酸	1×2
1 mol 葡萄糖净增 ATP 的物质的量	2

4. 糖酵解的生理意义   糖酵解是生物体在特殊的生理和病理情况下补充能量的方式。如动物剧烈运动时，由于所需能量大增，糖分解加快，造成氧的相对供应不足，这时肌肉活动所需的一部分能量就靠糖酵解供应。休克时，由于循环障碍造成组织供氧不足，也会加强糖酵解作用。而某些组织在有氧情况下，也要进行糖酵解作用，如成熟的红细胞、视网膜、骨髓等组织。

（二）乙醇发酵

在厌氧条件下，酵母菌分解己糖形成乙醇的过程称为乙醇发酵（或酒精发酵）。酵母菌在没有分子态氧和氧化酶参与作用下，即厌氧的条件下，物质不彻底氧化，最终的氢受体不是分子氧，而是某种中间代谢产物，其反应的过程如下：

$$C_6H_{12}O_6 + 2A \longrightarrow 2CH_3COCOOH + 2(A-2H)$$
$$\text{丙酮酸}$$

$$2CH_3COCOOH \xrightarrow{\text{脱羧酶}} 2CH_3CHO + 2CO_2$$
$$\text{乙醛}$$

$$2(A-2H) + 2CH_3CHO \longrightarrow 2CH_3CH_2OH + 2A$$

总结果：

$$C_6H_{12}O_6 \longrightarrow 2CH_3CH_2OH + 2CO_2 + Q$$

从上式可以看出，1 mol 葡萄糖经过脱氢生成丙酮酸，再脱羧产生乙醛和二氧化碳，其中的乙醛利用脱氢反应脱下的氢还原 2 mol 酒精。

二、糖的有氧分解

（一）糖有氧分解的概念

葡萄糖在有氧的条件下，进行氧化分解，最后生成 CO_2、H_2O 及释放大量能量的过程，称为糖的有氧分解，又称为有氧氧化。糖的有氧分解是机体获取能量的主要途径，也是糖在体内氧化的主要方式。

（二）糖有氧分解的过程

糖的有氧分解实际上是无氧分解的继续。无氧时丙酮酸最后被还原成乳酸，有氧时丙酮酸则进一步被氧化为 CO_2 和 H_2O。由葡萄糖生成丙酮酸的过程仍然在细胞质基质中进行，而丙酮酸进一步氧化则要在线粒体内进行。所以，糖的有氧分解一共可划分为三个阶段：葡萄糖氧化为丙酮酸（此阶段与糖酵解途径相同）阶段；丙酮酸氧化脱羧生成乙酰 CoA 阶段；三羧酸循环阶段。

糖的有氧分解和无氧分解可作比较如下：

$$\underset{\text{（胞质溶胶中）}}{葡萄糖 \rightarrow 丙酮酸} \begin{cases} \text{（无氧条件下）} \rightarrow 乳酸 \qquad\qquad\qquad (\text{EMP}) \\ \qquad\text{（胞质溶胶中）} \\ \text{（有氧条件下）} \rightarrow 乙酰\,CoA \rightarrow 三羧酸循环 \quad (\text{有氧分解}) \\ \qquad\text{（线粒体中）} \end{cases}$$

1. 葡萄糖或糖原转变为丙酮酸   这一阶段的反应过程和场所与糖无氧分解途径基本相同，只是 3 - 磷酸甘油醛脱氢产生的 $NADH + H^+$ 不用于还原丙酮酸，而是经穿梭进入线粒体，经呼吸链氧化生成水，并产生 ATP。

2. 丙酮酸氧化脱羧生成乙酰 CoA   丙酮酸在有氧条件下进入线粒体，由丙酮酸脱氢酶复合体催化，氧化脱羧生成乙酰 CoA。反应过程不可逆。

$$H_3C-\overset{\overset{\displaystyle O}{\|}}{C}-COOH + HSCoA \xrightarrow[\text{NAD}^+ \quad \text{NADH}+\text{H}^+]{\text{丙酮酸脱氢酶复合体}} H_3C-\overset{\overset{\displaystyle O}{\|}}{C}\sim SCoA + CO_2$$

丙酮酸 　　　　　　　　　　　　　　　　　　　　　　乙酰CoA

丙酮酸脱氢酶复合体也称为丙酮酸脱氢酶系，是由 3 种酶和 5 种辅酶或辅基组成的，它们分别是丙酮酸脱氢酶（辅酶是 TPP^+）、二氢硫辛酰转乙酰基酶（辅酶是硫辛酸和 CoA）、二氢硫辛酸脱氢酶（辅酶是 NAD^+，还有 FAD 辅基）。多酶复合体的形成使其催化的反应效率及调控能力显著提高。催化过程如图 5-2 所示。

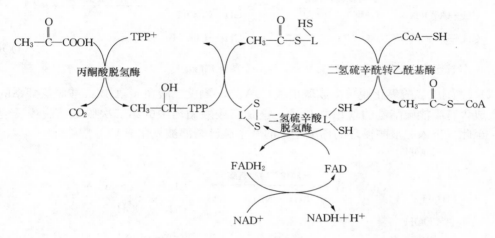

图 5-2　丙酮酸脱氢酶系

3. 三羧酸循环　三羟酸循环又称 TCA 循环。它是由 Krebs 提出的，也称为 Krebs 循环。三羧酸循环在线粒体中进行，由乙酰 CoA 与草酰乙酸缩合生成含有 3 个羧基的柠檬酸开始，再经循环中 4 次脱氢和 2 次脱羧过程，最后重新生成草酰乙酸。每循环一次就有一个乙酰基被氧化分解，同时脱下的氢经呼吸链传递与氧结合生成 H_2O，放出大量的能量。三羧酸循环是糖代谢重要的反应过程，也是联系脂肪和蛋白质等物质代谢的枢纽，具体过程如下：

（1）乙酰 CoA 与草酰乙酸缩合生成柠檬酸。催化此反应的酶是柠檬酸合酶。底物除乙酰 CoA 和草酰乙酸外，还要有水参加。反应所需能量由乙酰 CoA 中的高能硫酯键水解提供，反应不可逆。

$$CH_3-\overset{\overset{\displaystyle O}{\|}}{C}\sim S-CoA + \overset{\overset{\displaystyle O}{\|}}{\underset{\underset{\displaystyle CH_2-COOH}{|}}{C}}-COOH \xrightarrow[\text{H}_2\text{O}]{\text{柠檬酸合酶}} \overset{\displaystyle CH_2-COOH}{\underset{\displaystyle CH_2-COOH}{\overset{|}{\underset{|}{HO-C-COOH}}}} + CoA-SH$$

乙酰辅酶 A 　　　　草酰乙酸　　　　　　　　　　　　柠檬酸

（2）异柠檬酸的生成。柠檬酸在顺乌头酸酶的催化下，经脱水、加水 2 步反应过程，使柠檬酸异构化，生成异柠檬酸。

$$\underset{\text{柠檬酸}}{\begin{array}{c} CH_2\!-\!COOH \\ | \\ HO\!-\!C\!-\!COOH \\ | \\ CH_2\!-\!COOH \end{array}} \quad \underset{\begin{subarray}{c} 顺乌头酸酶 \end{subarray}}{\overset{H_2O}{\underset{H_2O}{\rightleftharpoons}}} \quad \underset{\text{顺乌头酸}}{\begin{array}{c} CH\!-\!COOH \\ \| \\ C\!-\!COOH \\ | \\ CH_2\!-\!COOH \end{array}} \quad \underset{\begin{subarray}{c} 顺乌头酸酶 \end{subarray}}{\overset{H_2O}{\underset{H_2O}{\rightleftharpoons}}} \quad \underset{\text{异柠檬酸}}{\begin{array}{c} HO\!-\!CH\!-\!COOH \\ | \\ CH\!-\!COOH \\ | \\ CH_2\!-\!COOH \end{array}}$$

（3）异柠檬酸氧化脱羧生成 α-酮戊二酸。催化异柠檬酸脱氢、脱羧反应的酶是异柠檬酸脱氢酶。此步反应是三羟酸循环的第一次脱氢、脱羧反应，不可逆。

$$\underset{\text{异柠檬酸}}{\begin{array}{c} HO\!-\!CH\!-\!COOH \\ | \\ CH\!-\!COOH \\ | \\ CH_2\!-\!COOH \end{array}} \quad \xrightarrow[\underset{NAD^+\quad NADH+H^+}{}]{\text{异柠檬酸脱氢酶}} \quad \underset{\text{草酰琥珀酸}}{\begin{array}{c} O\!=\!C\!-\!COOH \\ | \\ CH\!-\!COOH \\ | \\ CH_2\!-\!COOH \end{array}} \quad \xrightarrow[\underset{CO_2}{}]{\text{异柠檬酸脱氢酶}} \quad \underset{\text{α-酮戊二酸}}{\begin{array}{c} COOH \\ | \\ C\!=\!O \\ | \\ (CH_2)_2 \\ | \\ COOH \end{array}}$$

（4）α-酮戊二酸氧化脱羧生成琥珀酰 CoA。α-酮戊二酸在 α-酮戊二酸脱氢酶系的催化下，生成含有高能硫酯键的琥珀酰 CoA。这是三羧酸循环中的第二次脱氢、脱羧反应，不可逆。至此，进入三羧酸循环的乙酰基中的 2 个碳已全部被氧化成 CO_2。

$$\underset{\text{α-酮戊二酸}}{\begin{array}{c} COOH \\ | \\ C\!=\!O \\ | \\ (CH_2)_2 \\ | \\ COOH \end{array}} +CoA\!-\!SH \quad \xrightarrow[\underset{NAD^+\quad NADH+H^+}{}]{\text{α-酮戊二酸脱氢酶系}} \quad \underset{\text{琥珀酰 CoA}}{\begin{array}{c} O \\ \| \\ CH_2\!-\!C\sim S\!-\!CoA \\ | \\ CH_2\!-\!COOH \end{array}} +CO_2$$

（5）琥珀酰 CoA 生成琥珀酸。琥珀酰 CoA 在琥珀酸硫激酶的催化下，分子中的高能硫酯键断开，使 GDP 磷酸化生成 GTP，同时生成琥珀酸。GTP 中的能量可以直接被利用，也可转移给 ADP 生成 ATP。此反应是三羧酸循环中唯一的底物磷酸化反应。

$$\underset{\text{琥珀酰 CoA}}{\begin{array}{c} O \\ \| \\ CH_2\!-\!C\sim S\!-\!CoA \\ | \\ CH_2\!-\!COOH \end{array}} +H_3PO_4+GDP \quad \underset{\text{琥珀酸硫激酶}}{\rightleftharpoons} \quad \underset{\text{琥珀酸}}{\begin{array}{c} CH_2\!-\!COOH \\ | \\ CH_2\!-\!COOH \end{array}} +GTP+CoA\!-\!SH$$

（6）琥珀酸氧化生成延胡索酸。催化此反应的酶是琥珀酸脱氢酶，其辅基是 FAD。这是三羧酸循环中的第三次脱氢过程。

$$\underset{\text{琥珀酸}}{\begin{array}{c} CH_2\!-\!COOH \\ | \\ CH_2\!-\!COOH \end{array}} +FAD \quad \underset{\text{琥珀酸脱氢酶}}{\rightleftharpoons} \quad \underset{\text{延胡索酸}}{\begin{array}{c} CH\!-\!COOH \\ \| \\ CH\!-\!COOH \end{array}} +FADH_2$$

（7）延胡索酸加水生成苹果酸。催化此反应的酶是延胡索酸酶。

$$\underset{\text{延胡索酸}}{\begin{array}{c} CH\!-\!COOH \\ \| \\ CH\!-\!COOH \end{array}} +H_2O \quad \underset{\text{延胡索酸酶}}{\rightleftharpoons} \quad \underset{\text{苹果酸}}{\begin{array}{c} CH_2\!-\!COOH \\ | \\ HO\!-\!CH\!-\!COOH \end{array}}$$

（8）苹果酸脱氢生成草酰乙酸。苹果酸在苹果酸脱氢酶的催化下，脱氢氧化生成草酰乙酸。这是三羧酸循环第四次脱氢，辅酶为 NAD^+。生成的草酰乙酸可循环参加下轮的三羧酸循环。

克雷布斯

$$
\begin{array}{c}
CH_2-COOH \\
| \\
HO-CH-COOH
\end{array}
+NAD^+ \xrightleftharpoons[\text{苹果酸脱氢酶}]{}
\begin{array}{c}
CH_2-COOH \\
| \\
O=C-COOH
\end{array}
+NADH+H^+
$$

苹果酸   草酰乙酸

三羧酸循环反应及其过程见图 5-3。

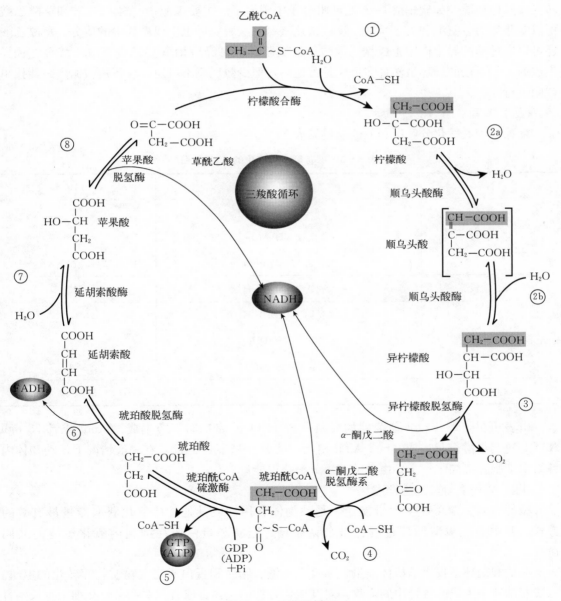

图 5-3 三羧酸循环

三羧酸循环的特点：①三羧酸循环的反应是在线粒体基质中进行的。乙酰 CoA 是胞质溶胶中糖的酵解与三羧酸循环之间的纽带。②循环中消耗了 2 分子 H_2O，一个用于柠檬酰 CoA 水解生成柠檬酸，另一个用于延胡索酸的水合作用。③循环中共有 4 对 H^+ 离开。其中 3 对 H^+ 经 NADH 呼吸链传递，1 对 H^+ 经 $FADH_2$ 呼吸链传递。每对 H^+ 经 NADH 呼吸链传递产生 3 分子 ATP，经 $FADH_2$ 呼吸链传递产生 2 分子 ATP。所以每 1 分子乙酰 CoA 经三羧酸循环脱氢氧化共生成 11 分子 ATP。再加上琥珀酰 CoA 经底物磷酸化直接生成 1 分子 ATP(GTP)，整个循环共生成 12 分子 ATP。④三羧酸循环不仅是葡萄糖生成 ATP 的主要途径，也是脂肪、氨基酸等最终氧化分解产生能量的共同途径。⑤循环中的许多成分可以转变成其他物质。如琥珀酰 CoA 是卟啉分子中碳原子的主要来源；α-酮戊二酸和草酰乙酸可以氨基化为谷氨酸和天冬氨酸。反过来这些氨基酸脱氨后也生成循环中的成分。草酰乙酸还可以通过糖的异生作用生成糖。丙酸等低级脂肪酸可经琥珀酰 CoA、草酰乙酸等途径异生成糖。⑥三羧酸循环虽然许多反应是可逆的，但少数反应不可逆，故三羧酸循环只能按单方向进行。

（三）糖有氧分解的能量计算

葡萄糖彻底氧化分解所释放的能量见表 5-2。

表 5-2 糖有氧分解产生的 ATP 数目

阶段	反应	ATP
第一阶段	两次耗能反应	−2
	两次生成 ATP 的反应	2×2
	一次脱氢（NADH+H^+）	2×2 或 2×3
第二阶段	一次脱氢（NADH+H^+）	2×3
第三阶段	三次脱氢（NADH+H^+）	2×3×3
	一次脱氢（$FADH_2$）	2×2
	一次生成 ATP 的反应	2×1
净生成		36 或 38

由表可见，每 1 mol 葡萄糖彻底氧化成 H_2O 和 CO_2 时，净生成 36 mol 或者 38 mol ATP。这与糖酵解只生成 2 mol ATP 相比，是 18～19 倍。因此，在一般情况下，动物体内各组织细胞除红细胞外主要由糖的有氧分解获得能量。

（四）糖有氧分解的生理意义

糖的有氧分解可产生大量能量，是动物体利用糖或其他物质氧化获取能量最有效的方式。其中的三羧酸循环过程已被公认是糖、脂肪和蛋白质在细胞内氧化供能的共同途径。

三羧酸循环不仅供给机体能量，而且也是糖、脂肪和蛋白质三大物质相互转化的枢纽。三羧酸循环中生成的各种中间产物，对其他化合物的生物合成有重要意义。在细胞生长发育期间，三羧酸循环可提供多种化合物如氨基酸、脂肪酸等的碳骨架。

三、磷酸戊糖途径

磷酸戊糖途径就是 6 个 C 的葡萄糖直接氧化为 5 个 C 的核糖，并且释放出一分子 CO_2 的途径，有时也称磷酸戊糖支路或旁路。这个途径是 1931 年瓦博（Otto Warburg）发现 6-磷酸葡萄糖脱氢酶后开始研究的。

（一）磷酸戊糖途径的反应过程

磷酸戊糖途径是在胞质溶胶中进行的，可以分为氧化和非氧化两个阶段。

1. 氧化阶段 在此阶段，从 6-磷酸葡萄糖开始，在 6-磷酸葡萄糖脱氢酶和 6-磷酸葡萄糖酸脱氢酶的催化下，经过 2 次脱氢氧化，生成磷酸戊糖、$NADPH+H^+$ 和 CO_2。具体过程如下：

（1）6-磷酸葡萄糖脱氢氧化。催化此反应的酶是 6-磷酸葡萄糖脱氢酶，辅酶是 $NADP^+$，产物是 6-磷酸葡萄糖内酯和 $NADPH+H^+$。

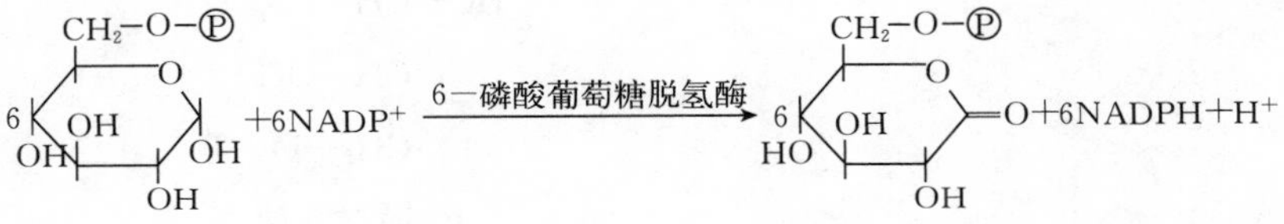

6-磷酸葡萄糖   6-磷酸葡萄糖内酯

（2）6-磷酸葡萄糖内酯水解。催化此反应的酶是内酯酶，产物是 6-磷酸葡萄糖酸。

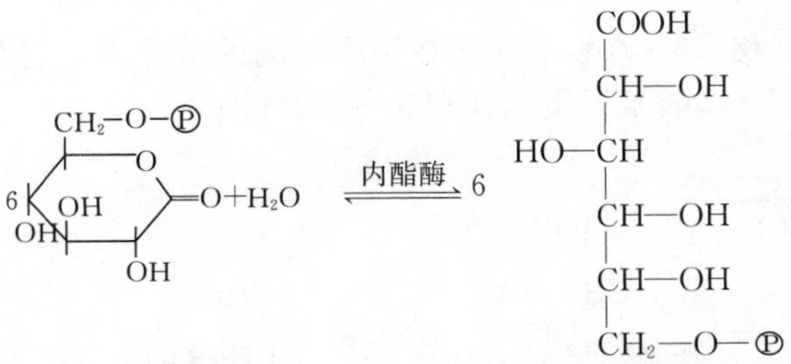

6-磷酸葡萄糖内酯   6-磷酸葡萄糖酸

（3）6-磷酸葡萄糖酸氧化脱羧。6-磷酸葡萄糖酸在 6-磷酸葡萄糖酸脱氢酶的催化下，脱氢脱羧生成 5-磷酸核酮糖、$NADPH+H^+$ 和 CO_2。

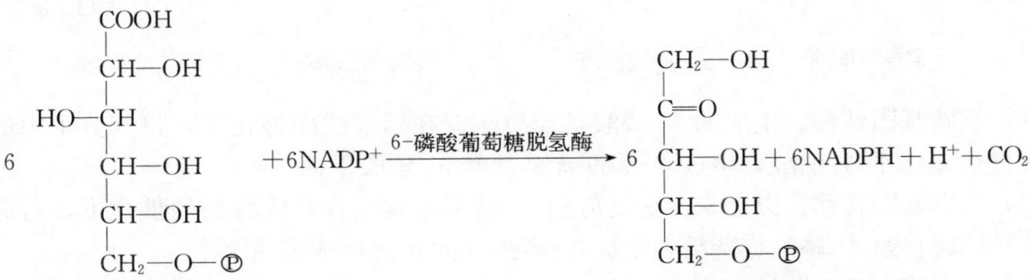

6-磷酸葡萄糖酸   5-磷酸核酮糖

（4）磷酸戊糖之间的异构化。5-磷酸核酮糖异构化生成两种异构体，即5-磷酸木酮糖和5-磷酸核糖。

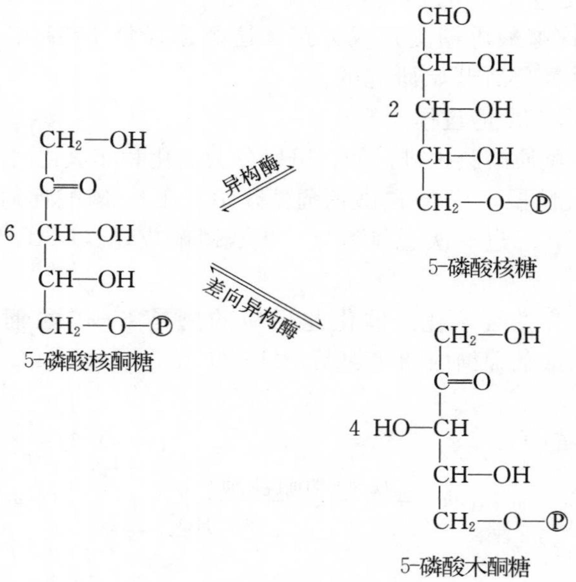

$$
\begin{array}{ccc}
& \text{异构酶} & \text{5-磷酸核糖} \\[2pt]
\text{5-磷酸核酮糖} & \quad\rightleftharpoons\quad & \\[2pt]
& \text{差向异构酶} & \text{5-磷酸木酮糖}
\end{array}
$$

2. 非氧化阶段 此阶段反应的实质是基团的转移。反应由五碳糖开始，先后经过二碳酮醇基、三碳醛醇基、二碳酮醇基转移（简称"二三二转移"）使磷酸戊糖重排。最后又重新生成6-磷酸果糖。

（1）二碳基团的转移。5-磷酸木酮糖在转酮醇酶的催化下，将分子中的二碳基团转移给5-磷酸核糖，生成7-磷酸景天庚酮糖和3-磷酸甘油醛。

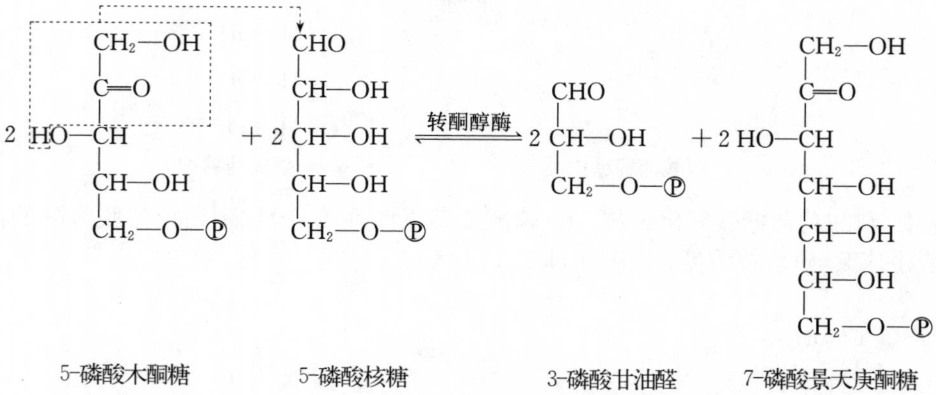

$$
2\ \text{5-磷酸木酮糖} + 2\ \text{5-磷酸核糖} \xrightarrow{\text{转酮醇酶}} 2\ \text{3-磷酸甘油醛} + 2\ \text{7-磷酸景天庚酮糖}
$$

（2）三碳基团转移。生成的7-磷酸景天庚酮糖在转醛醇酶催化下，将其分子中的三碳基团转移给3-磷酸甘油醛，生成4-磷酸赤藓糖和6-磷酸果糖。

（3）二碳基团转移。以上未参加反应的5-磷酸木酮糖在转酮醇酶的催化下，将分子中的二碳基团转移给4-磷酸赤藓糖，生成3-磷酸甘油醛和6-磷酸果糖。

（4）2个三碳糖的缩合。以上各反应过程除生成6-磷酸果糖以外，还有3-磷酸甘油醛。一分子的3-磷酸甘油醛可以转变为磷酸二羟丙酮，磷酸二羟丙酮与另一分子的3-磷酸

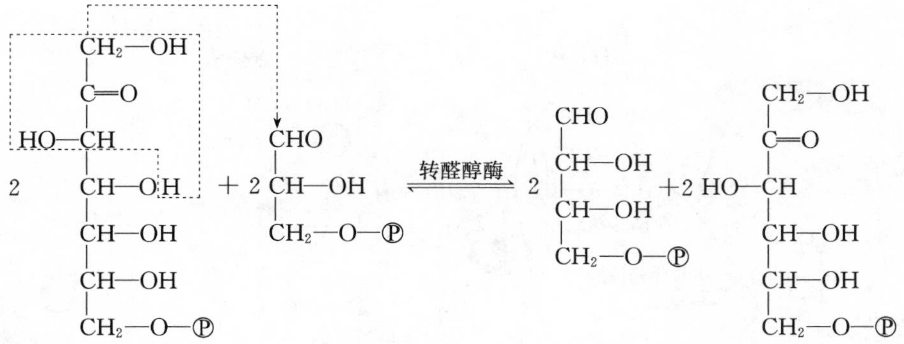

7-磷酸景天庚酮糖　　3-磷酸甘油醛　　（转醛醇酶）　　4-磷酸赤藓糖　　6-磷酸果糖

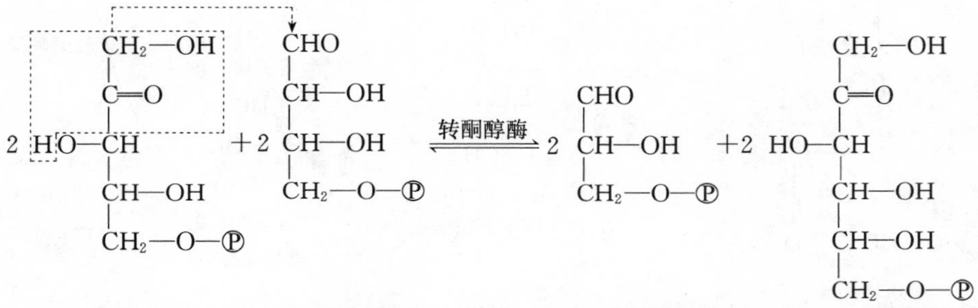

5-磷酸木酮糖　　4-磷酸赤藓糖　　（转酮醇酶）　　3-磷酸甘油醛　　6-磷酸果糖

甘油醛在醛缩酶作用下可以生成 1，6-二磷酸果糖，进而转变为 6-磷酸果糖。

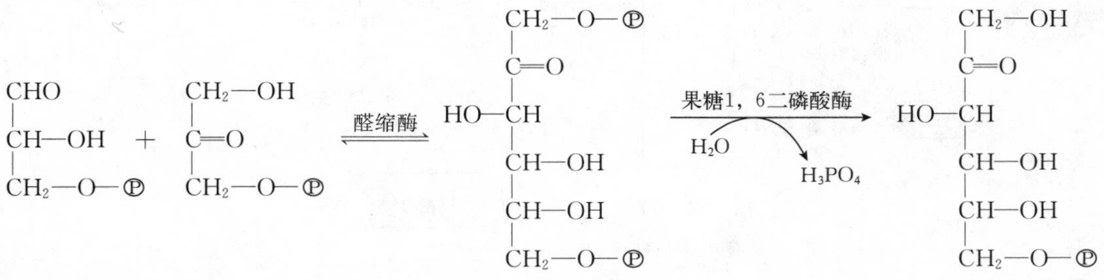

3-磷酸甘油醛　　磷酸二羟丙酮　　（醛缩酶）　　1，6-二磷酸果糖　　（果糖 1，6 二磷酸酶，H_2O，H_3PO_4）　　6-磷酸果糖

反应总过程见图 5-4。

（二）磷酸戊糖途径的调节

6-磷酸葡萄糖脱氢酶是磷酸戊糖途径的第一个酶，因而其活性决定 6-磷酸葡萄糖进入此途径的量。人们早就发现大量摄取碳水化合物，尤其在饥饿后重饲时，肝内此酶含量明显增加，以适应脂酸合成的需要。但是 NADPH 能强烈抑制 6-磷酸葡萄糖脱氢酶的活性，所以磷酸戊糖途径的调节主要是受 $NADPH / NADP^+$ 比值的影响。当 $NADPH / NADP^+$ 比值升高时磷酸戊糖途径被抑制，比值降低时被激活。因此，6-磷酸葡萄糖进入磷酸戊糖途径的量取决于对 NADPH 的需求。

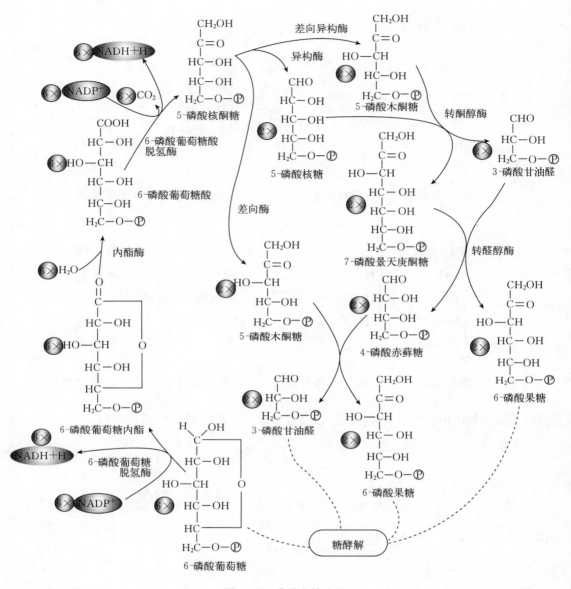

图 5-4　磷酸戊糖途径

（三）磷酸戊糖途径的生理意义

（1）磷酸戊糖途径中生成的 5-磷酸核糖是核酸合成所必需的，反之，核酸分解产生的戊糖也要经此途径进行代谢。

（2）反应中产生较多的 NADPH，它是许多化合物如脂肪酸、类固醇等生物合成时的供氢体。

（3）磷酸戊糖途径是糖分解代谢的保证，其中间产物 3-磷酸甘油醛可进入糖酵解和有氧分解途径，是三条途径的交叉点。如果某一途径因受某种因素的影响不能进行，则可通过其进入另一条分解途径，从而保证糖的分解继续进行。

单元 三 糖异生作用

单元解析

通过对糖异生概念和过程的学习，了解动物体内主要的可异生为糖的物质。特别应强调糖异生对反刍动物的重要性。

（一）糖异生作用的概念

由非糖物质生成葡萄糖的过程，称为糖异生作用。其发生部位主要在肝，占 90%，其次是肾，约占 10%，脑、骨骼肌或心肌中极少发生糖异生作用。许多非糖物质生成糖的过程中，一般要先转变为糖代谢的中间产物，然后进行葡萄糖的合成。

（二）糖异生作用的途径

以乳酸为例介绍糖异生的反应途径。糖酵解过程是将葡萄糖转变为乳酸，而糖异生作用是将乳酸转变为葡萄糖。然而乳酸进行糖异生反应的过程并非完全是糖酵解的逆反应，因为糖酵解过程虽然大部分反应都是可逆的，但仍有三个不可逆反应，糖异生作用必须绕过这三个不可逆反应。糖酵解中的这三个不可逆反应是：

葡萄糖＋ATP ——→6-磷酸葡萄糖＋ADP

6-磷酸果糖＋ATP ——→1，6-二磷酸果糖＋ADP

磷酸烯醇式丙酮酸＋ADP →丙酮酸＋ATP

1. 丙酮酸转化为磷酸烯醇式丙酮酸（PEP）　首先，丙酮酸进入线粒体消耗一分子 ATP 被羧化为草酰乙酸；其次，草酰乙酸消耗高能键脱羧并磷酸化生成磷酸烯醇式丙酮酸。

催化第一个反应的酶是丙酮酸羧化酶，它存在于线粒体内，而糖异生作用的其他酶则存在于胞质溶胶中，所以胞质溶胶中的丙酮酸必须先进入线粒体，在消耗 ATP 的情况下，被羧化成草酰乙酸，生成的草酰乙酸不能直接通过线粒体膜，需要被苹果酸脱氢酶还原为苹果酸，苹果酸被载体运过线粒体膜进入胞质溶胶。苹果酸在胞质溶胶中经苹果酸脱氢酶催化再生成草酰乙酸进行上述第二个反应。总反应过程见图 5-5。

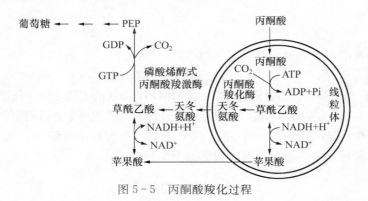

图 5-5　丙酮酸羧化过程

2. 1，6-二磷酸果糖水解成 6-磷酸果糖　催化此反应的酶是 1，6-二磷酸果糖酶。

$$1,6-二磷酸果糖 + H_2O \xrightarrow{\text{1,6-二磷酸果糖酶}} 6-磷酸葡萄糖 + Pi$$

3. 6-磷酸葡萄糖水解成葡萄糖 催化此反应的酶是6-磷酸葡萄糖酶。

$$H_2O + 6-磷酸葡萄糖 \xrightarrow{\text{6-磷酸葡萄糖酶}} 葡萄糖 + Pi$$

至此，我们把糖异生作用的途径及其与糖酵解作用的比较归纳为图5-6。

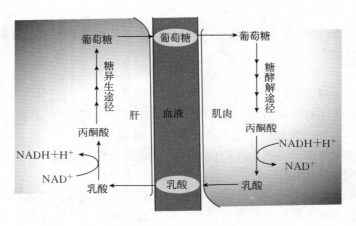

图5-6　糖酵解途径与糖异生作用

（三）糖异生作用的生理意义

1. 维持血糖恒定 在动物饥饿或糖类摄入不足时，都要靠糖异生作用提供葡萄糖维持血糖的正常浓度，以便各组织细胞从血液中摄入葡萄糖供其利用。而反刍动物等体内的糖主要靠糖异生作用提供。

2. 清除产生的大量乳酸 动物体剧烈运动后肌肉内会产生大量的乳酸。乳酸经血液循环运至肝，通过糖异生作用转变为糖，故糖异生作用可清除体内过多的乳酸，从而避免因乳酸过多引起的酸中毒。

单元 ④ 糖原及代谢

单元解析
DANYUANJIEXI

应特别强调糖原的生成利用对动物体的作用。

糖原又称为肝糖或糖元、动物淀粉，是由葡萄糖结合而成的支链多糖，其糖苷链为α型，是动物的贮备多糖。哺乳动物体内，糖原主要存在于骨骼肌（约占整个身体糖原的2/3）和肝（约占1/3）中，其他大部分组织中，如心肌、肾、脑等，也含有少量糖原。低等动物和某些微生物（如真菌、酵母）中，也含有糖原或糖原类似物。

一、糖原的合成

由葡萄糖（包括少量果糖和半乳糖）合成糖原的过程称为糖原合成，反应在细胞质中进行，需要消耗 ATP 和 UTP。合成反应包括以下几个步骤：

（1）葡萄糖＋ATP $\longrightarrow$ 6-磷酸葡萄糖＋ADP。

（2）6-磷酸葡萄糖 $\longrightarrow$ 1-磷酸葡萄糖。

（3）1-磷酸葡萄糖＋UTP $\longrightarrow$ UDP-G＋PPi。

（4）UDP-G＋糖原（G_n）$\longrightarrow$ 糖原（G_n+1）＋UDP。

糖原合成酶催化的糖原合成反应不能从头开始合成第一个糖分子，需要至少含 4 个葡萄糖残基的 α-1，4-多聚葡萄糖作为引物（primer），在其非还原性末端与 UDPG 反应，UDPG 上的葡萄糖基 C_1 与糖原分子非还原末端 C_4 形成 α-1，4-糖苷链，使糖原增加一个葡萄糖单位。UDPG 是活泼葡萄糖基的供体，其生成过程中消耗 UTP，故糖原合成是耗能过程，糖原合成酶只能促成 α-1，4-糖苷键，因此该酶催化反应生成 α-1，4-糖苷键相连构成的直链多糖分子（如淀粉）。机体内存在一种特殊蛋白质称为 glycogenin，可作为葡萄糖基的受体，从头开始合成糖原分子的第一个葡萄糖。催化此反应的酶是糖原起始合成酶，进而合成一条寡糖链作为引物，再继续由糖原合成酶催化合成糖原。同时糖原分支链的生成需分支酶催化，将 5～8 个葡萄糖残基寡糖直链转到另一糖原分子上以 α-1，6-糖苷键相连，生成分支糖链，在其非还原性末端可继续由糖原合成酶催化进行糖链的延长。多分支增加糖原水溶性有利于其贮存，同时在糖原分解时可从多个非还原性末端同时开始，以提高分解速度。

二、糖原的分解

当动物体饥饿缺糖时，肝糖原可迅速分解并转化为血糖，为大脑组织等提供能量物质。糖原分解为葡萄糖大致分以下三步：糖原加磷酸分解为 1-磷酸葡萄糖；1-磷酸葡萄糖转变为 6-磷酸葡萄糖；6-磷酸葡萄糖水解为葡萄糖。

1. 糖原磷酸化酶作用 糖原磷酸化酶作用于糖原产生 1-磷酸葡萄糖，由于磷酸化酶只能分解 α-1，4-糖苷键，当糖链分解至距分支点约 4 个葡萄糖残基时，由于位阻作用，磷酸化酶不能再发挥作用。

2. 磷酸葡萄糖异构酶作用

$$1\text{-磷酸葡萄糖} \longrightarrow 6\text{-磷酸葡萄糖}$$

3. 葡聚糖转移酶作用 将磷酸化酶分解剩余的 4 个葡萄糖残基的 3 个转移到邻近糖链的末端，仍以 α-1，4-糖苷键连接。

4. α-1，6-糖苷酶作用 对剩下的 1 个以 α-1，6-糖苷键与糖链形成分支的葡萄糖残基，被 α-1，6-糖苷酶水解成游离葡萄糖。

葡聚糖转移酶和 α-1，6-糖苷酶是同一种酶的两种活性，合称脱支酶。

5. 糖原分解的调控 糖原合成酶和磷酸化酶分别是糖原合成与分解代谢中的限速酶，它们均受到变构与共价修饰两重调节。6-磷酸葡萄糖可激活糖原合成酶，刺激糖原合成，同时，抑制糖原磷酸化酶阻止糖原分解，ATP 和葡萄糖也是糖原磷酸化酶抑制剂，高浓度 AMP 可激活无活性的糖原磷酸化酶 b 使之产生活性，加速糖原分解。Ca^{2+} 可激活磷酸化酶激酶进而激活磷酸化酶，促进糖原分解。

体内肾上腺素和胰高血糖素可通过 cAMP 连锁酶促反应逐级放大，构成一个调节糖原合成与分解的控制系统。当机体受到某些因素影响，如血糖浓度下降和剧烈活动时，促进肾上腺素和胰高血糖素分泌增加，这两种激素与肝或肌肉等组织细胞膜受体结合，由 G 蛋白介导活化腺苷酸环化酶，使 cAMP 生成增加，cAMP 又使 cAMP 依赖蛋白激酶（cAMP dependent protein kinase）活化。活化的蛋白激酶一方面使有活性的糖原合成酶 a 磷酸化为无活性的糖原合成酶 b；另一方面使无活性的磷酸化酶激酶磷酸化为有活性的磷酸化酶激酶，活化的磷酸化酶激酶进一步使无活性的糖原磷酸化酶 b 磷酸化转变为有活性的糖原磷酸化酶 a。最终结果是抑制糖原生成，促进糖原分解，使肝糖原分解为葡萄糖释放入血，使血糖浓度升高，肌糖原分解用于肌肉收缩。

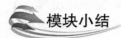

模块小结

糖是动物体的主要能源物质，不同动物体对外源性糖的利用和消化机制有所不同。血糖的稳定对维持动物体正常的生命活动非常重要。

糖的分解代谢主要有酵解、有氧分解、磷酸戊糖途径三条途径，它们通过交汇点互有联系。有氧分解是糖的主要分解途径，而三羧酸循环是营养物质在体内相互转化的枢纽。

动物体内糖的合成是经过糖异生作用实现的，这种作用对反刍动物尤为重要。

拓展提高

一、青贮饲料的生化机理

（一）青贮饲料及其特点

青贮饲料是用新鲜的天然植物性饲料为原料，以青贮的方式调制成的饲料。

青贮的方式，是将各种青绿饲料原料切碎，贮存在特定的设施中，充分压实密封，在隔绝空气的情况下进行微生物自然发酵。在贮存设施密封完好的情况下，可以实现较长期的保存。这种加工和保存饲料的方法称为青贮。

（二）青贮饲料的发酵机理

青贮能将青绿饲料原料的营养成分保存下来，是因为原料在贮存过程中进行了由微生物引起的发酵，这一过程完成得好，才能得到优质饲料产品。为此，有必要了解青贮饲料发酵的基本原理。青贮发酵由 3 个时期组成，即厌氧形成期、厌氧发酵期和稳定期。

1. **厌氧形成期**　新制作的青贮饲料虽然已压实封严，但植物细胞的呼吸作用仍在进行，植株被切碎造成组织损伤释放出的液体可使呼吸作用增强，在植物细胞中呼吸酶的作用下将组织中糖分进行氧化，并产生一定的热量，此时温度升高，随着呼吸作用的进行，青贮窖中不多的一些空气逐渐被消耗形成厌氧条件，这就是厌氧形成期，也可称为呼吸期。正常情况下 2～3 d 完成，呼吸作用产生的热量使青贮窖内温度上升，糖分的氧化提供一定的能量，给微生物的繁衍提供了能量和温度条件。随着氧气被消耗，氧化作用逐渐减弱，窖内温度逐渐下降，此时如果封窖不严密或原料填压不实，会残存过多氧气，延长植物细胞的呼吸作用，同时积累热量，致使温度过高，不仅养分损失加大，还抑制乳酸菌等有益微生物的活动，降低青贮饲料的口味和质量。因此，尽可能排除原料间隙的空气，严密封盖，防止空气渗入，是尽早形成窖内厌氧条件的关键。

2. **厌氧发酵期**　青贮发酵的第二个时期是厌氧发酵期，在自然状态下，青饲料表面的微生物以好氧的细菌、酵母菌和霉菌为主。青饲料入窖后，由于窖内尚有空气存在，这些微生物十分活跃，随着青贮窖内厌氧环境的形成，好氧菌逐渐停止活动，厌氧菌则继续繁殖；其中乳酸菌是厌氧微生物，当原料中有足够的糖分存在时，能迅速增殖，进行乳酸发酵，产生乳酸。据测定青贮料入窖 4 d 后，每克牧草中乳酸菌数量达到 10^9 个，即 10 亿个。乳酸菌发酵使 pH 迅速下降，在青贮后 10～12 d，pH 下降到 4，饲料变酸。这种酸度条件抑制了其他微生物的发育，使青贮饲料的营养少受损失。同时，由于微生物活动逐渐减弱，pH 保持相对稳定。乳酸菌分许多类型，不同类型其发酵途径有所不同，但其终产物都生成乳酸，此外还有乙酸、乙醇和二氧化碳等。在厌氧条件下可能产生的另一类发酵是丁酸发酵，主要微生物是梭菌，来自土壤和粪便，青饲料受泥土污染往往将梭菌带入青贮窖中，在密封缺氧的环境下，梭菌依靠初期的温度和养分条件得以迅速增殖，如果任其发展，梭菌发酵的代谢产物为丁酸、乙酸和氨，发出难闻刺鼻的气味，同时使温度和 pH 升高，降低青贮料的品质。因此，在厌氧条件下，梭菌是乳酸菌发酵的主要竞争对手。由于梭菌最适宜生长的环境是 pH 7.0～7.4、37 ℃ 以上和潮湿条件。为防止梭菌发酵，首先，要创造适合乳酸菌发酵的条件，最关键的是青贮原料中的含糖量应在 2% 以上，一定数量的可溶性糖即水溶性碳水化合物将促进乳酸菌迅速增殖；其次，应尽快使入窖的青贮料 pH 下降，因为梭菌不能耐受酸的环境；最后，提高青贮原料的干物质水平，要求含水量在 70% 以下，以抑制喜欢潮湿条件的梭菌的生长。

3. **稳定期**　青贮发酵的第三个时期是稳定期。经过厌氧发酵期，青贮料为 pH 4 左右，在这种酸性和厌氧条件下，乳酸菌自身和其他厌氧微生物都停止活动，生物化学变化相对稳定，青贮饲料在窖中可以长期保存。

（三）青贮饲料原料

1. **原料的选择**　适宜制作青贮的原料应具有以下条件：①含有一定糖分，即水溶性碳水化合物，要求新鲜饲料中含糖量在 2% 以上；②较低的缓冲能力，即容易调制成酸性或碱性；③青饲料的干物质含量在 20% 以上，即原料的含水量要低于 80%；④具有理想的物理结构，即容易切碎和压实。

以上这些条件是相互联系的，例如，某种原料的糖分含量达到要求，但若原料的水分含量太高，调制的青贮料酸度就过高，水溶性养分损失多，青贮料质量不高。为此，在原料不具备某些条件时，可采取措施创造适宜条件。例如，原料含水量太高，则在田间晾晒蒸发一部分水分或添加一定量的干饲料；又如，向日葵的茎中含有髓质，不容易压紧，就要切细切短，以有利于压紧压实。

2. **原料的种类**　适于调制青贮饲料的原料很多，大致可分为 3 类：①专门种植的，如玉米、高粱、大麦、青燕麦、小麦、黑麦、苏丹草和杂交高粱以及饲用甘蓝、向日葵等；②农作物副产品和食品加工业废弃物，如收获后的玉米秸秆、甘薯和马铃薯的藤蔓、菠萝皮渣、甘蔗梢和笋壳等；③野生植物，如青茅草、芦苇等。

青割玉米是最常用的青贮饲料原料，其特点是含糖分较高，特别适合乳酸菌的发酵。玉米的干物质含量和单位面积产量较高，缓冲力较低，此外，通常禾本科牧草随着生长和接近成熟，产量增加，有机物消化率下降，而玉米的产量和消化率能同时提高到最大并稳定一段时间。英格兰和威尔士农业技术推广站经过大量试验，提出青贮饲料原料的临界含糖量应占鲜重的 3%，含糖分较高是玉米等禾本科作物易于青贮的主要原因。玉米作为青贮饲料原料的主要缺点是粗蛋白质含量较低，通过现代育种技术及制作青贮时添加尿素等可以得到改善。

二、动物体的糖代谢障碍

（一）高血糖与糖尿病

1. 概念　空腹血糖水平高于正常范围称为高血糖。如果血糖值高于肾糖阈值，超过了肾小管对糖的最大重吸收能力，则尿中就会出现糖，此现象称为糖尿。

2. 发生原因及表现

（1）生理性高血糖。在生理情况下，由于糖的来源增加可引起生理性高血糖。例如一次性进食大量糖时，血糖浓度急剧升高，可引起饮食性高血糖。但这种血糖的升高是暂时的，随着糖的分解代谢与能量大量被利用或形成糖原贮存，血糖会很快降至正常水平。

（2）病理性高血糖。在病理情况下，如胰高血糖素分泌亢进或胰岛素分泌障碍均可导致高血糖，以至于出现糖尿。由胰岛素分泌障碍所引起的高血糖和糖尿，称为糖尿病。

患糖尿病时，可出现多方面的糖代谢紊乱：血糖不易进入组织细胞；糖原合成减少，肝糖原分解增强；组织细胞氧化利用葡萄糖的能力减弱；糖异生作用增强。总之血糖的来源增加而去路减少，出现持续性高血糖和糖尿。

（二）低血糖

1. 概念　空腹血糖水平低于正常范围称为低血糖。低血糖严重影响脑的正常功能。

2. 低血糖的常见原因

（1）饥饿或不能进食。此时外源性血糖的来源断绝，内源性的肝糖原已经枯竭，糖异生作用亦相应减弱，糖类供不应求，因而造成低血糖。

（2）胰岛素 β-细胞增生，胰岛素分泌过多，引起低血糖。

（3）严重肝疾患，肝功能低下，糖原的合成、分解及糖异生等糖代谢过程均受损，肝不能及时有效地调节血糖浓度，故易产生低血糖。

（4）内分泌机能异常（垂体机能或肾上腺机能低下），使对抗胰岛素的升糖激素分泌减少，也会引起低血糖。

 **思考与练习**

一、名词解释

1. 糖酵解　2. 糖的有氧氧化　3. 糖异生　4. 磷酸戊糖途径　5. 三羧酸循环

二、简答题

1. 何谓糖酵解？糖异生与糖酵解代谢途径有哪些差异？

2. 为何说 6-磷酸葡萄糖是各个糖代谢途径的交叉点？

3. 为什么说糖酵解是糖分解代谢的最普遍的一条途径？

4. 简述糖异生的生理意义。

5. 简述糖酵解的生理意义。

6. 简述三羧酸循环的要点。

7. 简述三羧酸循环的生理意义。

8. 简述磷酸戊糖途径的生理意义。

实训 一 无蛋白血滤液的制备

【目的】通过试验，掌握无蛋白血滤液的制备技术。

【原理】测定血液或其他体液的化学成分时，标品（或样本）内蛋白质的存在常常干扰测定，要避免蛋白质的干扰，常将其中的蛋白质沉淀除去，制成无蛋白血滤液，再进行分析。例如，测定血液中的非蛋白氮、尿酸、肌酸等时，需先把血液制成无蛋白血滤液后，再进行分析测定。

常用的无蛋白血滤液的制备方法有钨酸法、氢氧化锌法和三氯醋酸法等，可根据不同的需要加以选择。

1. **钨酸法** 钨酸钠与硫酸混合，生成钨酸和硫酸钠，反应如下：

$$Na_2WO_4 + H_2SO_4 \rightarrow H_2WO_4 + Na_2SO_4$$

血液中的蛋白质在 pH 小于等电点的溶液中可被钨酸沉淀，将沉淀液过滤或离心，上清液即为无色透明、pH 约等于 6 的无蛋白滤液，可供非蛋白氮、血糖、氨基酸、尿素、尿酸及氯化物等项测定使用。

2. **氢氧化锌法** 血液中的蛋白质在 pH 大于等电点的溶液中可用 Zn^{2+} 来沉淀。生成的氢氧化锌本身为胶体，可将血中葡萄糖以外的许多还原性物质吸附而沉淀，将沉淀过滤或离心，即得澄清无色的无蛋白血滤液。此法所得滤液最适合作血液葡萄糖的测定（因为葡萄糖多是利用它的还原性来定量的）。但测定尿酸和非蛋白氮时测定结果偏小，不宜使用此滤液。

3. **三氯醋酸法** 三氯醋酸为一种有机强酸，能使血液中蛋白质变性而形成不溶的蛋白质沉淀。将沉淀过滤或离心，其上清液即为无蛋白血滤液。此滤液呈酸性，常用来测定无机磷等项。

【器材与试剂】

1. **器材** 离心管及离心机，奥氏吸管，锥形瓶，吸管，滤纸，漏斗。

2. **试剂** 抗凝血，10%钨酸钠溶液，0.333 mol/L 硫酸溶液，10%硫酸锌溶液，0.5 mol/L 氢氧化钠溶液，10%三氯醋酸。

【方法与操作】

1. 钨酸法

（1）取 50 mL 锥形瓶 1 个，加入蒸馏水 7 mL。

（2）用奥氏吸管吸取抗凝血 1 mL，擦去管壁外血液，将吸管插入锥形瓶的底部，缓慢地放出血液。放完血液后，将吸管提高吸取上清液再吹入，反复洗涤 3 次。充分混合，使红细胞完全溶解。

（3）加入 0.333 mol/L 硫酸溶液 1 mL，随加随摇，充分混匀。此时血液由鲜红色变成棕色，静置 5~10 min，使其酸化完全。

（4）加入 10%钨酸钠溶液 1 mL，边加边摇，血液由透明变成凝块状。摇动到不再产生泡沫为止。

（5）放置数分钟后用定量滤纸过滤或离心除去沉淀，即得完全澄清的无蛋白血滤液，供测定用。

用此法制得的无蛋白血滤液为 10 倍稀释的血滤液。即每毫升血滤液相当于全血 0.1 mL，适用于葡萄糖、非蛋白氮、尿素氮、肌酸酐和氯化物等的测定。

2. 氢氧化锌法

（1）取干燥、洁净的 50 mL 锥形瓶 1 个，加入蒸馏水 7 mL。

（2）取抗凝血 1 mL 放入锥形瓶中（以下步骤同钨酸法）。

（3）再加入 10% 硫酸锌溶液 1 mL，混匀。

（4）缓慢地加入 0.5 mol/L 氢氧化钠溶液 1 mL，边加边摇，5 min 后用滤纸过滤或离心（2 500 r/min，10 min），除去沉淀，便得完全澄清的无蛋白血滤液。此液亦为 10 倍稀释的血滤液。

3. 三氯醋酸法　准确吸取 10% 三氯醋酸 9 mL 置于锥形瓶或大试管中，用奥氏吸管加入 1 mL 已充分混匀的抗凝血液。加时要不断摇动，使其均匀。静置 5 min，过滤或离心。除去沉淀，即得 10 倍稀释的透明清亮的无蛋白血滤液。

实训 二 福-吴法测定血糖含量

【目的】

1. 了解糖的还原性及测定血糖含量的原理。

2. 学会血糖含量测定的方法及操作过程。

【原理】 血液中的葡萄糖简称血糖，是多羟基的醛，具有还原性，与碱性铜试剂混合加热时，葡萄糖分子中的醛基被氧化成羧基，铜试剂中的 Cu^{2+} 被还原成砖红色（反应速率快时，生成的 Cu_2O 呈黄绿色；反应速率慢时，生成的 Cu_2O 颗粒较大且呈红色）的 Cu_2O 沉淀。Cu_2O 与磷钼酸反应生成钼蓝，溶液呈蓝色，蓝色的深浅与葡萄糖含量成正比，可用分光光度法在波长 620 nm 处测定吸光度，从而计算出血糖的含量。

【器材与试剂】

1. 器材　分光光度计，容量瓶，烧杯，刻度吸量管，血糖管。

2. 试剂

（1）0.04 mol/L 硫酸溶液：量取浓硫酸（比重 1.84）2.3 mL 加入到 50 mL 蒸馏水中，转移并用蒸馏水定容至 1 000 mL。

（2）10% 钨酸钠溶液：称取钨酸钠（$NaWO_4 \cdot 2H_2O$）10 g，用水溶解后定容至 100 mL。

（3）碱性铜试剂：称取无水碳酸钠 40 g、酒石酸 7.5 g、结晶硫酸铜 4.5 g 分别加热溶于 400 mL、300 mL、200 mL 蒸馏水中，然后先将冷却后的酒石酸溶液倒入碳酸钠溶液中混匀，转移到 1 000 mL 容量瓶中，再将硫酸铜溶液倒入并用水定容至刻度，贮存在棕色瓶中，备用。

（4）磷钼酸试剂：称取钼酸 35 g 和钨酸钠 10 g，加入到 400 mL 10% 氢氧化钠溶液中，再加蒸馏水 400 mL 混合后煮沸 20~40 min，以便除去钼酸中存在的氨（至无氨味），冷却后加入磷酸（80%）25 mL，混匀，转移到 1 000 mL 容量瓶中，用蒸馏水定容至刻度。

（5）0.25% 的苯甲酸溶液：取苯甲酸 2.5 g 加蒸馏水煮沸溶解，用蒸馏水定容至 1 000 mL。

（6）葡萄糖贮存标准液（10 mg/mL）：准确称取置于硫酸干燥器内过夜的无水葡萄糖

1.000 g，用 0.25％的苯甲酸溶液溶解，转移到 100 mL 容量瓶中，以 0.25％苯甲酸溶液定容至刻度，置冰箱可长期保存。

（7）葡萄糖应用标准液（0.1 mg/mL）：准确吸取葡萄糖贮存标准液 1.0 mL 置于 100 mL容量瓶中，用 0.25％苯甲酸溶液定容至刻度。

（8）1∶4 磷钼酸稀释液：量取磷钼酸试剂 1 mL、蒸馏水 4 mL 混匀即可。

【方法与操作】

（1）用钨酸法制备 1∶10 无蛋白血滤液。

（2）取 3 支血糖管按表实 5-1 操作：

表实 5-1

试剂及操作	空白管	标准管	测定管
无蛋白血滤液（mL）	—	—	1.0
水（mL）	2.0	1.0	1.0
葡萄糖应用标准液（mL）	—	1.0	—
碱性铜试剂（mL）	2.0	2.0	2.0
葡萄糖含量（mg）	0	0.1	待测
加完各液混匀后沸水浴 8 min			
磷钼酸试剂（mL）	2.0	2.0	2.0
1∶4 磷钼酸溶液定容	25 mL	25 mL	25 mL

用胶塞塞紧管口，颠倒混匀，用空白管调零，在 620 nm 波长处测定吸光度。

【结果与讨论】

1. 结果计算

$$葡萄糖（mg/100 mL）=（测定管吸光度/标准管吸光度）×0.1×（100/0.1）$$
$$=（测定管吸光度/标准管吸光度）×100$$

2. 注意事项

（1）血糖测定时，由于血液中其他还原物质（占 10％～20％）作用，测得的血糖含量可能比实际含量偏高。

（2）血糖的测定应在采血后立即进行，以免血糖被分解。若做成无蛋白血滤液可在冰箱中保存。

（3）一定等水沸后，再放入试管进行沸水浴，试管可用橡皮筋扎成束直立水中，使受热均匀，加热时间一定要准确，否则影响结果准确性。加入磷钼酸前切不可摇动试管，以免被还原的氧化亚铜被空气中的氧所氧化，使测量结果偏低。

（4）采血时间应选择在饲喂前，这样测定的结果更具有实际意义。

思 政 园 地

糖酵解过程先耗能再产能

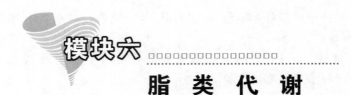

模块六

脂 类 代 谢

知识目标
ZHISHIMUBIAO

　　了解脂类的分布及主要生理功能、血浆脂类组成及含量。掌握脂肪酸氧化过程。掌握酮体的概念及酮体代谢的生理意义和实践意义。了解脂肪合成过程，结合软脂酸合成途径，了解磷脂、胆固醇合成的原料和部位。

技能目标
JINENGMUBIAO

　　1. 掌握动物酮体的测定原理和方法。
　　2. 掌握动物血脂的测定原理和方法。

　　脂类是脂肪和类脂的总称，它是由脂肪酸与醇作用生成的酯及其衍生物，统称为脂质或脂类，是动物体和植物体的重要组成成分。脂类是广泛存在于自然界的一大类物质，它们的化学组成、结构、理化性质以及生理功能存在着很大的差异，但它们都有一个共同的特性，即可用非极性有机溶剂从细胞和组织中提取出来。其中脂肪又称真脂，或称中性脂肪；类脂是指与脂肪性质类似的一些物质，包括磷脂和固醇类，和脂肪一样不溶于水。

　　根据脂类在动物体内的分布，又可将其分为贮存脂和组织脂。贮存脂主要是中性脂肪，以动物皮下结缔组织、大网膜、肠系膜、肾周围等处贮存最多，称为脂库。贮存脂的含量随机体营养状况变动。组织脂的主要成分是类脂，分布于动物体内所有的细胞中，是构成细胞膜系统的成分，其含量一般不受营养条件的影响，因此相当稳定。

脂类概述

单元 ◇ 脂代谢概述

单元解析
DANYUANJIEXI

　　掌握脂类的分布及主要生理功能、血浆脂类组成及含量等相关知识；可以利用动画等多媒体手段了解脂类的贮存、动员和运输的过程，理解血浆脂蛋白的分类方法和生理功能。通过实验掌握血清总脂的测定方法。

一、脂类的生理功能

　　1. 供能和贮能　　生物体以脂质作为贮能物质可极大地提高能量贮存效率，每克脂肪完全氧化可释放 38 kJ 能量，为等质量碳水化合物和蛋白质的 2 倍多，而占用的体积仅为糖的1/4。脂质疏水，贮存脂质不必像贮存糖类那样夹带结合水。糖类虽溶于水，易于分解利用，能快速提供代谢所需能量，但不适于作为能量贮存的载体。因此脂类是动物体最丰富的能量来源，同时也是体内能量的贮存库。当摄入的糖和脂类等能源物质超过机体需要时，就转变为脂肪贮存于皮下或体内脏器之间；而当摄入的能源物质不能满足生理活动需要时，则动用贮存的脂肪供能。故动物体内贮存脂的含量常随营养供应情况而发生变动。冬眠动物在冬眠前必须积累大量脂肪作为越冬的能量贮备。海洋浮游生物主要以蜡作为能量的贮备形式。

2. 构成体内组织和细胞的重要成分　皮下脂肪、腹腔内和内脏周围的脂肪均为贮能脂肪。脂类中的类脂成分（如磷脂和胆固醇）是多种组织和细胞的构成成分，有时也称为结构脂肪，它们在体内含量一般是相对固定的。这些类脂成分与蛋白质结合成脂蛋白，参与构成细胞膜、核膜、线粒体膜和内质网膜等，与细胞的正常代谢和生理活动密切相关。此外，胆固醇在体内可以转化生成胆汁酸盐、维生素 D_3、肾上腺皮质激素以及性激素等多种具有重要生理功能的类固醇化合物。

3. 提供必需脂肪酸　动物体内有几种不能自行合成，必须由饲料供给的脂肪酸，称为必需脂肪酸，主要有亚油酸、亚麻酸和花生四烯酸。必需脂肪酸不仅参与磷脂和胆固醇的代谢，还衍生成前列腺素、血栓素和白三烯等生物活性物质，参与细胞的代谢调节活动，并与炎症、过敏反应、免疫、心血管疾病等病理过程有关。反刍动物瘤胃中的微生物能合成必需脂肪酸，不必由饲料专门供给。

4. 促进脂溶性维生素的吸收　脂溶性维生素 A(β-胡萝卜素)、维生素 D、维生素 E 和维生素 K 只有溶解在脂肪中才能被机体吸收利用，故脂肪充当了这四种脂溶性维生素的溶剂和载体，参与其吸收与利用过程。研究表明，饲料中脂肪供应不足或动物机体脂类吸收障碍时，会影响机体对脂溶性维生素的吸收，导致脂溶性维生素缺乏症。

5. 保护作用　脂肪导热性能低，可以防止体温散失过快，起到御寒保温作用。脂肪是动物内脏器官的支持和保护层，它像软垫一样缓解机械冲击、减少脏器之间的摩擦和震荡，起到保护内脏器官的作用。内脏周围的脂肪组织还对内脏起固定作用，如肾周围的脂肪太少，就容易发生肾下垂。此外，脂肪对肌肉、关节等也具有一定的保护作用。

6. 增加饱腹感　一方面，脂肪富含能量，可作为一种浓缩食物；另一方面，脂类在胃中停留时间或从胃到小肠的排空时间较长，因此可增加饱腹感，使动物不易饥饿。

二、脂类的贮存、动员和运输

(一) 脂类的贮存和动员

机体所有组织都能贮存脂肪，但主要的贮存场所是脂肪组织，因此称脂肪组织为脂库。不同动物由于食物来源、环境条件、生活习性等不同，贮存脂肪的性质也不同。

在病理或饥饿条件下，贮存在脂肪细胞中的脂肪，被脂肪酶逐步水解为游离脂肪酸及甘油并释放入血液以供其他组织氧化利用，该过程称为脂肪动员。在脂肪动员中，脂肪细胞内激素敏感性脂肪酶起决定作用，它是脂肪分解的限速酶。脂肪动员的产物是乙酰辅酶 A，在肝中乙酰辅酶 A 与乙酰辅酶 A 两两缩合生成乙酰乙酰辅酶 A，再转化成乙酰乙酸，乙酰乙酸可以还原成 β-羟丁酸或者脱羧形成丙酮。

(二) 脂类的运输

肠道吸收的外源性脂类、机体合成的内源性脂类和脂肪动员时产生的脂肪酸需通过血液循环运输到相应组织中利用、贮存或转变。脂类不溶于水，不能直接在血液中运输。脂肪酸与清蛋白结合为可溶性复合体进行运输，其他脂类以脂蛋白的形式运输。

1. 血脂 血浆所含脂类统称血脂，主要包括甘油三酯、磷脂、胆固醇及其他酯、游离脂肪酸等。血脂的来源包括外源性（食物的消化吸收）以及内源性（机体组织合成后释放入血液），其含量受动物品种、饲养状况、年龄等因素的影响，波动较大。但正常情况下不会超过一定范围。血脂测定可作为高脂血症和心脑血管疾病的辅助诊断指标。

2. 血浆脂蛋白 由于脂类不溶于水，不能以游离的形式运输，因此要与血浆中的蛋白质结合才能被运输。除游离脂肪酸和血浆清蛋白结合成复合物运输外，其他的脂类都以脂蛋白的形式运输。

（1）血浆脂蛋白的结构。血浆脂蛋白是由载脂蛋白与脂质结合形成的类似球状的颗粒，核心由疏水的脂肪和胆固醇酯构成，外层则由兼有极性和非极性基团的载脂蛋白、磷脂和胆固醇包裹。外层分子的非极性基团朝向疏水的内核，极性基团朝外，使脂蛋白成为可溶性颗粒。血浆脂蛋白中的蛋白质统称为载脂蛋白。

（2）血浆脂蛋白的分类。血浆脂蛋白的种类很多，由于其所含脂类的种类、数量以及载脂蛋白的相对分子质量不同，不同的血浆脂蛋白表现出密度、电荷、体积的不同。

各种血浆脂蛋白都同时含有胆固醇、脂肪、磷脂和载脂蛋白，但种类和含量不同，颗粒大小也不同。如乳糜微粒直径为 $80 \sim 500$ nm，脂质和载脂蛋白的含量分别是 98%、2%，脂质中脂肪占 80% 以上，载脂蛋白中载脂蛋白 A_1 占 7%；高密度脂蛋白直径仅为 $6.9 \sim 9.5$ nm，脂质和载脂蛋白大约各占 50%，脂质中脂肪占 4%～10%，载脂蛋白中载脂蛋白 A_1 高达 65% 或以上。由于各种血浆脂蛋白所含脂质和载脂蛋白的比例以及种类的不同，它们的密度和表面电荷数量各异，因此可用密度分离法和电泳分离法进行分离并分类。

① 电泳分类法。由于各类血浆脂蛋白中的载脂蛋白不同，因而表面电荷不同，故在电场中迁移速度不一，利用醋酸纤维素薄膜电泳法、纸电泳法、琼脂糖凝胶电泳法和聚丙烯酰胺凝胶电泳法，可将血浆脂蛋白分为四种，即乳糜蛋白（CM）、β-脂蛋白、前 β-脂蛋白和 α-脂蛋白（图 6 - 1）。

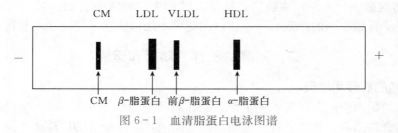

图 6 - 1　血清脂蛋白电泳图谱

② 密度分类法。由于各种血浆脂蛋白中脂类所占比例不同，以致密度不同，利用密度梯度超速离心技术，可将血浆脂蛋白依其密度由小到大分为乳糜微粒（CM）、极低密度脂蛋白（VLDL）、低密度脂蛋白（LDL）和高密度脂蛋白（HDL）四类。四种血浆脂蛋白中，CM 颗粒最大，脂质含量最高，密度最小（<0.96 g/mL）；HDL 颗粒最小，载脂蛋白含量最高，密度最大（$1.063 \sim 1.210$ g/mL）。

（3）血浆脂蛋白的主要生理功能：血浆脂蛋白不仅是脂类的运输形式，而且在血浆中能进行代谢。血浆脂蛋白的代谢与心脑血管疾病关系密切。不同血浆脂蛋白的代谢和功能各异，脂蛋白的代谢反映了脂类在体内运转的概况。CM 将吸收的外源性脂类从小肠黏膜细胞运往其他组织；VLDL 和 LDL 将肝合成的内源性脂类运至肝外组织；肝合成的 HDL（小肠黏膜细胞也可合成少量）将各组织中衰老及死亡细胞膜上的游离胆固醇运回肝。各种载脂蛋白在血浆脂蛋白代谢中有稳定脂蛋白结构、激活脂蛋白代谢的关键酶、识别脂蛋白受体等重要作用。

① 乳糜微粒（CM）。乳糜微粒 90% 是甘油三酯，其余为磷脂、蛋白质和胆固醇，是由小肠黏膜上皮细胞将饲料中的脂类消化而合成的。其特点是含有大量的脂肪、磷脂、胆固醇，载脂蛋白含量甚少。由于 CM 中的脂肪来自饲料，故 CM 的主要功能是将外源性脂肪转运至心和肌肉等肝外组织而利用，同时将饲料中的外源性胆固醇转运至肝。

② 极低密度脂蛋白（VLDL）。VLDL 主要由肝细胞合成，主要成分是甘油三酯，但磷脂和胆固醇含量比乳糜微粒多。VLDL 中内源性甘油三酯约占 60%，颗粒比乳糜微粒小，密度比乳糜微粒略高。VLDL 的主要功能是运输肝中合成的内源性甘油三酯。肝是动物尤其是家禽合成脂肪的主要器官。无论是血液运输到肝细胞的脂肪酸，或是糖代谢转变而形成的脂肪酸，在肝细胞中均可合成甘油三酯。因此，VLDL 是转运内源性脂肪的主要形式。

VLDL 在运输时，脂肪不断在脂蛋白脂肪酶的作用下水解，产物脂肪酸等被组织利用，最后颗粒中的脂类主要为胆固醇。而 VLDL 的密度不断增加，转变为低密度脂蛋白。VLDL 合成障碍使脂肪堆积在肝中，形成脂肪肝。磷脂是血浆脂蛋白的重要成分，磷脂的合成需要必需脂肪酸和胆碱，因此营养不合理会影响磷脂以致 VLDL 的合成。

③ 低密度脂蛋白（LDL）。LDL 在血浆中由 VLDL 转变而来，所含胆固醇总量（包括游离胆固醇和胆固醇酯）可达 50%，其功能是把胆固醇运输到全身各处细胞，但主要是运输到肝合成胆酸。各种组织包括肝本身都能摄取和代谢 LDL，这些组织的细胞膜表面有 LDL 受体，能够识别并结合 LDL，结合后通过内吞进入细胞并与溶酶体融合。在溶酶体中，胆固醇酯水解为游离胆固醇和脂肪酸被细胞利用或贮存。胆固醇在这些组织中可抑制羟甲基戊二酸单酰辅酶 A 还原酶以调节细胞内胆固醇的合成，也可加入细胞的膜系统促进其更新或转化为类固醇激素等生理活性物质。

参与 LDL 代谢的关键酶、载脂蛋白或 LDL 受体缺陷可导致 LDL 代谢障碍，使血浆 LDL 和胆固醇含量升高，已经证明 LDL 受体缺陷是造成家族性高胆固醇血症的重要原因。LDL 受体缺陷是常染色体显性遗传，纯合子细胞膜 LDL 受体完全缺乏，杂合子数目减少一半，纯合子 20 岁前就会发生典型的冠心病症状。

④ 高密度脂蛋白（HDL）。HDL 由肝细胞和小肠细胞合成后释放到血液中，也可来自乳糜微粒（CM）和极低密度脂蛋白（VLDL）的分解产物，其颗粒最小但密度最高，主要含蛋白质（蛋白质含量约为 45%），其次为胆固醇和磷脂，约占 25%。HDL 的主要功能是将肝外组织中衰老及死亡细胞膜上的游离胆固醇通过血液循环运回肝。新生 HDL 在血浆中与 CM、VLDL 交换载脂蛋白后转变为成熟的有功能的 HDL，它能够结合并酯化全身各组织中衰老及死亡细胞膜上的游离胆固醇，将其转移至自身颗粒内部。HDL 上有特殊的载脂蛋白能被肝细胞膜上相应的受体识别结合，故回收了肝外组织和血浆中多余胆固醇的 HDL 最终被肝摄取，转变为胆汁酸盐等排泄。因 HDL 能减少血浆胆固醇含量，血浆 HDL 水平较高的人不易患高脂血症，能从周围组织转运胆固醇到肝进行降解排泄。

血浆脂蛋白的组成及性质见表 6-1。

表6-1 血浆脂蛋白的分类、性质、组成及主要功能

分类		乳糜微粒（CM）	极低密度脂蛋白（VLDL）	低密度脂蛋白（LDL）	高密度脂蛋白（HDL）
	密度分类法	乳糜微粒	前β-脂蛋白	β-脂蛋白	α-脂蛋白
	电泳分类法				
性质	密度（g/mL）	<0.95	0.95～1.006	1.006～1.063	1.063～1.210
	颗粒直径（nm）	80～500	25～80	20～25	7.5～10
组成	蛋白质（%）	0.5～2	5～10	20～25	50
	甘油三酯（%）	80～95	50～70	10	5
	磷脂（%）	5～7	12	20	25
	胆固醇（%）	1～4	15	45～50	20
合成部位		小肠黏膜细胞	肝细胞	血浆	肝、肠、血浆
功能		转运外源性甘油三酯及胆固醇	转运内源性甘油三酯及胆固醇	转运内源性胆固醇	逆向转运胆固醇

单元 二 脂肪的分解代谢

单元解析 DANYUANJIEXI

　　掌握脂肪的水解和甘油的代谢途径、脂肪酸氧化过程、酮体的概念、酮体代谢，结合后续动物营养与饲料等课程中脂肪的营养和能量饲料等内容，理解脂肪水解、甘油代谢、脂肪酸氧化和酮体代谢的生理意义及实践意义，为后续课程的学习奠定知识基础。通过动画等多媒体手段了解脂肪酸和酮体代谢的过程，通过实验掌握酮体的生成和利用。

一、脂肪的水解

　　脂肪在脂肪酶的催化作用下生成脂肪酸和甘油。脂肪首先在三酰甘油脂肪酶作用下水解为二脂酰甘油，后者在二酰甘油脂肪酶作用下水解成一脂酰甘油，再在单酰甘油脂肪酶作用下水解生成甘油和脂肪酸，然后释放入血液。血浆中的清蛋白具有结合游离脂肪酸的能力，每分子清蛋白可结合10分子游离脂肪酸。游离脂肪酸不溶于水，与清蛋白结合后由血液运送至全身各组织，主要由心、肝、骨骼肌等摄取利用。甘油溶于水，直接由血液运送至肝、肾、肠等组织。脂肪的水解过程如图6-2所示：

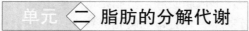

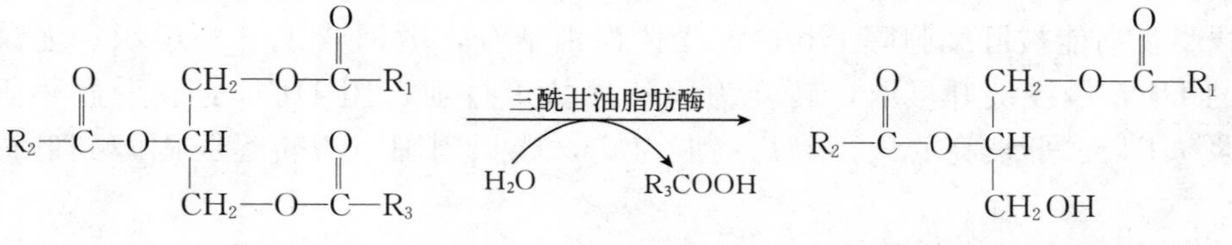

脂肪　　　　　　　　　　　　　　　　　　　　　　　　　　二脂酰甘油

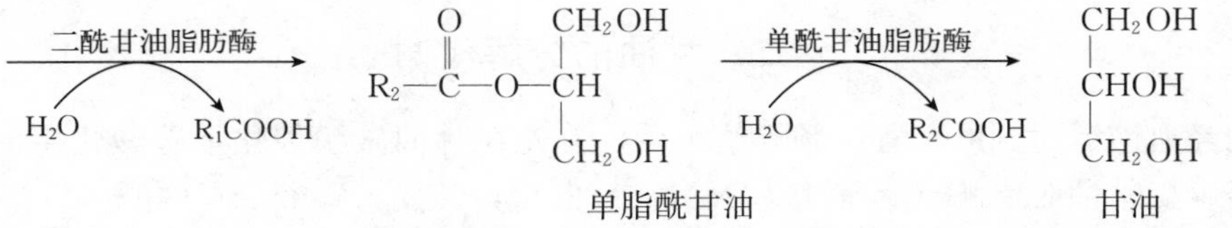

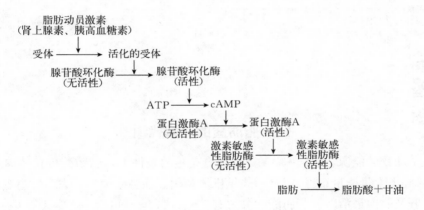

二酰甘油脂肪酶
H_2O
R_1COOH
CH_2OH
R_2—C—O—CH
CH_2OH
单酰甘油脂肪酶
H_2O
R_2COOH
CH_2OH
CHOH
CH_2OH
单脂酰甘油
甘油

图 6-2　脂肪的水解

总反应式如下：

CH_2—O—C—R_1
R_2—C—O—CH
CH_2—O—C—R_3
$+3H_2O$
脂肪酶
CH_2—OH
HO—CH
CH_2—OH
+3R—C—OH
脂肪
甘油
脂肪酸

动物消化道中有脂肪酶，可水解食物中的脂肪。脂肪组织中的脂肪酶催化贮脂水解，产生的甘油和脂肪酸被释放到血液中以供其他组织利用，这个过程称为脂肪的动员。

脂肪动员中甘油三酯脂肪酶（简称脂肪酶）是关键酶，因其活性受激素调节，又称为激素敏感性脂肪酶（HSL）。在某些生理或病理条件下（饥饿、兴奋、应激、糖尿病），肾上腺素和胰高血糖素分泌增加，它们与脂肪细胞膜上的受体结合，通过依赖 cAMP 的蛋白激酶途径使激素敏感性脂肪酶磷酸化而被激活，促进脂肪水解（图 6-3）。

脂肪动员激素
（肾上腺素、胰高血糖素）
受体
活化的受体
腺苷酸环化酶
（无活性）
腺苷酸环化酶
（活性）
ATP
cAMP
蛋白激酶A
（无活性）
蛋白激酶A
（活性）
激素敏感
性脂肪酶
（无活性）
激素敏感
性脂肪酶
（活性）
脂肪
脂肪酸+甘油

图 6-3　激素对脂肪动员的调节

肾上腺素、胰高血糖素、肾上腺皮质激素等可加速脂解作用，称为脂解激素；胰岛素、前列腺素 E_1 作用相反，具有抗脂解作用，称为抗脂解激素。正常情况下，通过两类激素的综合作用调控脂解速度，使之达到动态平衡。饥饿时，血糖含量降低使胰高血糖素分泌增加，脂解加速，动员贮脂分解供能。糖尿病患者体重减轻的情况较为普遍，原因之一就是病人体内胰岛素水平下降使抗脂解作用减弱，脂解加快，导致贮脂减少。

脂肪动员产生的甘油是水溶性的，可直接在血液中运输；脂肪酸穿过脂肪细胞膜和毛细血管内皮细胞进入血液后，需与血浆中的清蛋白结合，形成可溶性脂肪酸-清蛋白复合体在血液中运输。脂肪酸-清蛋白复合体随血液到达其他组织后，脂溶性的脂肪酸能通过扩散进入细胞内，扩散速度随其在血液中浓度的升高而加快。

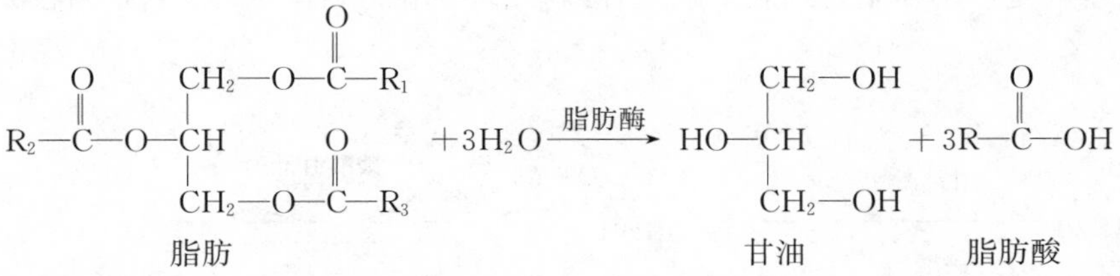

二、甘油的分解代谢

甘油经血液运送到肝、肾、肠等组织后，首先在甘油激酶催化下磷酸化生成 α-磷酸甘油，再经磷酸甘油脱氢酶（其辅酶为 NAD^+）催化，转变为磷酸二羟丙酮。

磷酸二羟丙酮是磷酸丙糖，既可沿糖异生途径转变为糖，也可经糖酵解变为丙酮酸而进入三羧酸循环彻底氧化供能，生成 CO_2 和 H_2O，代谢见图 6-4。

值得注意的是，动物脂肪细胞中缺乏甘油激酶，脂肪水解产生的甘油不能被脂肪细胞本身利用。

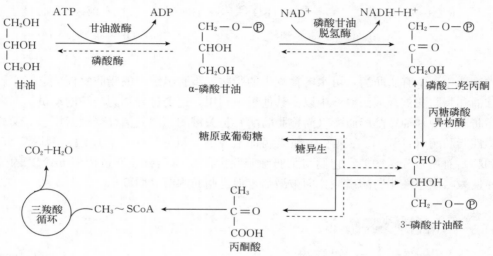

图 6-4 甘油的氧化
（实线为甘油的分解，虚线为甘油的合成）

甘油的代谢

三、脂肪酸的分解代谢

脂肪酸是动物的能源物质之一。在 O_2 供给充足的条件下，脂肪酸可在体内分解成 CO_2 及 H_2O 并释放出大量能量，以 ATP 形式供机体利用。除脑组织外，大多数组织均能氧化脂肪酸，但以肝及肌肉最活跃。脂肪酸的分解有 β-氧化、α-氧化、ω-氧化等几条不同途径，其中以 β-氧化最为重要和普遍。β-氧化的主要产物是乙酰 CoA、$NADH+H^+$ 和 $FADH_2$。乙酰 CoA 可进入三羧酸循环彻底氧化为 CO_2 和 H_2O；在动物肝中乙酰 CoA 可转化为酮体。

（一）脂肪酸的 β-氧化

进入线粒体基质内的脂酰 CoA 在脂肪酸 β-氧化酶系的催化下，逐步氧化分解。每次断裂两个碳生成一分子乙酰 CoA，氧化发生在脂酰 CoA 的 β-碳原子上，故称为 β-氧化。

脂肪酸的 β-氧化在线粒体中进行，脂肪酸经过活化、转运进入线粒体，然后经脱氢、加水、再脱氢、硫解等步骤，最后产生乙酰 CoA，进入三羧酸循环，被彻底分解。

1. 脂肪酸的活化 脂肪酸的活化——脂酰 CoA 的生成。长链脂肪酸氧化前必须进行活化，活化在线粒体外进行。内质网和线粒体外膜上的脂酰 CoA 合成酶在 ATP、CoASH、Mg^{2+} 存在条件下，催化脂肪酸活化，生成脂酰 CoA。

$$R\overset{O}{\underset{}{C}}OH + ATP + HS\text{—}CoA \underset{Mg^{2+}}{\rightleftharpoons} R\overset{O}{\underset{}{C}}SCoA + PPi + AMP$$

反应生成的焦磷酸（PPi）立即被焦磷酸酶水解，阻止反应逆向进行。整个反应消耗了1个分子 ATP 的两个高能键，生成的脂酰 CoA 带有高能硫酯键，且水溶性增加，提高了脂肪酸的代谢活性。

另外，细胞质中生成的长链脂酰 CoA 能抑制己糖激酶活性，因此饥饿等情况下脂解加快，进入细胞的脂肪酸增多，使长链脂酰 CoA 浓度升高，可抑制糖的分解以节约糖，这对于维持血糖恒定有重要意义。

2. 脂酰 CoA 进入线粒体　穿膜——脂酰 CoA 进入线粒体。脂肪酸的 β-氧化通常在线粒体基质中进行。中、短碳链脂肪酸（10 个碳原子以下）可直接穿过线粒体内膜；长链脂肪酸则需活化为脂酰 CoA 后依靠肉碱（即肉毒碱）的携带以脂酰肉碱的形式跨越内膜进入线粒体基质。

肉碱即 L-β-羟基-γ-三甲基氨基丁酸，是由赖氨酸衍生而来的一种兼性化合物，广泛分布于动植物体内。它在线粒体膜外侧与脂酰 CoA 结合生成脂酰肉碱，催化该反应的酶为肉碱脂酰转移酶Ⅰ。脂酰肉碱通过内膜上的肉碱载体蛋白进入线粒体基质，再在内膜上的肉碱脂酰转移酶Ⅱ催化下使脂酰肉碱的脂酰基与线粒体基质中的辅酶 A 结合，重新产生脂酰 CoA，释放肉碱。肉碱则经移位酶协助回到细胞质中进行下一轮转运（图 6-5）。

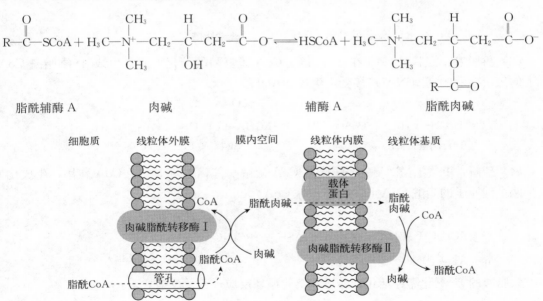

图 6-5　在肉碱参与下脂肪酸进入线粒体的过程

脂酰 CoA 从线粒体外到线粒体内的转运过程是脂肪酸 β-氧化的限速步骤，肉碱脂酰转移酶Ⅰ是限速酶，并且决定脂肪酸是进入脂质合成途径还是走向氧化分解。动物饱食后糖供应充足，脂肪酸合成的关键酶——乙酰 CoA 羧化酶活性增强，使丙二酸单酰 CoA 增加，它抑制肉碱脂酰转移酶Ⅰ的活性，脂肪酸的氧化分解减慢。糖分解代谢障碍时（如动物处于饥饿、高脂低糖膳食、糖尿病状态），乙酰 CoA 羧化酶活性减弱，丙二酸单酰 CoA 减少，肉碱脂酰转移酶Ⅰ的抑制解除，使脂肪酸的分解供能加快。

这种调节方式的意义有两个方面：一是在脂肪酸合成加快时抑制其分解，避免了因两个过程同时发生导致的耗能性无效循环；二是在糖供应充足时抑制脂肪酸分解，使细胞脂肪酸合成进而使脂肪合成加快，把糖转变为脂肪贮存能量。

3. 脂肪酸的β-氧化 脂酰 CoA 进入线粒体基质后，在线粒体基质中疏松结合的脂肪酸β-氧化多酶复合体的催化下，从脂酰基的β-碳原子开始，进行脱氢、加水、再脱氢及硫解四步连续反应，脂酰基断裂生成 1 分子比原来少 2 个碳原子的脂酰 CoA 及 1 分子乙酰 CoA。

（1）脱氢：脂酰 CoA 在脂酰 CoA 脱氢酶的催化下，在α-碳原子和β-碳原子上各脱去一个氢原子，生成α，β-烯脂酰 CoA。脱下的两个氢原子由该酶的辅基接受，生成 $FADH_2$。

$$RCH_2CH_2\overset{\overset{O}{\|}}{C}\sim SCoA + FAD \longrightarrow RCH_2CH=CH-\overset{\overset{O}{\|}}{C}\sim SCoA + FADH_2$$
脂酰 CoA　　　　　　　　　　　α，β-反烯脂酰 CoA

（2）加水：α，β-烯脂酰 CoA 在 α，β-烯脂酰 CoA 水合酶催化下，消耗 1 分子水，生成β-羟脂酰 CoA。

$$RCH_2\overset{\overset{H}{|}}{\underset{\underset{H}{|}}{C}}=\overset{\overset{O}{\|}}{C}-\overset{}{C}\sim SCoA + H_2O \longrightarrow RCH_2\overset{\overset{OH}{|}}{C}H-CH_2\overset{\overset{O}{\|}}{C}\sim SCoA$$
α，β-反烯脂酰 CoA　　　　　　　　　β-羟脂酰 CoA

（3）再脱氢：羟脂酰 CoA 在 β-羟脂酰 CoA 脱氢酶的催化下脱氢生成 β-酮脂酰 CoA。脱下的氢由该酶的辅酶 NAD^+ 接受，生成 NADH。

$$RCH_2\overset{\overset{OH}{|}}{C}H-CH_2\overset{\overset{O}{\|}}{C}\sim SCoA + NAD^+ \longrightarrow RCH_2\overset{\overset{O}{\|}}{C}-CH_2\overset{\overset{O}{\|}}{C}\sim SCoA + NDAH + H^+$$
β-羟脂酰 CoA　　　　　　　　　β-酮脂酰 CoA

（4）硫解：β-酮脂酰 CoA 经酮脂酰 CoA 硫解酶催化，与 1 分子 CoA 作用，生成比原来少两个碳原子的脂酰 CoA 和 1 分子乙酰 CoA。

$$RCH_2\overset{\overset{O}{\|}}{C}-CH_2\overset{\overset{O}{\|}}{C}\sim SCoA + CoASH \longrightarrow RCH_2\overset{\overset{O}{\|}}{C}\sim CoA + CH_3\overset{\overset{O}{\|}}{C}O\sim SCoA$$
β-酮脂酰 CoA　　　　　　　　　脂酰 CoA　　　　乙酰 CoA

软脂酸的β-氧化需经活化、转运和 7 轮循环反应，其总反应式为：

$$C_{15}H_{31}COOH + 8CoASH + ATP + 7FAD + 7NAD^+ + 7H_2O \longrightarrow$$
$$8CH_3CO\sim SCoA + AMP + PPi + 7FADH_2 + 7NADH + 7H^+$$

脂酰 CoA 经过脱氢、加水、再脱氢、硫解四步反应，生成比原来少 2 个碳原子的脂酰 CoA 和 1 分子乙酰 CoA 的过程，称为一次β-氧化过程。新生成的脂酰 CoA 可再重复进行脱氢、加水、再脱氢和硫解反应（图 6-6）。对偶数碳的饱和脂肪酸来说，最终将全部分解为乙酰 CoA。

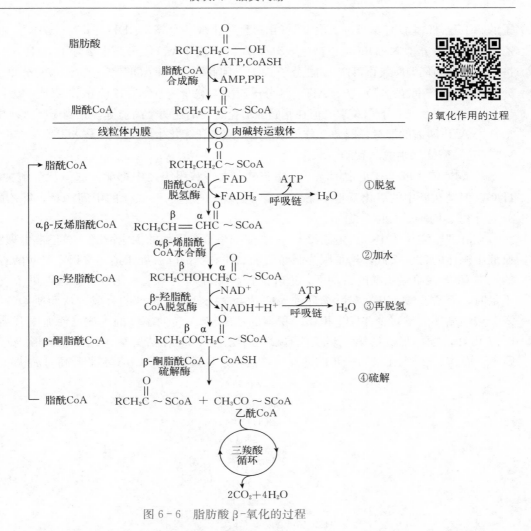

图 6-6 脂肪酸 β-氧化的过程

4. 乙酰 CoA 的去向 脂酰 CoA 经 β-氧化生成的乙酰 CoA 大部分进入三羧酸循环，彻底氧化分解生成 CO_2 和 H_2O，并释放出能量。乙酰 CoA 在一定条件下也可以参与酮体、长链脂肪酸、胆固醇的合成。

5. 能量释放 脂肪酸 β-氧化最终的产物为乙酰 CoA、$NADH+H^+$ 和 $FADH_2$。假如碳原子数为 n 的脂肪酸进行 β-氧化，则需要作 $\left(\dfrac{n}{2}-1\right)$ 次循环才能完全分解为 $\dfrac{n}{2}$ 个乙酰 CoA，产生 $\dfrac{n}{2}$ 个 $NADH+H^+$ 和 $\dfrac{n}{2}$ 个 $FADH_2$；生成的乙酰 CoA 通过三羧酸循环彻底氧化成 CO_2 和 H_2O 并释放能量，而 $NADH+H^+$ 和 $FADH_2$ 则通过呼吸链传递电子生成 ATP。至此可以生成的 ATP 数量为：

$$\left(\frac{n}{2}-1\right)\times(2+3)+\frac{n}{2}\times12-2$$

以软脂酸（16C）为例计算其完全氧化所生成的 ATP 分子数：

$$\left(\frac{16}{2}-1\right)\times(2+3)+\frac{16}{2}\times12-2=129(个)$$

以 1 分子棕榈酸（16C）为例，计算经过 β-氧化完全分解成 CO_2 和 H_2O 可产生多少分子的 ATP。棕榈酸需要经过 7 次 β-氧化过程，生成 7 分子 $FADH_2$、7 个 NADH 和 8 分子乙酰 CoA。1 分子 NADH 可以产生 3 分子 ATP，而 $FADH_2$ 可产生 2 分子 ATP，乙酰 CoA 进入三羧酸循环彻底氧化可产生 12 分子 ATP。因此 7 分子 $FADH_2$ 产生（2×7）分子 ATP，7 分子 NADH 产生（3×7）分子 ATP，8 分子乙酰 CoA 产生（8×12）分子 ATP。以上总共产生 14＋21＋96＝131 分子 ATP。但在脂肪酸活化时要消耗两个高能键，相当于呼吸链中产生 2 个分子 ATP 所需的能量，因此 1 分子棕榈酸彻底氧化净化生成 129 分子 ATP。

（二）酮体的生成与利用

1. 酮体的生成　在正常情况下，脂肪酸在大多数组织之中都能彻底氧化分解为 CO_2 和 H_2O，但是在肝中的氧化就很不完全，经常出现一些脂肪酸氧化的中间产物，即乙酰乙酸、β-羟丁酸、丙酮，统称为酮体。

在肝细胞线粒体中，决定乙酰 CoA 去向的是草酰乙酸的供应情况。在正常生理状态下，血液中酮体的含量很低，这是因为脂肪酸的氧化和糖的降解处于适当平衡，脂肪酸氧化产生的乙酰 CoA 在草酰乙酸的带动下，进入三羧酸循环而被彻底氧化分解。但在饥饿或糖供给不足时，草酰乙酸离开三羧酸循环进入糖异生途径参与葡萄糖的合成，从而使乙酰 CoA 进入三羧酸循环的量减少并发生积累。积累的乙酰 CoA 转向酮体的生成，使血酮升高。由图 6-7 可知，酮体形成的第一步反应是 2 分子乙酰 CoA 在硫解酶作用下缩合形成乙酰乙酰 CoA，而这是 β-氧化最后一步的逆反应，这种逆反应在乙酰 CoA 水平升高时加快。

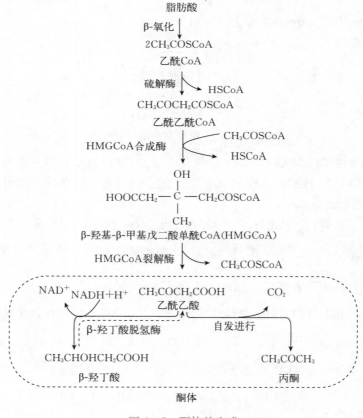

图 6-7　酮体的生成

酮体合成中首先生成乙酰乙酸，它在 β-羟丁酸脱氢酶催化下还原为 β-羟丁酸，所需的 H^+ 由 NADH 提供，还原速度取决于 NADH 与 NAD^+ 的比值。乙酰乙酸可自发脱羧生成丙酮。

2. 酮体的利用　由于肝内缺乏分解酮体所需要的硫解酶，酮体的分解须在肝外组织中进行，最终转变成乙酰 CoA 进入三羧酸循环途径氧化供能。

生成的酮体，随血液送到肝外组织进行氧化分解。其中的 β-羟丁酸由 β-羟丁酸脱氢酶（其辅酶为 NAD^+）催化，生成乙酰乙酸。乙酰乙酸再在 β-酮酰-辅酶 A 转移酶的作用下生成乙酰乙酰辅酶 A。乙酰乙酰辅酶 A 在硫解酶的作用下生成 2 分子乙酰辅酶 A，然后进入三羧酸循环，彻底氧化成 CO_2 和 H_2O，并放出能量（图 6-8）。

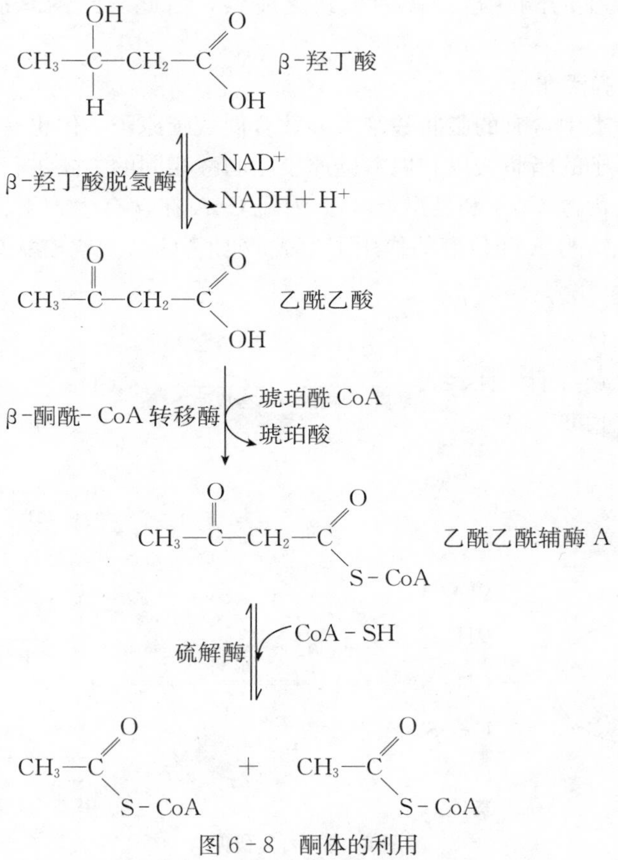

图 6-8　酮体的利用

3. 酮体生成的意义　酮体是脂肪酸在肝氧化分解时产生的正常中间产物，是肝输出能源的一种形式，当机体缺少葡萄糖时，需动员脂肪供能。肌肉组织利用脂肪酸的能力有限，脑组织不能氧化脂肪酸，在正常情况下，主要以葡萄糖为能源，但是在长期饥饿或糖尿病状态下，脑中约 75% 的能源来自酮体。酮体为可溶于水的小分子，容易通过血脑屏障和肌肉毛细血管壁，当饥饿或糖供应不足时，酮体可代替葡萄糖成为脑和肌肉组织的主要能源。

由此可见，与脂肪酸相比，酮体能更有效地代替葡萄糖。机体通过肝将脂肪酸集中转化成酮体，以利于其他组织利用。

4. 酮症 正常情况下，肝产生酮体的速度与肝外组织分解酮体的速度处于动态平衡，血酮含量很低，为 $0.03\sim0.5$ mmol/L（$0.3\sim5$ mg/dL）。但在某些情况下，如长期饥饿或废食、糖尿病、高产乳牛泌乳初期及绵羊妊娠后期，因酮体生成多于消耗而在体内积存，引起酮症。患酮症时血中酮体含量升高，并随乳、尿排出体外，出现酮血症、酮乳症、酮尿症，其中酮尿症最先出现。由于酮体的主要成分为酸性物质，酮体在体内积存可导致酮症酸中毒。未控制的糖尿病患者因糖代谢障碍和脂肪酸分解加快，酮体生成量升高数十倍，这时丙酮约占酮体总量的一半，血、尿中丙酮含量很高，呼出气体中可嗅到丙酮的气味。高产乳牛泌乳初期由于乳糖合成消耗大量葡萄糖使血糖下降，引发一系列代谢改变：胰岛素减少，胰高血糖素增加，脂解加强，脂肪酸 β-氧化加快，酮体生成增多。双胎绵羊妊娠后期发生的酮症也是体内糖缺乏所致，由此导致的酮症采用静脉输注葡萄糖可快速缓解。

（三）丙酰 CoA 的代谢

虽然动物体内脂类中含有的脂肪酸绝大多数含偶数碳原子，但也有一定量含奇数碳原子脂肪酸。含奇数碳原子的脂肪酸以和偶数碳原子脂肪酸相同的方式进行氧化，但在氧化降解的最后一轮，产物是丙酰 CoA 和乙酰 CoA。丙酰 CoA 在含有生物素辅基的丙酰 CoA 羧化酶、甲基丙二酸单酰辅酶 A 变位酶的作用下生成琥珀酰 CoA。琥珀酰 CoA 可进入三羧酸循环被氧化（图 6-9）。

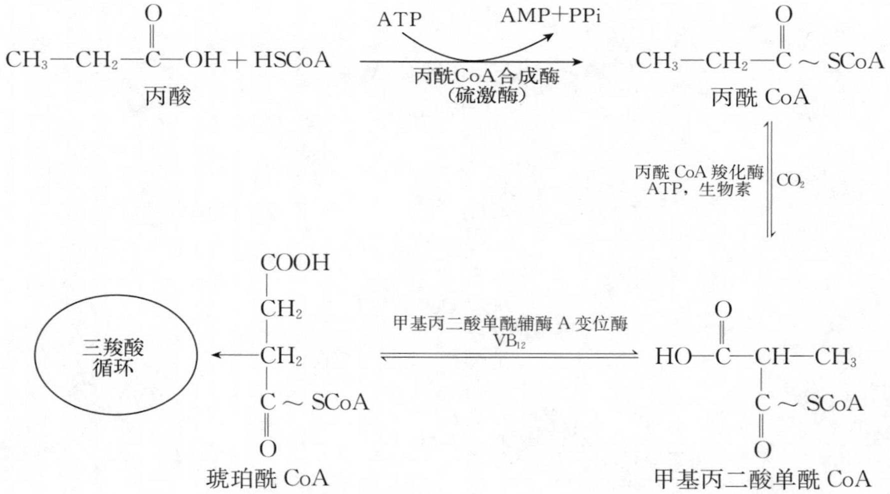

图 6-9 丙酸代谢

生物体内其他一些代谢途径也生成丙酰辅酶 A，如某些支链氨基酸（异亮氨酸、缬氨酸等）分解产生丙酰辅酶 A 或丙酸，反刍动物瘤胃微生物发酵产生大量丙酸被吸收进入体内，丙酸在硫激酶作用下转变为丙酰辅酶 A。

丙酰辅酶 A 转变成琥珀酰辅酶 A 的过程中，丙酰辅酶 A 的羧化以生物素为辅基，甲基丙二酸单酰 CoA 生成琥珀酰辅酶 A 需要维生素 B_{12} 作为辅基。生成的琥珀酰辅酶 A 通过三羧酸循环的一些反应生成草酰乙酸，然后沿糖异生途径生成葡萄糖。丙酸的糖异生对反刍动物非常重要，反刍动物体内的葡萄糖有一半以上来源于丙酸的异生。

单元 三 脂肪的合成代谢

**单元解析**

了解脂肪合成过程，结合软脂酸合成途径，了解磷脂及胆固醇合成的原料、部位，结合后续动物营养与饲料等课程中脂肪的营养和能量饲料等内容，理解脂肪合成代谢的意义，为后续课程的学习奠定知识基础。可以利用动画等多媒体手段了解脂肪合成的过程。

生物体主要以脂肪的形式贮存能量。人和动物脂肪合成最活跃的组织是肝、脂肪组织和哺乳期的乳腺。脂肪合成的原料（甘油和脂肪酸）主要由糖代谢提供。在人和动物体内，糖能够很方便地转化为脂肪，食物中的脂肪消化吸收后运至肝和脂肪组织也可用于合成脂肪。

一、α-磷酸甘油的合成

动物体内合成α-磷酸甘油有两个途径：第一是糖酵解的中间产物磷酸二羟丙酮，在胞质内的3-磷酸甘油脱氢酶催化下还原为3-磷酸甘油；第二是在甘油激酶的作用下，由甘油和ATP生成（图6-10）。

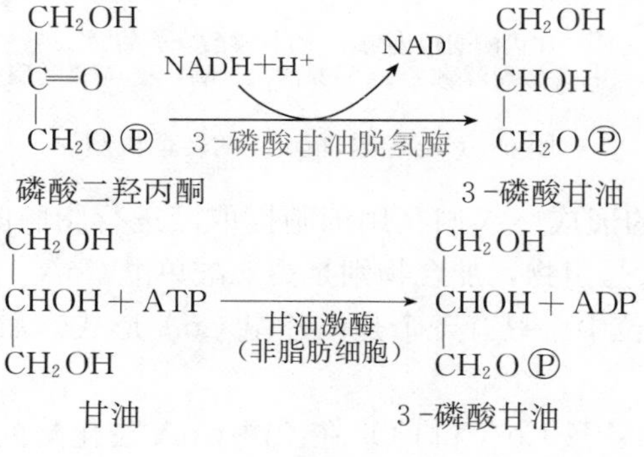

$$
\begin{array}{ccc}
CH_2OH & & CH_2OH \\
| & NADH+H^+ \quad NAD & | \\
C=O & \xrightarrow{} & CHOH \\
| & \text{3-磷酸甘油脱氢酶} & | \\
CH_2O\,\textcircled{P} & & CH_2O\,\textcircled{P} \\
\text{磷酸二羟丙酮} & & \text{3-磷酸甘油}
\end{array}
$$

$$
\begin{array}{ccc}
CH_2OH & & CH_2OH \\
| & & | \\
CHOH + ATP & \xrightarrow[\text{(非脂肪细胞)}]{\text{甘油激酶}} & CHOH + ADP \\
| & & | \\
CH_2OH & & CH_2O\,\textcircled{P} \\
\text{甘油} & & \text{3-磷酸甘油}
\end{array}
$$

图6-10 3-磷酸甘油的合成

二、饱和脂肪酸的合成

生物机体内脂类的合成是十分活跃的，特别是在高等动物的肝、脂肪组织和乳腺中占优势。脂肪酸合成的碳源主要来自糖酵解产生的乙酰CoA。脂肪酸合成步骤与氧化降解步骤完全不同。脂肪酸的生物合成是在胞质溶胶中进行的，需要CO_2和柠檬酸参加，而氧化降解是在线粒体中进行的。

饱和脂肪酸的合成过程分两个阶段。

（一）原料的准备

乙酰CoA羧化生成丙二酸单酰CoA（在胞质溶胶中进行），由乙酰CoA羧化酶催化，辅基为生物素，是一个不可逆反应。

1. 乙酰 CoA 的转运　脂肪酸合成所需碳源来自乙酰 CoA，反刍动物主要利用吸收来的乙酸和丁酸直接进入胞质溶胶使其转变为乙酰 CoA 和丁酰 CoA 用于脂肪酸的合成，但非反刍动物代谢产生的乙酰 CoA 不能直接穿过线粒体的内膜到胞质溶胶中去，所以必须借助柠檬酸穿梭途径（柠檬酸-丙酮酸循环）来达到进入胞质溶胶的目的。柠檬酸穿梭途径是指乙酰 CoA 与草酰乙酸结合形成柠檬酸，然后柠檬酸穿过线粒体膜进入胞质溶胶，再由膜外柠檬酸裂解酶裂解成草酰乙酸和乙酰 CoA。草酰乙酸又被 NADH 还原成苹果酸再经氧化脱羧产生 CO_2、NADPH 和丙酮酸。丙酮酸进入线粒体后，在羧化酶催化下形成草酰乙酸，又可参加乙酰 CoA 转运循环（图 6-11）。

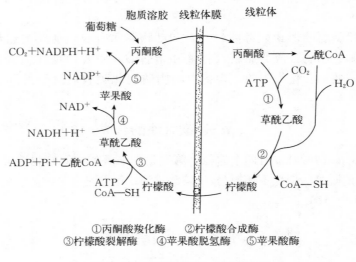

①丙酮酸羧化酶　②柠檬酸合成酶
③柠檬酸裂解酶　④苹果酸脱氢酶　⑤苹果酸酶

图 6-11　乙酰辅酶 A 的转运机制

2. 丙二酸单酰 CoA 的形成　人们在用细胞提取液进行脂肪酸从头合成的研究时发现，在合成过程中，乙酰 CoA 是引物，加合物则是丙二酸单酰 CoA。以合成 1 分子软脂酸为例，合成中所需的 8 个二碳单位中，只有 1 个是以乙酰 CoA 形式，而其他 7 个均以丙二酸单酰 CoA 形式参与合成反应。

丙二酸单酰 CoA 是由乙酰 CoA 和 CO_2 在乙酰 CoA 羧化酶的催化下形成的，该酶的辅基为生物素，反应中消耗 ATP，其反应为：

$$CH_3COSCoA + CO_2 \xrightarrow[\text{ATP、生物素、Mn}^{2+}]{\text{乙酰 CoA 羧化酶}} \begin{array}{l} COOH \\ | \\ CH_2 \\ | \\ COSCoA \end{array}$$

乙酰辅酶 A　　　　　　　　　　　　　　丙二酸单酰辅酶 A

3. 脂肪酸合成酶系　从乙酰 CoA 和丙二酸单酰 CoA 开始的脂肪酸合成反应由脂肪酸合成酶系催化。脂肪酸合成酶系包括 7 种酶和 1 个酰基载体蛋白（ACP），以没有酶活性的酰基载体蛋白为中心，周围有序排布着具有催化活性的酶。ACP 将底物转送到各个酶的活性位点上，使脂肪酸合有序进行。

4. 反应历程

（1）转酰基反应。乙酰 CoA 与 ACP 作用，在乙酰 CoA - ACP 酰基转移酶催化下生成乙酰 ACP，将乙酰 CoA 先转运至 ACP，再转运至 β-酮脂酰- ACP 合成酶的巯基上，生成乙酰-合酶，使 ACP 的巯基空出来。

$$CH_3C—SCoA \xrightarrow[\text{COA}]{\text{ACP-SH}} CH_3C—SACP \xrightarrow[\text{ACP-SH}]{\text{合酶-SH}} CH_3C—S—合酶$$

乙酰 CoA   乙酰 ACP   乙酰-合酶

（2）转酰基反应。丙二酸单酰 CoA 与 ACP 作用，在丙二酸单酰 CoA - ACP 酰基转移酶催化下生成丙二酸单酰 ACP。

$$HOOCCH_2C—SCoA + ACP—SH \longrightarrow HOOCCH_2C—SACP + CoA—SH$$

丙二酸单酰 CoA   丙二酸单酰 ACP

该反应也称为进位，即底物丙二酸单酰 CoA 进入脂肪酸合成酶系。

（3）缩合反应。此反应为乙酰基和丙二酸单酰基的缩合反应。在 β-酮脂酰- ACP 合成酶催化下生成乙酰乙酰 ACP。

$$CH_3COS·合酶 + CH_2 \overset{COOH}{\underset{COS—ACP}{}} \xrightleftharpoons{\text{β-酮脂酰- ACP 合成酶}} CH_3COCH_2COS·合酶 + CO_2 + 合酶—SH$$

乙酰基 ACP   丙二酸 ACP   乙酰乙酰 ACP

（4）还原反应。由 β-酮脂酰- ACP 还原酶催化，NADPH 作为还原剂，生成 β-羟丁酰 ACP。

$$CH_3COCH_2COSACP + NADPH + H^+ \xrightleftharpoons{\text{β-酮脂酰- ACP 还原酶}} CH_3CHOHCH_2COSACP + NADP^+$$

乙酰乙酰 ACP   β-羟丁酰 ACP

（5）脱水反应。β-羟丁酰 ACP 在 β-羟脂酰- ACP 脱水酶的作用下脱水生成 β-烯丁酰 ACP。

$$CH_3CHOHCH_2COSACP \xrightleftharpoons{\text{β-羟脂酰- ACP 脱水酶}} CH_3CH=CHCOSACP + H_2O$$

β-烯丁酰 ACP

（6）再还原反应。β-烯丁酰 ACP 在 β-烯脂酰- ACP 还原酶催化下再由 NADPH 还原为丁酰 ACP。

$$CH_3CH=CHCOSACP + NADPH + H^+ \xrightarrow{\text{β-烯脂酰- ACP 还原酶}} CH_3CH_2CH_2COSACP + NADP^+$$

丁酰 ACP

这样由乙酰 ACP 作为二碳受体，丙二酸单酰 ACP 作为二碳供体，经过缩合、还原、脱水、再还原几个反应步骤，即生成含 4 个碳原子的丁酰 ACP。如果丁酰 ACP 再与丙二酸单酰 ACP 反应，经过上述重复的反应步骤，即可得到己酰 ACP。如此不断地进行循环，最终得到软脂酰 ACP（图 6-12）。

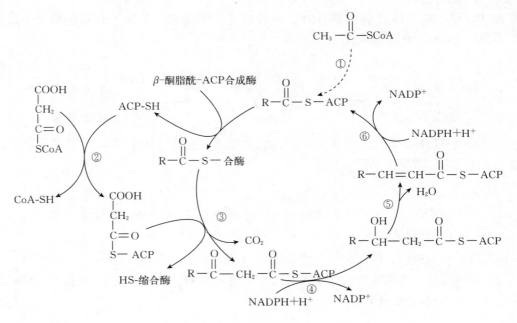

图 6-12　软脂酸的合成过程

①乙酰 CoA - ACP 酰基转移酶　②丙二酸单酰 CoA - ACP 酰基转移酶　③β-酮脂酰- ACP 合成酶（缩合酶）

④β-酮脂酰- ACP 还原酶　⑤β-羟脂酰- ACP 脱水酶　⑥β-烯脂酰- ACP 还原酶

（二）脂肪酸碳链的延长

脂肪酸的从头合成是在细胞质的可溶性部分进行的，碳链的延长只能到生成 16 个碳的软脂酸为止。若要继续延长碳链，则需另外的延长系统途径，即线粒体（或微粒体）系统合成途径。

以软脂酸为前体，在其他酶系催化下，通过碳链延长与脱饱和可合成更长碳链的脂肪酸以及各种不饱和脂肪酸（图 6-13）。在低温环境下，大多数生物可促进体内饱和脂肪酸转变为不饱和脂肪酸。不饱和脂肪酸的熔点较低，增加不饱和脂肪酸可增强细胞膜的流动性，这是生物对低温环境的一种适应。

1. 脂肪酸链的延长　不同生物脂肪酸链的延长系统在细胞内的分布及反应物均不相同。在动物体内，延长过程发生在线粒体和光面内质网中。滑面内质网中的延长途径与胞质溶胶中脂肪酸的从头合成途径基本相同，只是酰基载体为辅酶 A 而不是 ACP，延长的二碳单位来自丙二酸单酰 CoA。线粒体中的脂肪酸链延长过程是脂肪酸 β-氧化过程的逆反应，只是脱氢反应变为由还原酶催化的还原反应，第一次还原以 NADH 作还原剂，第二次还原以 NADPH 作还原剂。在植物体内，延长过程发生在叶绿体、前质体和内质网中。叶绿体、前质体只能将软脂酸延长为硬脂酸，延长过程与胞质

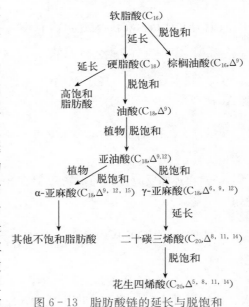

图 6-13　脂肪酸链的延长与脱饱和

溶胶中的从头合成途径完全相同，18碳以上的脂肪酸链的延长由内质网延长系统完成。

2. 脱饱和作用 脱饱和作用有需氧和厌氧两种途径，前者主要存在于真核生物中，后者存在于厌氧微生物中。

（1）需氧途径。一般情况下，去饱和作用首先发生在饱和脂肪酸的第九、第十位碳原子上，生成单不饱和脂肪酸，如油酸和棕榈油酸。然后动物（尤其是哺乳动物）从该双键向脂肪酸的羧基端继续脱饱和，形成多不饱和脂肪酸；植物则从该双键向脂肪酸的甲基端继续脱饱和，形成亚油酸（$18:2\triangle^{9,12}$）、α-亚麻酸（$18:3\triangle^{9,12,15}$）等多不饱和脂肪酸。由于人和动物缺乏在第九位碳原子以上位置引入双键的酶，不能合成亚油酸和亚麻酸，故必须从植物中获得。

单不饱和脂肪酸的合成需要 O_2、$NADPH+H^+$ 和电子传递体等参加，由去饱和酶催化长链饱和脂酰ACP脱去 C_9 和 C_{10} 上的氢原子，形成相应的不饱和脂肪酸。反应中一个 O_2 接受来自去饱和酶的两对电子而生成两分子水，其一对电子由饱和脂酰ACP提供，另一对由NADPH或NADH提供。硬脂酰辅酶A的脱饱和过程见图6-14。

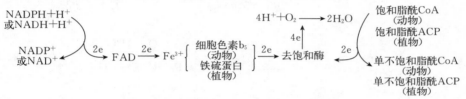

图 6-14 真核生物单不饱和脂肪酸的生成

动、植物体内单烯酸的合成途径类似，但脱饱和酶系略有不同。前者结合在内质网膜上，以脂酰辅酶A为底物；后者游离在胞液中，以脂酰ACP为底物。此外，两者的电子传递体系也略有差别，动物体内细胞色素 b_5 的功能在植物体内由铁硫蛋白行使。

（2）厌氧途径。细菌的不饱和脂肪酸都是单烯酸，目前尚未发现有二烯酸和多烯酸。细菌和许多原核生物中不饱和脂肪酸的合成通过厌氧途径进行，是先由脂肪酸合成酶系合成十碳的β-羟癸酰-ACP，再经脱水酶催化生成含一个双键的顺-β，γ-癸烯脂酰-ACP，再由丙二酸单酰-ACP在碳链的羧基端逐步延长碳链，生成不同长度的单烯脂肪酸。

三、脂肪的合成

甘油和脂肪酸以活化形式3-磷酸甘油和脂酰CoA合成脂肪。3-磷酸甘油可通过两种方式合成：一是在细胞质中，由糖酵解途径产生的磷酸二羟丙酮还原生成；二是在甘油激酶催化下，由脂肪水解产生的甘油磷酸化形成。因为后一种方式不存在于脂肪组织，脂肪水解产生的甘油在该组织内不能用于脂肪合成，这就保证了脂肪动员产生的脂肪酸和甘油可以运至其他组织分解产能或转化。否则，脂肪的水解产物就会在脂肪组织内部直接酯化为脂肪，使代谢过程成为白白消耗能量而毫无意义的空转。脂肪组织中甘油激酶的缺乏是一种非常巧妙的代谢调控机制，体内缺糖使脂肪动员加强时，因为糖酵解减慢造成了酯

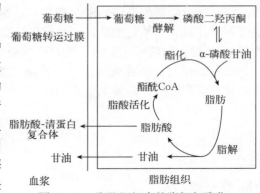

图 6-15 脂肪组织中的脂解与酯化

化底物α-磷酸甘油的短缺，所以生成的脂肪酸因难以进入酯化途径而释入血浆（图6-15）。

1. 脂肪的生物合成途径　动物、植物和微生物体内脂肪的生物合成途径相似。脂肪合成的主要途径是甘油二酯途径。在磷酸甘油脂酰转移酶催化下，2分子脂酰CoA与3-磷酸甘油结合生成磷脂酸，再由磷酸酶催化磷脂酸脱磷酸，生成甘油二酯，最后由甘油二酯酰基转移酶催化另一分子脂酰CoA的脂酰基转给甘油二酯合成脂肪。甘油二酯途径见图6-16。

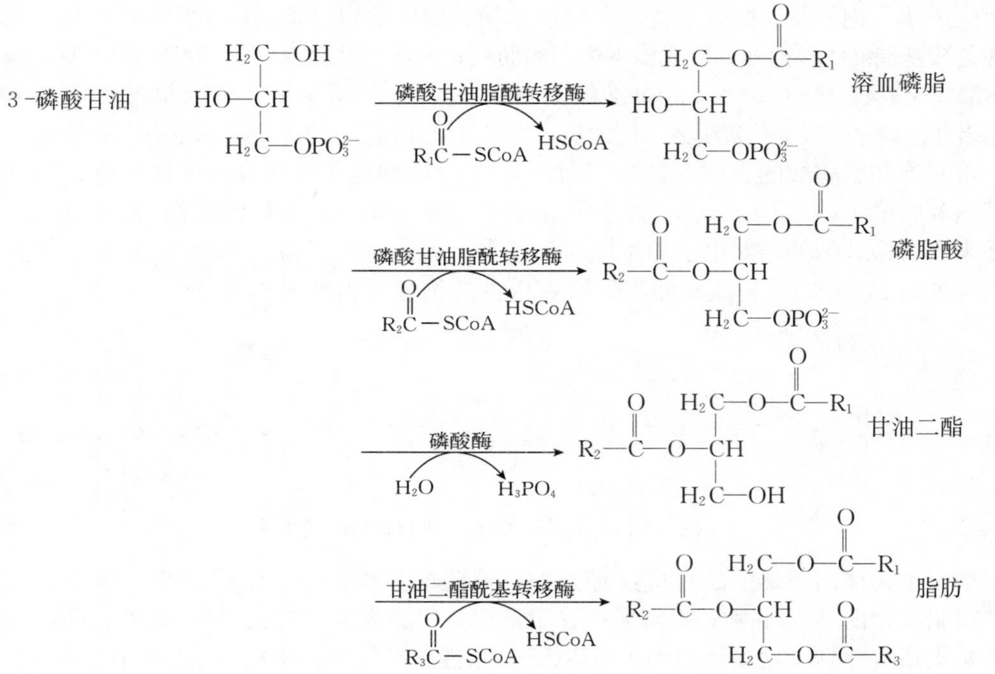

图6-16　脂肪的合成

　　动物小肠黏膜上皮细胞主要利用消化吸收的甘油一酯及脂肪酸合成脂肪，称为甘油一酯途径。在转酰基酶催化下，甘油一酯接受脂酰CoA的脂酰基生成甘油二酯，甘油二酯再接受一个脂酰基生成脂肪。

2. 激素对脂肪代谢的调节　胰岛素、胰高血糖素、肾上腺素是调节脂肪代谢的主要激素。激素敏感性脂肪酶的活性受激素调节，这是脂肪动员的关键。关于脂解激素、抗脂解激素对脂肪动员的调节如前已述。

　　胰岛素对脂肪酸合成的限速酶——乙酰CoA羧化酶的作用有两个方面：一是通过共价修饰调节使之脱磷酸化激活；二是诱导该酶的合成，从而促进脂肪酸合成。胰高血糖素能使乙酰CoA羧化酶磷酸化失活，抑制脂肪酸合成。因此，进食后胰岛素分泌增加可加强脂肪的合成与贮存；空腹时胰高血糖素分泌增加则抑制脂肪合成，加强脂肪动员、分解脂肪供能，肾上腺素、生长激素也有类似作用。

单元 四 类脂代谢

单元解析
DANYUANJIEXI

　　类脂包括磷脂、糖脂和固醇等，其代谢过程较复杂，本单元简略介绍其合成和分解。通过本单元的学习了解磷脂和固醇的代谢及其生理意义；可以利用动画等多媒体手段了解磷脂和固醇的代谢过程。

一、磷脂的代谢

含磷酸的脂类称磷脂。由甘油构成的磷脂统称甘油磷脂，由鞘氨醇构成的磷脂称鞘磷脂。体内含量最多的磷脂是甘油磷脂。因与磷酸相连的取代基团的不同，甘油磷脂分为磷脂酸胆碱（卵磷脂）、磷脂酸乙醇胺（脑磷脂）、磷脂酸丝氨酸等，每一类磷脂可因组成的不同而有若干种。这里我们主要讨论甘油磷脂的代谢。

1. 磷脂的合成代谢　和脂肪的合成不同，生物体内各组织细胞内质网均有合成磷脂的酶系，因此均能合成甘油磷脂，但以肝、肾及肠等组织最活跃。磷脂的合成除需主要由葡萄糖代谢转化而来的甘油、脂酸外，还需磷酸盐、胆碱、丝氨酸、肌醇等。胆碱可由食物供给，亦可由丝氨酸及甲硫氨酸在体内合成。乙醇胺由 S-腺苷甲硫氨酸获得 3 个甲基即可合成胆碱。合成除需 ATP 外，还需 CTP 参加。卵磷脂和脑磷脂的合成过程见图6-17。

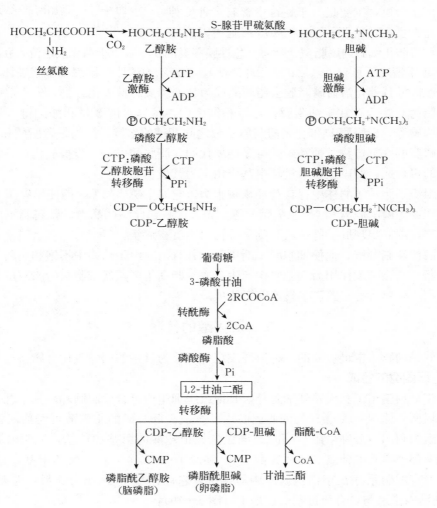

图 6-17　卵磷脂及脑磷脂的合成

2. 磷脂的分解代谢　与甘油三酯一样，甘油磷脂和鞘磷脂的降解也是先进行水解，然后水解产物再沿各自不同的途径进一步分解或转化。生物体内存在能使甘油磷脂水解的多种磷脂酶类，一般可分为磷脂酶 A、B、C、D 四类，分别作用于磷脂分子中不同的酯键（图 6-18）。磷脂酶 A_1 和 A_2 可切下磷脂的脂肪酸部分；磷脂酶 C 和 D 专一性水解磷酸酯键；磷脂酶 B 水解溶血磷脂，也称为溶血磷脂酶。溶血磷脂是磷脂的 1 位或 2 位脱去脂酰基后生成的化合物，具有强表面活性，能使红细胞膜或其他细胞膜破坏引起溶血或细胞坏死。

磷脂酶 A_1 广泛分布于动物细胞的溶酶体中（蛇毒及某些微生物中也有），专一性水解磷脂分子 1 位磷酸酯键，产物是溶血磷脂 2。磷脂酶 A_2 大量存在于蛇毒、蝎毒、蜂毒中，也常以酶原形式存在于动物的胰腺内，作用于 2 位磷酸酯键，产物是溶血磷脂 1，故被毒蛇或毒蜂咬伤后可引起溶血。不过被毒蛇咬伤致命并非由于溶血，主要是由于蛇毒中含有多种使神经麻痹的蛇毒蛋白。磷脂酶 A_2 在胰腺细胞中以酶原

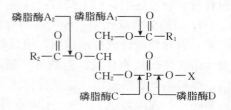

图 6-18　磷脂酶催化的反应

形式存在，可防止细胞内磷脂遭受降解。急性胰腺炎的发生是由于消化液返流入胰腺后磷脂酶 A_2 激活（正常情况下只有进入消化道后才激活），生成溶血磷脂使胰腺细胞膜破坏并使组织坏死所致。磷脂酶 B 催化溶血磷脂脱去脂肪酸成为甘油磷酸胆碱等化合物，失去溶解细胞膜的作用。磷脂酶 C 主要存在于细胞膜、蛇毒和细菌中，特异水解 3 位磷酸酯键，生成甘油二酯及磷酸胆碱等。磷脂酶 D 催化磷酸与氨基醇之间酯键的水解，产物是磷脂酸和胆碱。

甘油磷脂的水解产物甘油和磷酸可参加糖代谢，脂肪酸可进一步被氧化，各种氨基醇可参加磷脂的再合成，胆碱还可通过转甲基作用变为其他物质。

有些组织细胞的溶酶体中存在神经鞘磷脂酶，它属于磷脂酶 C，能使鞘磷脂 3 位磷酸酯键水解，产物为磷酸胆碱和 N-脂酰鞘氨醇。先天性缺乏此酶的病人，鞘磷脂不能降解而在细胞中积累，因此出现肝、脾肿大和痴呆等鞘磷脂沉积症状。

磷脂酶使磷脂分解，促使细胞膜不断更新，并且清除由于磷脂中不饱和脂肪酸氧化产生的毒性磷脂。磷脂酶起作用后细胞膜中产生溶血磷脂高集区，使细胞膜磷脂双层局部松弛和破损，有利于生物大分子跨膜翻转或穿过膜屏障。

二、胆固醇的代谢

胆固醇是动物体中最重要的一种以环戊烷多氢菲为母核的固醇类化合物。

（一）胆固醇的合成

除成年动物脑组织和成熟红细胞外，其他组织细胞均可合成胆固醇，其中肝是合成胆固醇的主要场所，体内 $70\%\sim80\%$ 的胆固醇由肝合成。肝合成的胆固醇可经血液循环运到大脑和其他组织利用。分别采用 C^{14} 和 C^{13} 同位素标记乙酸的甲基和羧基，证明内源胆固醇的所有碳原子都来自乙酰辅酶 A，胆固醇 27 个碳原子中 15 个来自乙酸的甲基，12 个来自羧基。胆固醇合成酶系存在于细胞质和内质网中，它以乙酰 CoA 作为原料，需要 NADPH、ATP 等辅助因子参与，合成过程简述如下（图 6-19）：

1. 甲羟戊酸（MVA）的生成　由 2 分子乙酰 CoA 合成乙酰乙酰 CoA，然后再与 1 分

子乙酰 CoA 缩合生成 β-羟基-β-甲基戊二酸单酰 CoA（HMGCoA），这两步反应与酮体合成完全相同。HMGCoA 在线粒体中裂解为酮体，而在内质网膜上则由 HMGCoA 还原酶催化还原为 MVA，反应需 NADPH＋H$^+$ 提供氢，HMGCoA 还原酶是胆固醇合成的限速酶。

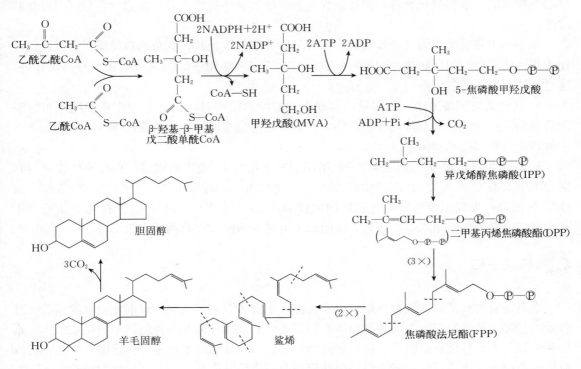

图 6-19 胆固醇的生物合成

2. 异戊烯醇焦磷酸（IPP）的生成 甲羟戊酸磷酸化（消耗 3 分子 ATP）再脱羧生成 IPP。IPP 不仅是合成胆固醇的前体，也是植物合成萜类及昆虫合成保幼激素、蜕皮素等的前体。

3. 鲨烯的生成 1 分子 IPP 异构为二甲基丙烯焦磷酸酯（DPP），DPP 先后与 2 分子 IPP 逐一头尾缩合，形成焦磷酸法尼酯（FPP）。2 分子 FPP 由鲨烯合成酶催化缩合为鲨烯，需 NADPH＋H$^+$ 供给氢。

上述第二、三阶段在细胞质中进行。

4. 胆固醇的生成 鲨烯经鲨烯加单氧酶作用环化为 2，3-环氧鲨烯，在动物体内2，3-环氧鲨烯进一步环化为 30 个碳原子的羊毛固醇，后者经过转甲基、双键移位、还原等反应合成胆固醇。环氧鲨烯在植物体内可转化为豆固醇，在真菌中可转化为麦角固醇。

（二）胆固醇的转变与排泄

胆固醇的羟基可酯化形成胆固醇酯，胆固醇的环戊烷多氢菲环在动物体内不能被降解，但其侧链可经氧化、还原、降解等反应转变为多种固醇类生理活性物质，如胆汁酸、肾上腺皮质激素、性激素及维生素 D$_3$ 等。

1. 转化为胆汁酸及其衍生物 在肝中转化为胆汁酸是胆固醇的主要代谢去路，内源性胆固醇约 40% 转化为胆汁酸。胆固醇先经羟化酶作用生成游离胆汁酸——胆酸和脱氧胆酸，二者再与甘氨酸、牛磺酸结合形成甘氨胆酸、牛磺胆酸等结合胆汁酸。胆汁贮存在胆囊中，胆汁中的胆汁酸以胆汁酸盐（胆盐）的形式存在，能使难溶于水的胆固醇分散成可溶性微团，防止胆囊中的胆汁浓缩时胆固醇沉淀析出形成胆结石。胆汁酸盐由胆道排入小肠，能促进脂类物质的溶解和消化吸收。慢性胆囊炎患者脂类消化吸收不良，高脂饮食后可引起脂肪腹泻。

在小肠中完成脂类的乳化作用后，大部分胆汁酸被重吸收，其余的被排泄。部分胆固醇作为胆汁的成分与胆汁酸盐一起进入肠道，经肠道细菌作用还原为粪固醇随粪便排出体外。这是机体胆固醇转变排泄的主要途径。

2. 转化为类固醇激素　胆固醇是合成类固醇激素的原料，在肾上腺皮质细胞中可转变为醛固酮、皮质醇和雄激素，在睾丸间质细胞中转变为睾酮，在卵巢的卵泡内膜细胞及黄体中可转变为雌二醇和黄体酮。

3. 转化为维生素 D　胆固醇在皮肤组织中先氧化为 7-脱氢胆固醇，再经紫外线照射转变为维生素 D_3。维生素 D_3 在肝微粒体中被羟化变为 25-羟基维生素 D_3，25-羟基维生素 D_3 在肾中进一步羟化转变为维生素 D 的活性形式 1，25-二羟维生素 D_3。酵母和植物油中有不能被人吸收的麦角固醇，在紫外线照射下可转变为能被吸收的维生素 D_2。

模块小结

脂类是脂肪和类脂的统称，难溶于水而易溶于有机溶剂。动物肠道消化吸收的脂类、肝合成的脂类、从脂肪组织中动员的脂肪酸都需要经血液循环运至各种组织中利用或贮存。难溶性的脂类不能直接在血液中运输，脂肪酸与清蛋白结合为可溶性复合体运输，其他脂类以血浆脂蛋白形式运输。血浆脂蛋白是由载脂蛋白与脂质结合形成的类似球状的颗粒。不同血浆脂蛋白所含脂质和载脂蛋白的比例以及种类不同，密度和表面电荷数量各异，因此可用密度分离法和电泳分离法进行分离并分类。小肠黏膜细胞合成的 CM 把外源性脂类运往全身各组织利用或贮存，肝细胞合成的 VLDL 转运内源性脂肪，在血浆中由 VLDL 转变而来的 LDL 转运内源性胆固醇，肝和小肠合成的 HDL 将肝外组织中衰老及死亡细胞膜上的游离胆固醇运回肝进行代谢转化和排泄。

脂肪在脂肪酶催化下分解为甘油和脂肪酸。动物体内脂肪的动员受激素的调节，HSL 是脂肪动员的关键酶。甘油可转化为磷酸二羟丙酮进入糖代谢。脂肪酸主要经 β-氧化途径降解，是脂肪分解供能的主要途径。长链脂酰 CoA 需经肉碱脂酰转移酶Ⅰ催化形成脂酰肉碱才能转至线粒体进行 β-氧化，该酶是整个 β-氧化途径的关键酶，脂肪酸合成途径中第一个产物丙二酸单酰 CoA 是其变构抑制剂。氧化主要在脂肪酸 β-碳原子上进行，每一轮经脱氢、加水、再脱氢、硫解 4 步反应生成减少一个二碳单位的脂酰辅酶 A 和乙酰辅酶 A，β-氧化最终使偶数碳原子脂肪酸降解成若干个乙酰 CoA。乙酰 CoA 经三羧酸循环和呼吸链彻底氧化生成大量 ATP。在油料种子萌发时，乙酰 CoA 也可通过乙醛酸循环转变为琥珀酸，再进一步转变为糖类物质；异柠檬酸裂解酶和苹果酸合成酶是乙醛酸循环的特征性酶。动物肝中乙酰 CoA 可转化为酮体运至肝外组织利用，酮体有水溶性脂类之称，在长期饥饿情况下对维持血糖恒定，满足大脑、肌肉等组织的能量供应有重要意义。

脂肪的生物合成需先合成 3-磷酸甘油和脂肪酸。3-磷酸甘油可由糖酵解生成的磷酸二羟丙酮还原生成，也可由甘油磷酸化生成。脂肪酸的合成是首先在胞质溶胶中合成软脂酸，然后在线粒体、内质网等细胞器中使碳链延长与脱饱和形成其他各种脂肪酸。软脂酸合成的碳源来自乙酰 CoA，关键酶是乙酰 CoA 羧化酶，乙酰 CoA 需由该酶催化羧化为丙二酸单酰 CoA 才能作为脂肪酸合成酶系的底物。机体可通过变构调节、共价调节和激素的作用调控乙酰 CoA 羧化酶使脂肪酸的合成代谢适应自身的生理需要。由脂酰基转移、底物进位、缩合、还原、脱水、再还原组成合成过程的一轮反应，使脂肪酸链延长一个二碳单位。软脂酸的合成需进行 7 轮循环方可完成。脂肪酸合成酶系催化的整个过程中各种中间产物始终与酰基载体蛋白相结合。软脂酸合成的供氢体是 $NADPH+H^+$，$NADPH+H^+$ 也是胆固醇等许多物质合成的供氢体。

甘油磷脂可通过 CDP-甘油二酯途径和甘油二酯途径合成，两条途径都需要消耗 CTP。鞘磷脂主要分布在大脑和神经髓鞘中，合成时先以丝氨酸和软脂酰 CoA 为原料合成鞘氨醇，再在鞘氨醇的氨基上脂酰化形成神经酰胺，最后接受 CDP-胆碱的磷酸胆碱成为神经鞘磷脂。四类磷脂酶协同作用可使甘油磷脂完全水解。胆固醇合成的原料是乙酰 CoA，关键酶是 HMGCoA 还原酶，某些激素和药物通过该酶来影响胆固醇的合成代谢。胆固醇可转化为胆汁酸、维生素 D 和类固醇激素等许多有重要生理功能的化合物。

拓展提高

常见的奶牛酮病

奶牛酮病是因动物体内碳水化合物及挥发性脂肪酸代谢紊乱导致的酮血症、酮尿症、酮乳症和低糖血症。酮症是泌乳奶牛常见的一种严重的营养代谢病，多发于产犊后 10~60 d。本病多发于饲养管理良好的高产奶牛，且以 3~6 胎次的高产母牛发病率较高。临床上以昏睡或兴奋、产乳量下降、机体失水、偶尔发生运动失调为特征。

反刍动物体内的葡萄糖，主要由瘤胃微生物酵解大量纤维素生成的挥发性脂肪酸（主要是丙酸）经糖异生途径转化而成，凡是引起瘤胃内丙酸生成减少的因素，都可诱发乳牛酮病生成。母牛产后的早期泌乳阶段，泌乳高峰出现最快（约在产犊后 40 d 达到高峰），对能量和葡萄糖的需求量增加。但产前、产后因各种原因引起产后消化机能下降，采食量减少，同时饲料中碳水化合物供给不足，或精料过多、粗纤维不足而导致酮病称原发性酮病。创伤性网胃炎、前胃弛缓、真胃溃疡、子宫内膜炎、胎衣滞留、产后瘫痪及饲料中毒等均可导致消化机能减退，是酮病的诱发原因。

另外，因丙酸经糖异生合成葡萄糖必须有维生素 B₁₂ 参与，当动物缺盐时直接影响瘤胃微生物的生长繁殖，不仅影响维生素 B₁₂ 的合成，也可影响前胃消化功能，导致酮病产生。肝是反刍动物糖异生的主要场所，肝原发性或继发性疾病，也可能影响糖异生作用而诱发酮病。

反刍动物吃入各种类型的碳水化合物饲料，作为葡萄糖而被吸收的很少，能量来源主要为瘤胃微生物发酵所产生的乙酸、丙酸和丁酸。其中丙酸用于生糖，具有抗酮性质，而乙酸和丁酸在转变为乙酰辅酶 A 后进入三羧酸循环供能，少部分转变为乙酰乙酸和 β-羟丁酸。在乙酸和丁酸被利用为能量时，需消耗葡萄糖的先质——草酰乙酸，而丙酸又是草酰乙酸的先质。正常情况下，体内生成少量酮体，可被肝外组织如骨骼肌、心肌所利用，亦可在皮下合成脂肪或在乳腺内生成乳脂。当体内糖消耗过多、消耗速度过快，引起糖供给和糖消耗间不平衡时，一方面，瘤胃微生物发酵所产生的丙酸用于生糖增多，使乙酸和丁酸被利用为能量受阻，转入生酮途径。另一方面，血糖浓度下降，于是迅速动员脂肪和蛋白质加速糖原异生，同时也加速了酮体的生成。而组织利用酮体时需消耗草酰乙酸，在草酰乙酸的先质——丙酸缺乏的情况下，酮体利用率降低。最终出现血糖症和高酮血症。

激素调节在这一过程中起重要作用。血糖浓度下降，引起胰高血糖素分泌增多，胰岛素分泌减少，垂体内葡萄糖受体兴奋，促使肾上腺髓质分泌肾上腺素。在三种激素共同作用下，肝糖原分解增多，脂肪水解为甘油和游离脂肪酸的速度加快，酮体生成增多。激素还可刺激肌肉蛋白分解，其中生酮氨基酸在酮病生成中起一定作用。此外，肾上腺皮质激素分泌不足、甲状腺功能低下等与酮病生成亦有密切关系。病初因采食减少，而泌乳仍增加，使病畜在一定程度上体重减轻。若病程延长，瘤胃微生群落的变化难以恢复，可引起严重消瘦和持久性消化不良。酮体本身毒性作用较小，有利尿作用，因失水而常常粪便干燥，但高浓度的酮体对中枢神经有抑制作用，同时低血糖使脑组织缺糖可使牛嗜睡。当丙酮还原成 β-羟丁酸并脱羧生成异丙醇时，可使病牛兴奋不安。

（1）丙酸代谢与酮病发生的关系。从生化角度来说，酮病的发生与丙酸代谢有密切关系。反刍动物体内的葡萄糖约 50% 来自丙酸，肝利用丙酸生成葡萄糖，在泌乳时葡萄糖大多被奶牛利用合成乳糖。丙酸的另一功能是参与奶牛的脂肪代谢，当奶牛产奶的能量需要超过其食入的能量时，奶牛就开始动用体脂，脂肪首先被分解为非酯化脂肪酸（NEFA），并且运送到肝。在肝，NEFA 被分解为乙酸，产生的乙酸被彻底分解为 CO_2 和 H_2O 以产生更多的能量，但这个过程需要丙酸；如果没有足够的丙酸被利用，过多的乙酸就会在肝中聚集，乙酸分子能在酶的作用下转化为丙酮、乙酰乙酸和 β-羟丁酸，这些产物进入血液中，蓄积到一定水平并引起酮病症状。

（2）糖缺乏时，体内糖和脂肪的代谢使酮体的生成量增多。在糖缺乏时，生成的丙酸过少，使脂肪分解生成的甘油成为糖异生的重要前体，且由于糖缺乏刺激糖异生加速，使甘油代谢加快。但脂肪酸的 β-氧化也加快，使生成的乙酰辅酶 A 增多。糖异生作用加速就使草酰乙酸通过穿梭进入细胞质转化为磷酸烯醇式丙酮酸并进入糖异生途径的量增多，而草酰乙酸主要来自糖的中间代谢产物丙酮酸，二者可相互转化。当糖缺乏时，草酰乙酸生成量严重不足，而草酰乙酸是乙酰辅酶 A 进入三羧酸循环所必需的。在这种情况下，乙酰辅酶 A 会大量生成酮体。同时因糖的缺乏不能产生更多的 3-磷酸甘油，并且由组织中动员出来的甘油在肝中也大部分沿糖异生途径进行代谢。这样肝中 3-磷酸甘油的产量受到限制，不能将很多的脂肪酸酯化为三酰甘油，进一步促使更多的脂肪酸氧化为乙酰辅酶 A，这样更加剧了酮体的生成。

要预防酮病，应在妊娠期（尤其是妊娠后期）增加能量供给，但又不致使母牛过肥。在催乳期间或产前 28～35 d 应逐步增加能量供给，并维持到产犊和泌乳高峰期，这期间不能轻易更换配方。随乳产量增加，应逐渐供给生产性日粮，并保持粗粮与精料有一定比例，其中蛋白质含量不超过 18%，碳水化合物供给碎玉米最好，这样可避开瘤胃的消化发酵和产酸过程，在真胃、肠内可供给葡萄糖。当饲喂大量青贮时，利用干草代替部分青贮较好。此外，还可饲喂丙酸钠（120 g，每天 2 次，口服，连续 10 d）。注意及时治疗前胃疾病、子宫疾病等。

思考与练习

1. 血脂包括哪些脂类？血浆脂蛋白有哪几种，分别有什么功能？
2. 什么是β-氧化？简述β-氧化过程。
3. 一分子 16 碳软脂酸彻底氧化分解产生多少分子的 ATP？
4. 试述酮症发生的机理及防治。
5. 试述软脂酸的合成过程。
6. 试述机体如何利用糖合成脂肪。

实训一 酮体的测定

【目的】了解酮体的生成部位及掌握测定酮体生成与利用的方法。

【原理】在肝细胞线粒体中，脂肪酸经β-氧化生成的过量乙酰辅酶 A 缩合成酮体。酮体包括乙酰乙酸、β-羟丁酸和丙酮三种化合物。肝不能利用酮体，只有在肝外组织，尤其是心脏和骨骼肌中，酮体才可以转变为乙酰辅酶 A 而被氧化利用。

本实验以丁酸为基质，与肝匀浆一起保温，然后测定肝匀浆液中酮体的生成量。另外，在肝和肌肉组织共存的情况下，再测定酮体的生成量。在这两种不同条件下，由酮体含量的差别我们可以理解以上的理论。本实验主要测定的是丙酮的含量。

酮体测定的原理：在碱性溶液中碘可将丙酮氧化成为碘仿。以硫代硫酸钠滴定剩余的碘，可以计算所消耗的碘，由此也就可以计算出酮体（以丙酮为代表）的含量。反应式如下：

$$CH_3COCH_3 + 3I_2 + 4NaOH \longrightarrow CHI_3 + CH_3COONa + 3NaI + 3H_2O$$
$$I_2 + 2Na_2S_2O_3 \longrightarrow Na_2S_4O_6 + 2NaI$$

【器材与试剂】

1. **实验器材** 试管，移液管，锥形瓶，滴定管及滴定管架。

2. **实验试剂** 0.1% 淀粉液，0.9% NaCl 溶液，15% 三氯乙酸，10% NaOH 溶液，10% HCl 溶液。

0.5 mol/L 丁酸溶液：取 5 mL 丁酸溶于 100 mL 0.5 mol/L NaOH 中。

0.1 mol/L 碘液：取 I_2 12.5 g 和 KI 25 g 加水溶解，稀释至 1 L，用 0.1 mol/L $Na_2S_2O_3$ 标定。

0.02 mol/L $Na_2S_2O_3$：将 24.82 g $Na_2S_2O_3 \cdot 5H_2O$ 和 400 mg 无水 Na_2CO_3 溶于 1 L 刚煮沸的水中，配成 0.1 mol/L 溶液，用 0.1 mol/L KIO_3 标定。临用时将标定的 $Na_2S_2O_3$ 溶液稀释成 0.02 mol/L。

【方法与操作】

1. **标本的制备** 将兔致死，取出肝，用 0.9% NaCl 溶液洗去污血，放滤纸上，吸去表面的水分，称取肝组织 5 g 置研钵中，加少许 0.9% NaCl 溶液至总体积为 10 mL，制成肝组织匀浆。另外再取后腿肌肉 5 g，按上述方法和比例，制成肌肉组织匀浆。

2. **保温和沉淀蛋白质** 取试管 3 支，编号 A、B、C，按表实 6-1 操作：

表实 6-1

试剂	试管 A	试管 B	试管 C
肝组织匀浆	—	2.0 mL	2.0 mL
预先煮沸的肝组织匀浆	2.0 mL	—	—
pH 7.6 的磷酸缓冲液	4.0 mL	4.0 mL	4.0 mL
正丁酸	2.0 mL	2.0 mL	2.0 mL
摇匀, 43 ℃水浴保温 60 min			
肌肉组织匀浆	—	4.0 mL	—
预先煮沸的肌肉组织匀浆	4.0 mL	—	4.0 mL
摇匀, 43 ℃水浴保温 60 min			
15%三氯醋酸	3.0 mL	3.0 mL	3.0 mL

摇匀后，用滤纸过滤，将滤液分别收集在 3 支试管中，为无蛋白滤液。

3. 酮体的测定

（1）取碘量瓶 3 只，按表实 6-2 编号顺序操作：

表实 6-2

试剂	样品 1	样品 2	样品 3
无蛋白滤液	5.0 mL	5.0 mL	5.0 mL
0.1 mol/L I_2-KI	3.0 mL	3.0 mL	3.0 mL
10% NaOH	3.0 mL	3.0 mL	3.0 mL

（2）加入试剂后摇匀，在室温下静置 10 min。

（3）向各碘量瓶中加入 10% HCl 溶液，使各瓶中的溶液中和至中性或弱酸性（可用 pH 试纸进行检测）。

（4）用 0.02 mol/L $Na_2S_2O_3$ 滴定到碘量瓶中的溶液呈浅黄色时，再滴加 0.1% 淀粉液，使溶液呈蓝色。

（5）分别用 0.02 mol/L $Na_2S_2O_3$ 滴定至溶液蓝色消退为止。

（6）记录滴定时所消耗的 $Na_2S_2O_3$ 的体积，计算样品中丙酮的产生量。

【结果与计算】

肝生成的酮体量（mmol/g）=（C−A）×$Na_2S_2O_3$ 的物质的量×(1/6)

肌肉利用的酮体量（mmol/g）=（C−B）×$Na_2S_2O_3$ 的物质的量×(1/6)

A：滴定样品 1 消耗的 $Na_2S_2O_3$ 体积（mL）。

B：滴定样品 2 消耗的 $Na_2S_2O_3$ 体积（mL）。

C：滴定样品 3 消耗的 $Na_2S_2O_3$ 体积（mL）。

【注意事项】

（1）肝匀浆必须新鲜，放置过久则失去氧化脂肪酸的能力。

（2）三氯乙酸的作用是使肝匀浆的蛋白质变性，发生沉淀。

（3）碘量瓶的作用是防止碘液挥发，不能用锥形瓶代替。

【思考题】

为什么只有在肝外组织，酮体才可以被氧化利用？

实训 ⟨二⟩ 血清总脂的测定

【目的】 掌握香草醛法测定血清总脂的原理和方法。

【原理】 血清中的脂类（尤其是不饱和脂类）与浓硫酸共热作用，经水解后生成碳正离子，试剂中的香草醛与浓磷酸的羟基作用生成芳香族的磷酸酯，由于改变了香草醛分子中的电子分配，使醛基变成活泼的羰基。此羰基即可与碳正离子发生反应，生成红色的醌化合物，红色的深浅度与碳正离子浓度成正比。反应式如下：

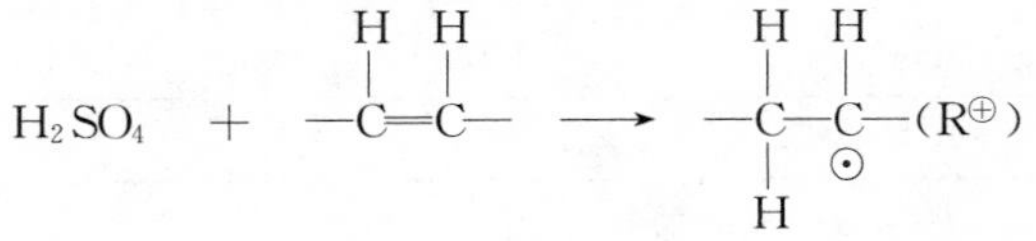

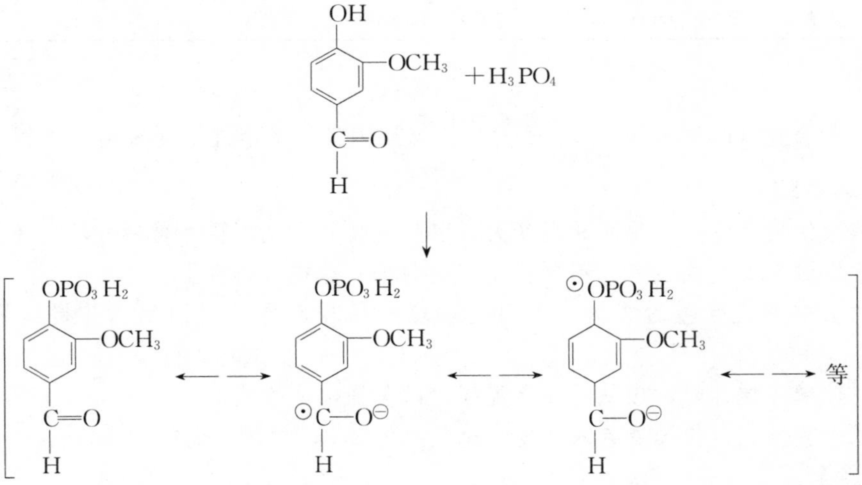

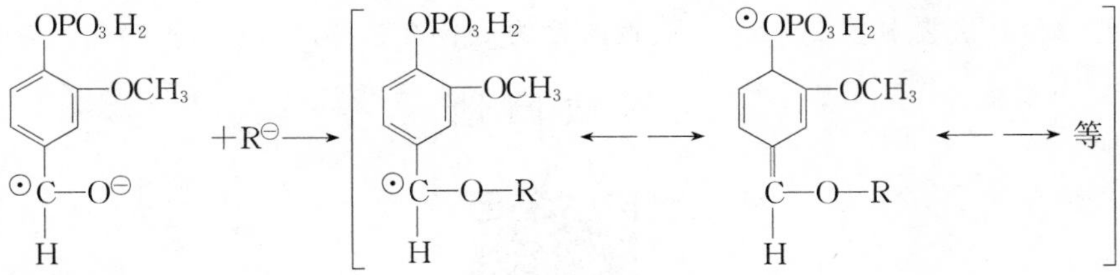

【器材与试剂】

1. 实验仪器　可见光分光光度计，恒温水浴锅，移液枪，等等。

2. 实验试剂

（1）胆固醇标准液（6 mg/mL）：准确称取纯胆固醇 600 mg，置于 100 mL 容量瓶内，用冰醋酸溶解并定容至 100 mL。

（2）香草醛显色剂：称取香草醛 0.6 g，用蒸馏水溶解并稀释至 100 mL。贮存于棕色试剂瓶内可保存2～3个月。

（3）浓硫酸（AR）。

（4）浓磷酸（AR）。

（5）生理盐水。

3. **实验材料**　兔血清（未稀释）。

【方法与操作】

1. **血清脂类的颜色反应**　取4支试管，按表实6-3操作：

表实6-3

试剂	空白管	标准管	测定管1	测定管2
血清	—	—	0.02 mL	0.02 mL
标准液	—	0.02 mL	—	—
浓硫酸	1.0 mL	1.0 mL	1.0 mL	1.0 mL
充分混合，放置沸水浴10 min，使脂类水解，冷水冷却				
向各管中均匀加入显色剂4.0 mL，用玻璃棒充分搅匀				
放置20 min（或者37 ℃保温15 min）后，以空白管调零，测各管 A_{525nm} 吸光度				

2. **计算**

$$血清总脂含量（mg/mL）=\frac{测定管吸光度}{标准管吸光度}\times 胆固醇标准溶液浓度\times 稀释倍数$$

【注意事项】

（1）浓酸使用及安全：浓酸黏稠度大，取量时吸管内试剂要尽量慢放，避免因放过快使试剂附于管壁过多而造成误差。不要将吸浓酸的枪头放在实验台上。

（2）血清中脂类含量过多时，可用生理盐水稀释后再进行测定，并将结果乘以稀释倍数。

（3）用玻璃棒搅拌时，应从下往上搅拌，以免捅破试管底部。

（4）戴手套操作，待测液装入高度为比色血的2/3，严禁装满！

【思考题】

1. 何谓总脂？测定总脂含量有何意义？

2. 显色后为什么要放置20 min？放置的目的是什么？

思 政 园 地

酮体是肝正常代谢的产物

模块七
氨 基 酸 的 代 谢

知识目标
ZHISHIMUBIAO

了解蛋白质的生理功能、营养价值，了解氨基酸代谢产物氨和 α-酮酸的去路，了解氨基酸的脱羧基作用。掌握氨基酸脱氨基作用的三种方式以及脱氨基过程中所需的酶，掌握含硫氨基酸的代谢。熟记必需氨基酸、联合脱氨基作用、生糖氨基酸、生酮氨基酸、生糖兼生酮氨基酸、谷胱甘肽等概念。

技能目标
JINENGMUBIAO

掌握层析技术并能用于生化物质的分离、鉴定、纯化、制备等。

单元 一 蛋白质代谢概述

单元解析
DANYUANJIEXI

本单元主要包括的知识点有：蛋白质的生理功能、蛋白质的营养价值。重点阐述了必需氨基酸和蛋白质在动物体内代谢时出现的三种氮平衡情况，为后续课程动物营养学的学习打下了理论基础。通过对饲料蛋白质营养价值的介绍，从而在饲料配方中做到动、植物蛋白质的合理配比。

蛋白质是生命活动的物质基础，没有蛋白质就没有生命。在自然界中，蛋白质的种类很多，动物体内约有十万余种蛋白质。蛋白质是生物体内含量丰富、功能复杂、种类繁多的生物大分子，在动物体内发挥重要的生理功能。

一、蛋白质的生理功能

（一）维持组织细胞的生长、更新和修补

蛋白质是组织细胞最重要的组成成分。幼龄动物的生长发育，成年动物的繁殖、组织细胞更新及组织细胞损伤的修补，都需要有足够量的蛋白质供给。蛋白质维持组织细胞生长、更新和修补作用，是不能由糖和脂类所代替的。

（二）执行各种生物学功能

参与体内物质代谢及生理功能的调节和控制也是蛋白质的重要功能之一。例如，大部分酶是具有催化活性的蛋白质；某些激素、细胞受体，以及与细胞生长、分化、基因表达密切相关的调控蛋白质具有调节控制机体代谢的作用；血红蛋白、脂蛋白、运铁蛋白等运输蛋白质执行着各种运输功能；肌球蛋白、肌动蛋白等运动蛋白质是机体各种机械运动的物质基

础。此外，蛋白质还有许多其他生物学功能，血浆清蛋白除具有物质运输、营养作用外，还是维持血浆胶体渗透压的重要物质，免疫球蛋白执行免疫防御功能。

（三）氧化功能

当摄入的蛋白质超过维持组织细胞生长、更新和修补的需要时，剩余的部分就被氧化分解。每克蛋白质在体内彻底氧化可产生 17.2 kJ 的能量，蛋白质作为能源是属于不经济的次要功能，这种作用可被糖和脂肪所代替，但是提供足够食物蛋白质对各种生命活动是十分重要的，尤其对于生长发育期的幼龄动物和康复期的患病动物更为重要。

二、必需氨基酸与蛋白质的营养价值

（一）氮平衡

机体必须经常从外界摄取蛋白质，作为体内新生蛋白质的原料，以维持体内蛋白质的平衡。机体蛋白质的平衡情况可通过氮平衡实验了解。氮平衡是反映体内蛋白质代谢情况的一种表示方法，实际上是蛋白质摄入量与排泄量的比例关系。蛋白质含氮量较为恒定，约为 16%，而饲料中含氮物质绝大部分是蛋白质，因此测定饲料的含氮量可以估算出饲料的蛋白质含量。蛋白质在体内分解代谢所产生的含氮物质主要由尿、粪排出，因此测定每天尿、粪中的含氮量（排出氮）及摄入食物的含氮量（摄入氮）可以反映动物体蛋白质的代谢情况。测定并分析每天摄入氮与排出氮的实验即为氮平衡试验。氮平衡的结果有以下三种情况：

1. 氮总平衡　摄入氮＝排出氮，反映正常动物的蛋白质代谢情况，即氮"收支"平衡。通常成年动物处于此平衡状态。

2. 氮正平衡　摄入氮＞排出氮，表示摄入的氮用于合成体内蛋白质，幼龄动物、妊娠动物及恢复期的患病动物属于此种情况。

3. 氮负平衡　摄入氮＜排出氮，表示蛋白质需要量不足。通常饥饿或患消耗性疾病的动物或衰老期的动物属于此种情况。

正常成年动物，在糖和脂肪完全满足供应的前提下，氮平衡处于总平衡状态下的蛋白质需要量，为蛋白质的最低生理需要量。但饲料中的蛋白质与动物体内的蛋白质有质的差异，其利用率不可能达到 100%，因此必须增量才能满足要求。另外，妊娠动物、幼龄动物及泌乳期动物，为了维持胎儿发育、动物生长及产乳量，必须相应增加蛋白质给予量。

（二）必需氨基酸

蛋白质虽然结构复杂，种类繁多，但组成的基本单位——氨基酸只有 20 多种。现已证明，人和动物机体不能合成、必须由食物供给的氨基酸有 8 种，被称为必需氨基酸。它们是缬氨酸、异亮氨酸、亮氨酸、苏氨酸、甲硫氨酸、赖氨酸、苯丙氨酸和色氨酸。正在生长的动物，除上述 8 种外，还需要两种，即精氨酸和组氨酸。雏鸡在上述 10 种氨基酸的基础上还需要甘氨酸。其余的氨基酸则机体能够合成，不必由食物供给，称为非必需氨基酸。反刍动物具有利用微生物合成各种氨基酸的能力，因而氨基酸对反刍动物来说，就没有必需与非必需之分。

（三）蛋白质的营养价值

各种饲料蛋白质所含的必需氨基酸在种类和含量上是不同的。一般来说，含必需氨基酸的种类多和含量足的蛋白质，其营养价值高，反之营养价值就低。蛋白质的营养价值是指饲料蛋白质被机体吸收后体内的利用率。

　　饲料蛋白质的氨基酸组成愈接近体内蛋白质的氨基酸组成，其营养价值愈高。可见，蛋白质的营养价值取决于氨基酸的配比情况。动物性蛋白质含必需氨基酸较全面，而且比例适当，营养价值高；植物性蛋白质含必需氨基酸不全面，量也较少，故营养价值低。如果将不同种类植物蛋白质混合饲喂，则必需氨基酸可以互相补充从而提高营养价值，称此为蛋白质的互补作用。例如，苜蓿蛋白质中赖氨酸含量较多，蛋氨酸含量较少，而玉米蛋白质中赖氨酸含量较少，蛋氨酸含量较多，把这两种饲料按比例进行混合饲喂动物，即可提高其营养价值。在动物机体患有某些疾病情况下，为保证机体对氨基酸的需要，可进行混合氨基酸输液。

单元 二 氨基酸的一般分解代谢

单元解析

　　本单元主要包括的知识点有：氨基酸一般分解代谢的两条途径（脱氨基作用、脱羧基作用），代谢产物氨和 α-酮酸的去路。重点阐述了三种脱氨基过程及所需的酶，为后续课程动物生理学、动物药理学、动物病理学的学习打下了基础。通过对氨基酸三种脱氨基方式的学习，掌握几种转氨酶在血液中含量变化时所表达的生理学意义。

　　组成蛋白质的 20 种氨基酸，在体内的分解过程各有特点，但它们都有共同的基团——α-氨基和 α-羧基，故有共同的代谢途径。氨基酸的一般分解代谢，就是指这种共同性的分解代谢途径，其中主要为脱氨基作用，其次为脱羧基作用。

一、氨基酸的脱氨基作用

　　脱氨基作用是指氨基酸在酶的催化下脱去氨基生成氨与 α-酮酸的过程。这是氨基酸在体内分解的主要方式。参与动物体蛋白质合成的氨基酸结构不同，脱氨基的方式也不同，主要有氧化脱氨基作用、转氨基作用、联合脱氨基作用，其中以联合脱氨基作用最为重要。

　　（一）氧化脱氨基作用

　　氧化脱氨基作用是氨基酸在酶的作用下，经脱氢生成亚氨基酸，亚氨基酸再自动与水反应生成 α-酮酸和氨的过程。催化氨基酸氧化脱氨基的酶分两类。

　　1. 氨基酸氧化酶　此酶催化的反应为：

$$\underset{\substack{|\\NH_2\\ \text{氨基酸}}}{R-CH-COOH} \xrightarrow[\text{酶}]{-2H} \underset{\substack{\|\\NH\\ \text{亚氨基酸}}}{R-C-COOH} \xrightarrow{+H_2O} \underset{\substack{\|\\O\\ \alpha-\text{酮酸}}}{R-C-COOH} + NH_3$$

　　已知动物体内氨基酸氧化酶有两种，即 L-氨基酸氧化酶和 D-氨基酸氧化酶。前者以 FMN 为辅基，后者以 FAD 为辅基，两者均为需氧脱氢酶。L-氨基酸氧化酶在动物体内分布不广泛，活性不强，而 D-氨基酸氧化酶虽广泛存在，而且活性较强，但动物体内绝大多数的氨基酸都是 L-型的，故这两种氨基酸氧化酶作用都不大。

2. L-谷氨酸脱氢酶 此酶在动物肝、肾、脑等组织中广泛分布，活性很强，能催化L-谷氨酸脱氢、脱氨生成 α-酮戊二酸。它是一种不需氧脱氢酶，辅酶为 NAD$^+$ 或 NADP$^+$，催化的反应为：

$$
\begin{array}{ccccc}
\text{NH}_2 & & & \text{NH} & \text{O} \\
| & \text{NAD}^+ \quad \text{NADH+H}^+ & & \| & \| \\
\text{CH—COOH} & \xrightleftharpoons[\text{L-谷氨酸脱氢酶}]{} & & \text{C—COOH} \xrightleftharpoons[]{+\text{H}_2\text{O}} & \text{C—COOH} \\
| & & & | & | \\
(\text{CH}_2)_2 & & & (\text{CH}_2)_2 & (\text{CH}_2)_2 \quad + \text{NH}_3 \\
| & & & | & | \\
\text{COOH} & & & \text{COOH} & \text{COOH} \\
\text{L-谷氨酸} & & & \text{α-亚氨基戊二酸} & \text{α-酮戊二酸}
\end{array}
$$

此反应可逆。L-谷氨酸脱氢酶特异性强，只催化 L-谷氨酸的氧化脱氨基作用。大多数氨基酸需借助其他方式脱氨。

（二）转氨基作用

转氨基作用指在转氨酶催化下将 α-氨基酸的氨基转到另一个 α-酮酸的酮基位置上，生成相应的 α-酮酸和一种新 α-氨基酸的过程。

体内绝大多数氨基酸通过转氨基作用脱氨。参与蛋白质合成的 20 种 α-氨基酸，除甘氨酸、赖氨酸、苏氨酸和脯氨酸不参加转氨基作用，其余均可由特异的转氨酶催化参加转氨基作用。参与转氨基作用的 α-酮酸主要有 α-酮戊二酸、草酰乙酸和丙酮酸，其中最重要的氨基受体是 α-酮戊二酸。转氨基作用的反应通式如下：

$$
\begin{array}{ccccccc}
\text{R}_1 & & \text{R}_2 & & \text{R}_1 & & \text{R}_2 \\
| & & | & \text{转氨酶} & | & & | \\
\text{H—C—NH}_2 & + & \text{C=O} & \xrightleftharpoons{} & \text{C=O} & + & \text{H—C—NH}_2 \\
| & & | & & | & & | \\
\text{COOH} & & \text{COOH} & & \text{COOH} & & \text{COOH}
\end{array}
$$

动物体内参与转氨基作用的转氨酶有多种，但以催化 L-谷氨酸与 α-酮酸的转氨酶最为重要。例如，存在于肝细胞中的谷丙转氨酶（GPT）和存在于心肌细胞中的谷草转氨酶（GOT），它们可分别催化谷氨酸与 α-酮戊二酸间的氨基转移和谷氨酸与草酰乙酸间的氨基转移。转氨酶的辅酶都是磷酸吡哆醛和磷酸吡哆胺。

$$
\begin{array}{ccccccc}
\text{CH}_3 & & \text{COOH} & & \text{CH}_3 & & \text{COOH} \\
| & & | & & | & & | \\
\text{CHNH}_2 & + & (\text{CH}_2)_2 & \xrightleftharpoons{\text{GPT}} & \text{C=O} & + & (\text{CH}_2)_2 \\
| & & | & & | & & | \\
\text{COOH} & & \text{C=O} & & \text{COOH} & & \text{CHNH}_2 \\
& & | & & & & | \\
& & \text{COOH} & & & & \text{COOH} \\
\text{丙氨酸} & & \text{α-酮戊二酸} & & \text{丙酮酸} & & \text{谷氨酸}
\end{array}
$$

$$
\begin{array}{ccccccc}
\text{COOH} & & \text{COOH} & & \text{COOH} & & \text{COOH} \\
| & & | & & | & & | \\
\text{CH}_2 & & (\text{CH}_2)_2 & \xrightleftharpoons{\text{GOT}} & \text{CH}_3 & & (\text{CH}_2)_2 \\
| & + & | & & | & + & | \\
\text{CHNH}_2 & & \text{C=O} & & \text{C=O} & & \text{CHNH}_2 \\
| & & | & & | & & | \\
\text{COOH} & & \text{COOH} & & \text{COOH} & & \text{COOH} \\
\text{天冬氨酸} & & \text{α-酮戊二酸} & & \text{草酰乙酸} & & \text{谷氨酸}
\end{array}
$$

转氨基作用是可逆的，反应的方向取决于 4 种反应物的相对浓度。因而，转氨基作用也是体内某些氨基酸（非必需氨基酸）合成的重要途径。

在正常情况下，转氨酶主要分布在细胞内，其在血清中的活性很低，在各种组织中又以心脏和肝内的活性最高。当某种原因造成细胞膜通透性增加或组织坏死使细胞破裂后，会有大量转氨酶释放入血液，引起血液中转氨酶活性增高。

转氨基作用起着十分重要的作用。通过转氨基作用可以调节体内非必需氨基酸的种类和数量，以满足体内蛋白质合成时对非必需氨基酸的需求。同时，转氨基作用还是联合脱氨基作用的重要组成部分，从而加速了体内氨的转变和运输，加强了机体的糖代谢、脂代谢和氨基酸代谢的相互联系。

（三）联合脱氨基作用

联合脱氨基作用是体内主要的脱氨基方式。它将转氨基作用与谷氨酸的氧化脱氨作用联合起来进行，所以称为联合脱氨基作用。联合脱氨基作用主要有两大反应途径。

1. 由 L-谷氨酸脱氢酶和转氨酶联合催化的脱氨基作用　先在转氨酶催化下，将某种氨基酸的 α-氨基转移到 α-酮戊二酸上生成谷氨酸，然后，在 L-谷氨酸脱氢酶作用下将谷氨酸氧化脱氨生成 α-酮戊二酸，而 α-酮戊二酸再继续参加转氨基作用。

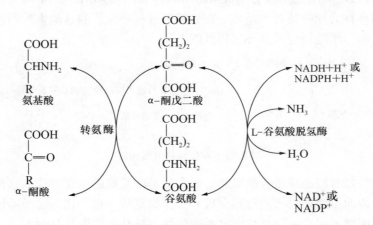

L-谷氨酸脱氢酶主要分布于肝、肾、脑等组织中，而 α-酮戊二酸参加的转氨基作用普遍存在于各组织中，所以此种联合脱氨主要在肝、肾、脑等组织中进行。

2. 由转氨基作用与嘌呤核苷酸循环联合进行的脱氨基作用　骨骼肌和心肌组织中 L-谷氨酸脱氢酶的活性很低，因而不能通过上述形式的联合脱氨反应脱氨，而是通过嘌呤核苷酸循环过程脱去氨基。骨骼肌和心肌中含丰富的腺苷酸脱氨酶，能催化腺苷酸加水、脱氨生成次黄嘌呤核苷酸，反应如下：

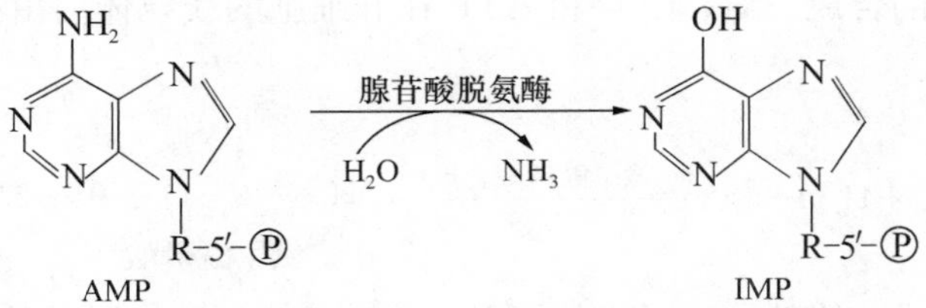

氨基酸经过两次转氨作用可将 α-氨基转移至草酰乙酸生成天冬氨酸。天冬氨酸在腺苷酸代琥珀酸合成酶的催化下，与次黄嘌呤核苷酸缩合成腺苷酸代琥珀酸。腺苷酸代琥珀酸在

腺苷酸代琥珀酸裂解酶催化下裂解为延胡索酸和 AMP。反应过程如下：

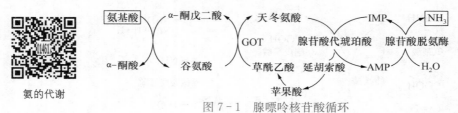

AMP 经腺苷酸脱氨酶催化水解生成 IMP 和氨，其中的 IMP 参与下一个腺苷酸代琥珀酸反应，这一循环称为嘌呤核苷酸循环。在此循环过程中生成的延胡索酸则经三羧酸循环途径转变为草酰乙酸。嘌呤核苷酸循环过程见图 7-1。

氨的代谢

图 7-1　腺嘌呤核苷酸循环

目前认为嘌呤核苷酸循环是骨骼肌和心肌中氨基酸脱氨的主要方式。这种形式的联合脱氨是不可逆的，因而不能通过其逆过程合成非必需氨基酸。这一代谢途径不仅把氨基酸代谢与糖代谢、脂代谢联系起来，而且也把氨基酸代谢与核苷酸代谢联系起来。

二、氨基酸脱氨基产物的代谢

(一) 氨的代谢

1. 生成尿素　哺乳动物排除氨的主要途径是合成无毒的尿素。合成的主要器官是肝，肾和脑等组织也能合成，但合成能力很弱。尿素的生成过程是从鸟氨酸开始，最后又重新生成鸟氨酸，形成一个循环反应过程，所以称这一过程为鸟氨酸循环。反应过程如下：

(1) 氨甲酰磷酸的合成。氨、CO_2 和 ATP 在肝细胞的线粒体内由氨甲酰磷酸合成酶催化，合成氨甲酰磷酸。

$$CO_2 + NH_3 + H_2O + 2ATP \xrightarrow[Mg^{2+}]{\text{氨甲酰磷酸合成酶}} H_2N-\overset{\overset{\displaystyle O}{\|}}{C}-O\sim Ⓟ + 2ADP + Pi$$

氨甲酰磷酸

(2) 瓜氨酸的合成。线粒体内形成的氨甲酰磷酸经鸟氨酸氨甲酰基转移酶催化，将氨甲酰基转移给鸟氨酸合成瓜氨酸。鸟氨酸是在胞质溶胶中形成的，它需要经过特殊的内膜传递系统进入线粒体。

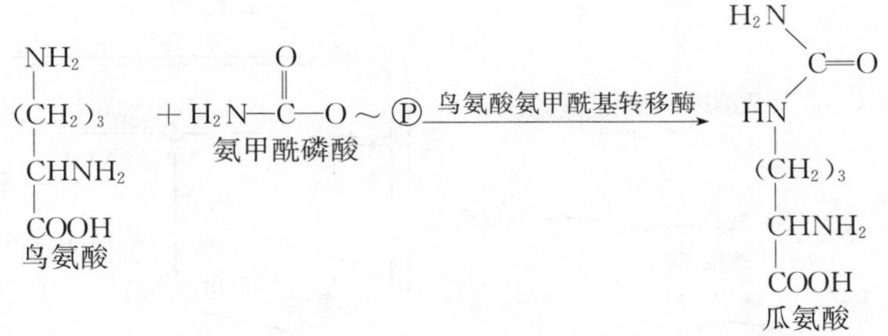

$$\underset{\text{鸟氨酸}}{\begin{array}{c}NH_2\\|\\(CH_2)_3\\|\\CHNH_2\\|\\COOH\end{array}} \;+\; \underset{\text{氨甲酰磷酸}}{H_2N-\overset{\displaystyle O}{\overset{\|}{C}}-O\sim \text{\textcircled{P}}} \xrightarrow{\text{鸟氨酸氨甲酰基转移酶}} \underset{\text{瓜氨酸}}{\begin{array}{c}H_2N\\\quad\searrow\\\quad C=O\\HN\\|\\(CH_2)_3\\|\\CHNH_2\\|\\COOH\end{array}}$$

（3）精氨酸的合成。瓜氨酸在线粒体内合成后，被转运到线粒体外，在胞质溶胶中经精氨酸代琥珀酸合成酶催化，与天冬氨酸反应消耗 ATP 生成精氨酸代琥珀酸。后者再由精氨酸代琥珀酸裂解酶催化，裂解为精氨酸及延胡索酸。

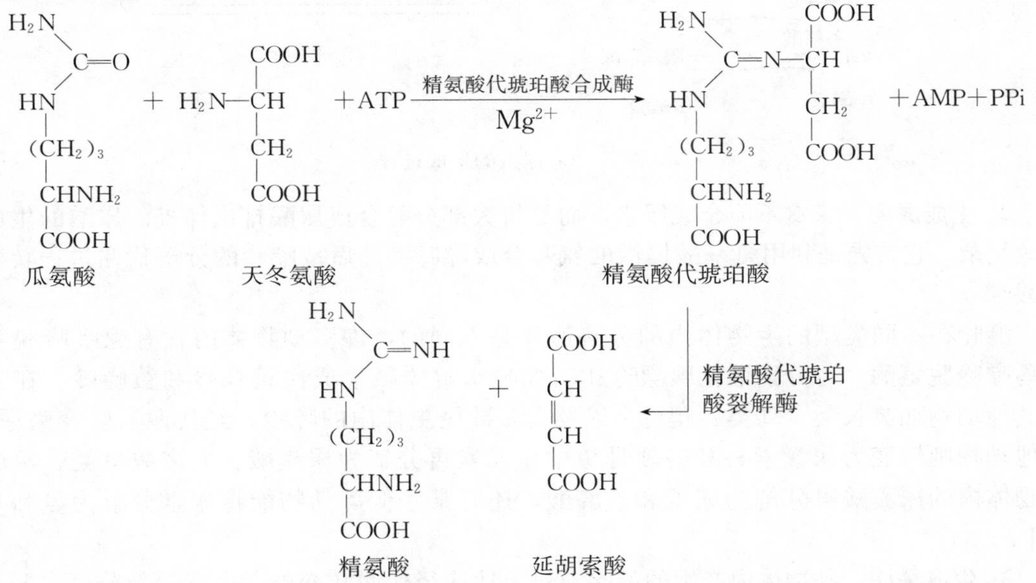

$$\underset{\text{瓜氨酸}}{\begin{array}{c}H_2N\\C=O\\HN\\(CH_2)_3\\CHNH_2\\COOH\end{array}} + \underset{\text{天冬氨酸}}{\begin{array}{c}COOH\\H_2N-CH\\CH_2\\COOH\end{array}} + ATP \xrightarrow[Mg^{2+}]{\text{精氨酸代琥珀酸合成酶}} \underset{\text{精氨酸代琥珀酸}}{\begin{array}{c}H_2N\quad COOH\\C=N-CH\\HN\quad\quad CH_2\\(CH_2)_3\quad COOH\\CHNH_2\\COOH\end{array}} + AMP + PPi$$

$$\underset{\text{精氨酸}}{\begin{array}{c}H_2N\\C=NH\\HN\\(CH_2)_3\\CHNH_2\\COOH\end{array}} + \underset{\text{延胡索酸}}{\begin{array}{c}COOH\\CH\\\|\\CH\\COOH\end{array}} \xleftarrow{\begin{array}{c}\text{精氨酸代琥珀}\\\text{酸裂解酶}\end{array}}$$

反应生成的延胡索酸又可转变为草酰乙酸，草酰乙酸经转氨基作用，由其他氨基酸提供氨基再转变为天冬氨酸，天冬氨酸再将氨基转给瓜氨酸。可见，天冬氨酸在尿素生成中是起转运氨基作用的。

（4）精氨酸的水解。哺乳动物体内有精氨酸酶，它能催化精氨酸水解生成尿素和鸟氨酸。鸟氨酸可再进入线粒体，重复上述反应，形成一个循环反应过程。

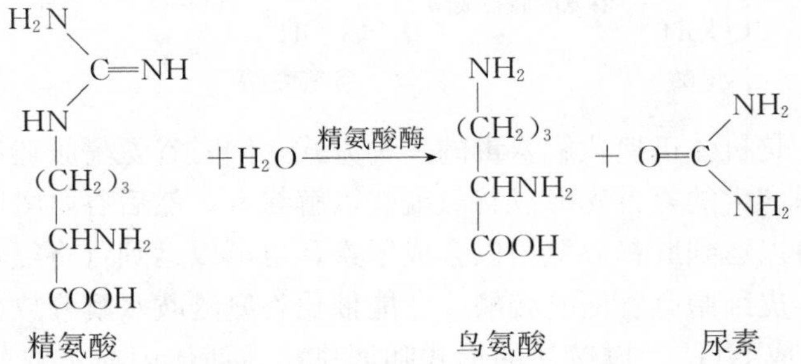

$$\underset{\text{精氨酸}}{\begin{array}{c}H_2N\\C=NH\\HN\\(CH_2)_3\\CHNH_2\\COOH\end{array}} + H_2O \xrightarrow{\text{精氨酸酶}} \underset{\text{鸟氨酸}}{\begin{array}{c}NH_2\\(CH_2)_3\\CHNH_2\\COOH\end{array}} + \underset{\text{尿素}}{\begin{array}{c}NH_2\\O=C\\NH_2\end{array}}$$

尿素生成的过程小结见图 7 - 2。

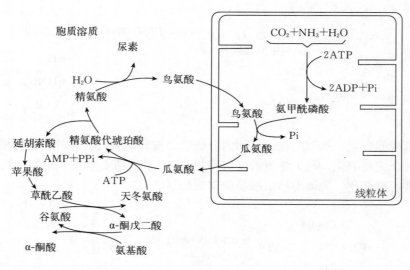

图 7-2 尿素的生成过程

2. 生成尿酸 家禽不能合成尿素，而是将大部分氨合成尿酸排出体外。尿酸的生成途径较复杂，它首先是利用氨基酸提供的氨基合成嘌呤，然后按嘌呤的分解代谢过程转变为尿酸。

嘌呤在不同类型的生物体内的分解途径是不同的，许多动物体内含有腺嘌呤脱氨酶和鸟嘌呤脱氨酶，可分别催化腺嘌呤和鸟嘌呤水解脱氨生成次黄嘌呤和黄嘌呤。在人类及其他动物如灵长类、鸟类、爬行类以及大多数昆虫体内的嘌呤，经代谢后转变为尿酸，其他动物则转变为尿囊素，某些硬骨鱼中尿囊素再分解为尿囊酸。大多数鱼类、两栖类动物体内的尿囊酸再分解为尿素和乙醛酸，还有某些低等动物能将尿素分解为氨和 CO_2（图 7-3）。

3. 生成酰胺 动物体内产生的氨除通过上述途径代谢转变外，也有一部分可在肝、肌肉、肾、脑等组织中与谷氨酸合成谷氨酰胺。此过程由谷氨酰胺合成酶催化，并需要 ATP 供应能量。反应如下：

$$NH_3 \;+\; \begin{matrix} COOH \\ | \\ (CH_2)_2 \\ | \\ CHNH_2 \\ | \\ COOH \end{matrix} \xrightarrow[\substack{Mg^{2+} \\ 谷氨酰胺合成酶}]{ATP \quad ADP+Pi} \begin{matrix} CONH_2 \\ | \\ (CH_2)_2 \\ | \\ CHNH_2 \\ | \\ COOH \end{matrix} \xrightarrow[\substack{H_2O \quad NH_3 \\ (肾)}]{谷氨酰胺酶} \begin{matrix} COOH \\ | \\ (CH_2)_2 \\ | \\ CHNH_2 \\ | \\ COOH \end{matrix}$$
谷氨酸　　　　　　　　　　　　　　　　　谷氨酰胺　　　　　　　　　谷氨酸

形成谷氨酰胺，是机体迅速化解氨毒的一种方式，同时谷氨酰胺还起运输和贮存氨的作用。例如，大脑组织产生的氨首先形成谷氨酰胺以解氨毒，然后谷氨酰胺随血液运到其他组织中进一步代谢。可以运到肝释放氨用以合成尿素，也可以运到肾将氨释放出来而直接随尿排出。已知肾小管上皮细胞有谷氨酰胺酶，它能催化谷氨酰胺水解释放出氨，氨被分泌到肾小管腔内和 H^+ 结合成 NH_4^+，以铵盐的形式随尿排出，使体内酸不致积聚，故还具有调节酸碱平衡的作用。

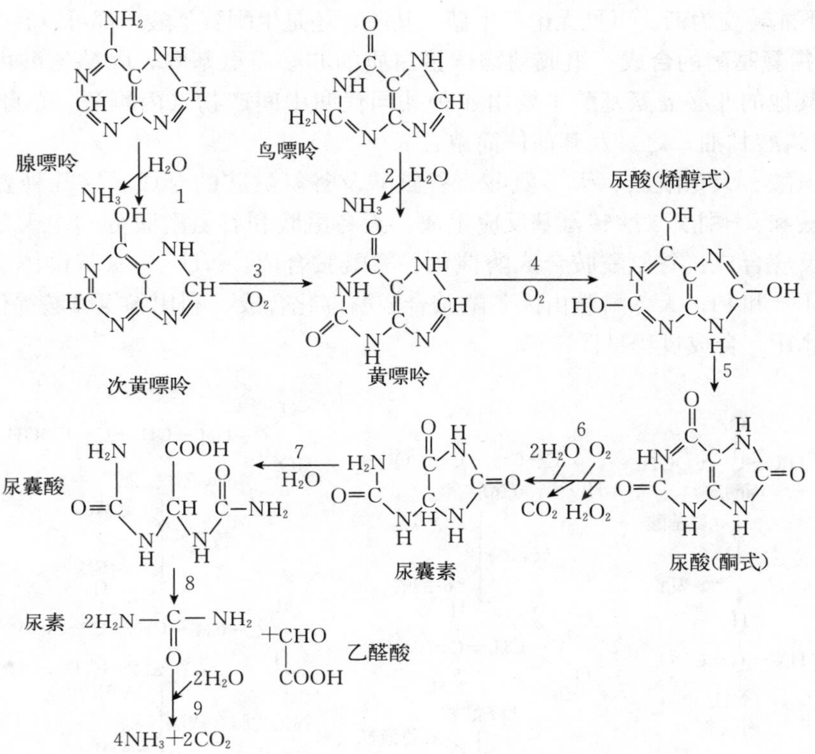

图 7-3 嘌呤类的分解

1. 腺嘌呤脱氨酶 2. 鸟嘌呤脱氨酶 3、4. 黄嘌呤氧化酶 5. 无需酶催化
6. 尿酸氧化酶 7. 尿囊素酶 8. 尿囊酸酶 9. 脲酶

（二）α-酮酸的代谢和非必需氨基酸的合成

1. α-酮酸的代谢 氨基酸经联合脱氨或其他方式脱氨所生成的 α-酮酸的代谢去路如下。

（1）氨基化生成非必需氨基酸。α-酮酸的氨基化主要是通过脱氨基作用的逆反应过程而进行的，生成的氨基酸也只限于非必需氨基酸。

（2）氧化生成 CO_2 和水。这是 α-酮酸的重要去路之一。α-酮酸通过一定的反应途径先转变成丙酮酸、乙酰 CoA 或三羧酸循环的中间产物，再经过三羧酸循环彻底氧化分解，为机体提供能量。

（3）转变生成糖和酮体。在动物体内，α-酮酸可以转变为糖和脂肪，这是用氨基酸饲喂人工糖尿病的犬而证实的。大多数的氨基酸可使试验犬的尿中葡萄糖含量增加，少数几种则可使葡萄糖及酮体的排出量同时增加，个别的只能使酮体的排出量增加。据此，把氨基酸分为三类。一类为生糖氨基酸，包括甘氨酸、缬氨酸、丙氨酸、天冬氨酸、丝氨酸、谷氨酸、苏氨酸、精氨酸、半胱氨酸、组氨酸、脯氨酸、甲硫氨酸、天冬酰胺和谷氨酰胺；另一类为生糖兼生酮氨基酸，包括异亮氨酸、苯丙氨酸、酪氨酸和色氨酸；第三类为生酮氨基酸，只有亮氨酸和赖氨酸两种。

在动物体，糖可以转化为脂肪；酮体只能转变为乙酰 CoA，进而生成脂酰 CoA，参与脂肪的合成，但不能转变为糖。可见无论是生糖氨基酸，还是生酮氨基酸，都可以转变成脂肪。

2. 非必需氨基酸的合成　组成动物体蛋白质的非必需氨基酸，除酪氨酸由苯丙氨酸羟化生成外，其他的非必需氨基酸主要由 4 种共同代谢中间产物（丙酮酸、草酰乙酸、α-酮戊二酸及 3-磷酸甘油）之一及其前体简单合成。

（1）丙氨酸、天冬酰胺、天冬氨酸、谷氨酸及谷氨酰胺的合成。这几种氨基酸由丙酮酸、草酰乙酸和 α-酮戊二酸转氨基反应生成。天冬酰胺和谷氨酰胺分别由天冬氨酸和谷氨酸经氨基化反应合成：谷氨酰胺合成酶催化谷氨酰胺合成，NH_3 为氨基供体，反应中消耗 ATP 生成 ADP 和 Pi；天冬酰胺由天冬酰胺合成酶催化合成，利用谷氨酰胺提供氨基，消耗 ATP 生成 AMP。合成过程见图 7-4。

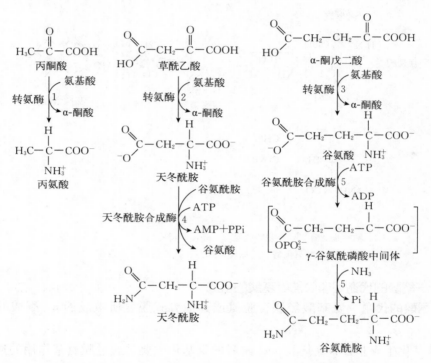

图 7-4　丙氨酸、天冬氨酸、谷氨酸、天冬酰胺和谷氨酰胺的合成

（2）脯氨酸、鸟氨酸和精氨酸的合成。谷氨酸是脯氨酸、鸟氨酸、精氨酸合成的前体。谷氨酸 γ-羧基还原生成醛，继而进一步还原可生成脯氨酸。此过程的中间产物 5-谷氨酸半醛在鸟氨酸-δ-氨基转移酶催化下直接转氨生成鸟氨酸。

（3）丝氨酸、半胱氨酸和甘氨酸由 3-磷酸甘油生成。丝氨酸由糖代谢中间产物 3-磷酸甘油经 3 步反应生成：①3-磷酸甘油酸在 3-磷酸甘油酸脱氢酶的催化作用下，生成 1-磷酸羟基丙酮酸；②由谷氨酸提供氨基，经转氨作用生成 3-磷酸丝氨酸；③3-磷酸丝氨酸水解生成丝氨酸。

丝氨酸以 2 种途径参与甘氨酸的合成：①由丝氨酸羟甲酰转移酶催化，直接生成甘氨酸，同时生成 N^5，N^{10}—CHO—FH_4；②由 N^5，N^{10}—CHO—FH_4 及 CO_2 和 NH_4^+ 在甘氨酸合成酶的催化下缩合生成。

三、氨基酸的脱羧基作用

部分氨基酸可在氨基酸脱羧酶催化下进行脱羧基作用，生成相应的胺和CO_2。脱羧酶的辅酶为磷酸吡哆醛。脱羧基作用不是体内氨基酸分解的主要方式，但产生的胺一部分可生成一些具有重要生理活性的胺类物质，下面列举几种氨基酸脱羧产生的重要胺类物质及胺类物质的进一步代谢。

1. γ-氨基丁酸（GABA）　GABA由谷氨酸脱羧基生成，催化此反应的酶是L-谷氨酸脱羧酶。此酶在脑、肾组织中活性很高，所以脑中GABA含量较高。

L-谷氨酸　　γ-氨基丁酸

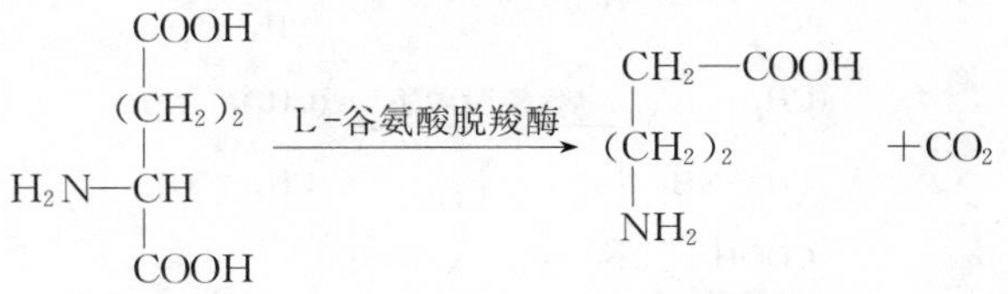

GABA是一种仅见于中枢神经系统的抑制性神经递质，对中枢神经元有普遍性抑制作用。在脊髓，作用于突触前神经末梢，减少兴奋性递质的释放，从而引起突触前抑制，在脑则引起突触后抑制。

2. 组胺　由组氨酸脱羧生成。组胺主要由肥大细胞产生并贮存，在乳腺、肺、肝、肌肉及胃黏膜中含量较高。

L-组氨酸　　组胺

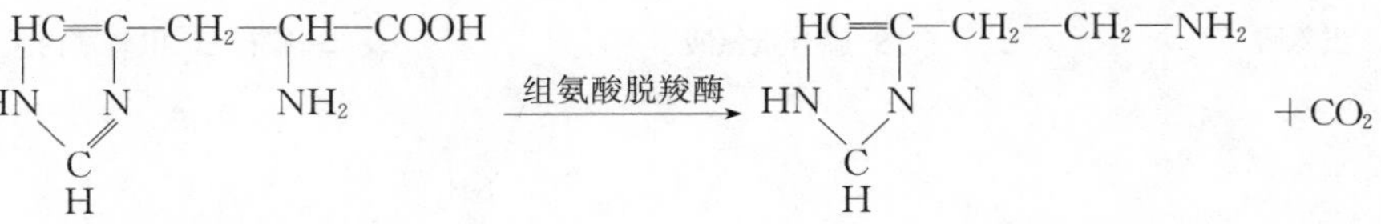

组胺是一种强烈的血管舒张剂，并能增加毛细血管的通透性，可引起血压下降和局部水肿。组胺的释放与过敏反应密切相关。组胺还具有刺激胃蛋白酶和胃酸分泌的功能。

3. 5-羟色胺　色氨酸在脑中首先由色氨酸羟化酶催化生成5-羟色氨酸，再经5-羟色氨酸脱羧酶作用生成5-羟色胺。

色氨酸　　5-羟色氨酸　　5-羟色胺

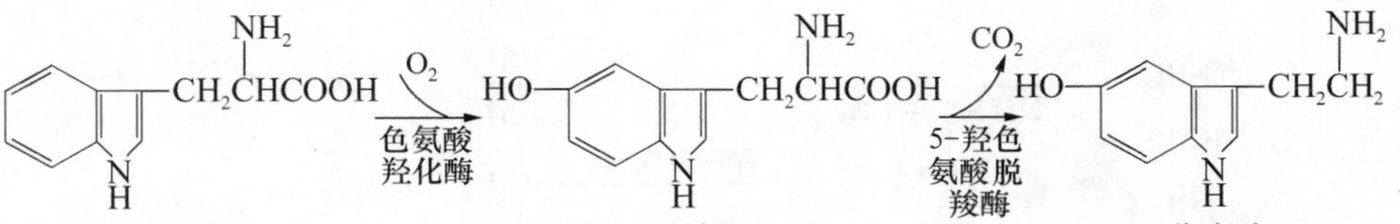

5-羟色胺在神经组织中具有重要的功能，目前已确定中枢神经系统有5-羟色胺神经元。5-羟色胺可使大部分交感神经的节前神经元兴奋，而使副交感神经的节前神经元抑制。其他组织如小肠、血小板、乳腺细胞中也有5-羟色胺，具有强烈的血管收缩作用。

4. 多胺　鸟氨酸在鸟氨酸脱羧酶催化下可生成腐胺，S-腺苷蛋氨酸（SAM）在SAM脱羧酶催化下脱羧生成S-腺苷-3-甲硫基丙胺。在精脒合成酶催化下将S-腺苷-3-甲硫基丙胺的丙胺基转移到腐胺分子上合成精脒；再在精胺合成酶催化下，将另一分子 S-腺苷-3-甲硫基丙胺的丙胺基转移到精脒分子上，最终合成了精胺。腐胺、精脒和精胺总称为多胺（图 7-5）。

多胺存在于精液及细胞核糖体中，是调节细胞生长的重要物质，多胺分子带有较多正电荷，能与带负电荷的 DNA 及 RNA 结合，稳定其结构并促进核酸及蛋白质合成的某些环节。在生长旺盛的组织，如胚胎、再生肝及癌组织中，多胺含量升高，所以可利用血或尿中多胺含量作为肿瘤诊断的辅助指标。

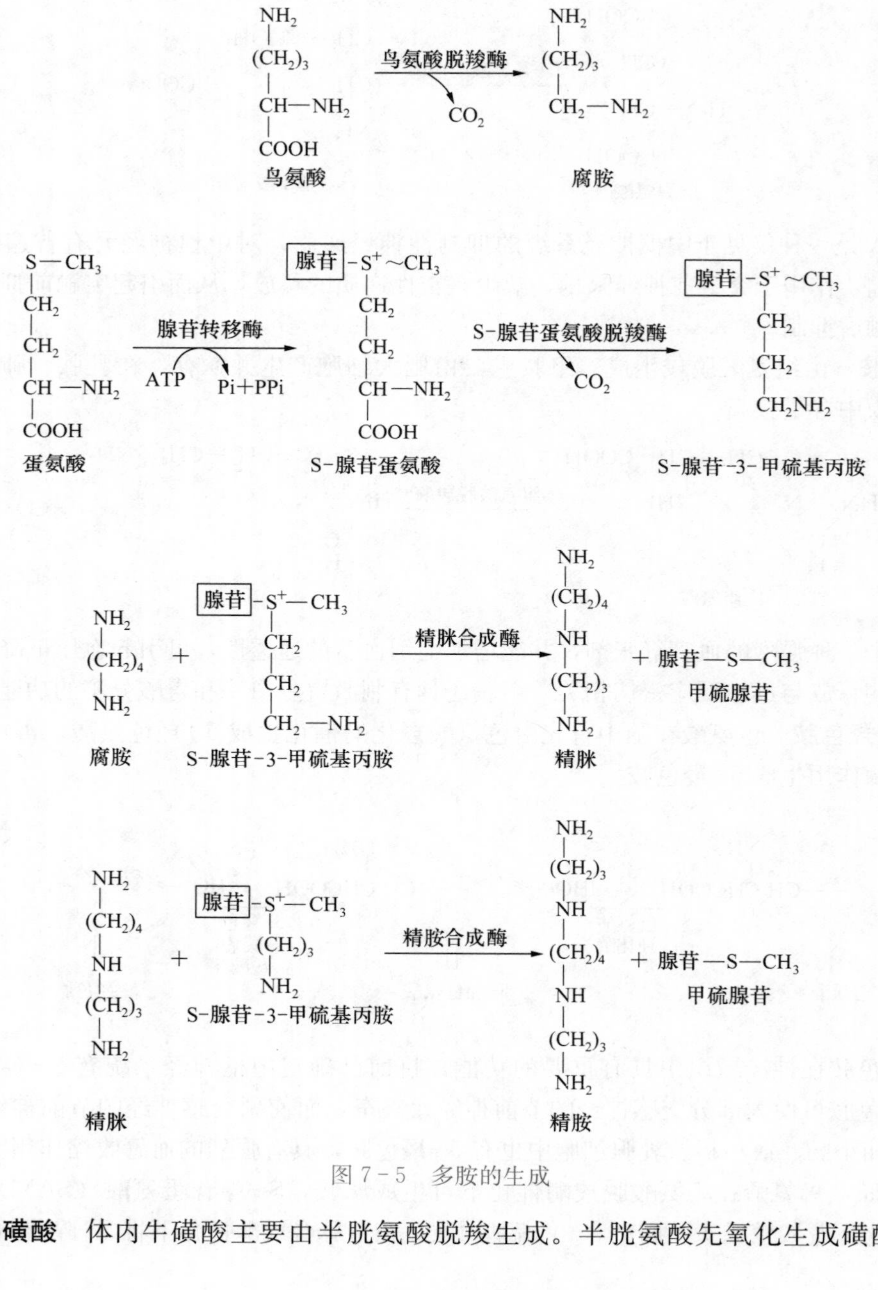

图 7-5 多胺的生成

5. 牛磺酸 体内牛磺酸主要由半胱氨酸脱羧生成。半胱氨酸先氧化生成磺酸丙氨酸，再由磺酸丙氨酸脱羧酶催化脱去羧基，生成牛磺酸。牛磺酸是结合胆汁酸的重要成分。

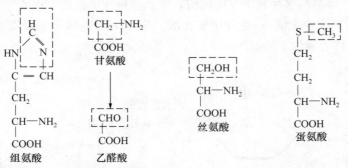

$$\begin{array}{c}CH_2SH\\|\\H_2N-CH\\|\\COOH\end{array}\quad\xrightarrow{3[O]}\quad\begin{array}{c}CH_2SO_3H\\|\\CH-NH_2\\|\\COOH\end{array}\quad\xrightarrow[CO_2]{\text{磺酸丙氨酸脱羧酶}}\quad\begin{array}{c}CH_2SO_3H\\|\\CH_2-NH_2\end{array}$$

L-半胱氨酸　　　　　　磺酸丙氨酸　　　　　　　　　　牛磺酸

单元 三 个别氨基酸的代谢

单元解析
DANYUANJIEXI

本单元包括的主要知识点有：一碳基团氨基酸的代谢，芳香族氨基酸的代谢，含硫氨基酸的代谢。重点阐述了甲硫氨酸、半胱氨酸、谷胱甘肽三种含硫氨基酸的代谢，为后续课程动物药理学、临床兽医的学习打下基础。通过多媒体对含硫氨基酸的代谢过程有更直观的认识。

除了前述的一般代谢途径外，某些氨基酸在体内有其特殊的代谢途径，现介绍如下。

一、一碳基团氨基酸的代谢

某些氨基酸在代谢过程中能生成含一个碳原子的有机基团，再经过转移参与生物合成过程。这些含一个碳原子的有机基团称为一碳基团或一碳单位，有关一碳基团生成和转移的代谢称为一碳基团代谢。

动物体内的一碳基团有甲基（—CH_3）、甲烯基（—CH_2—）、甲炔基（—CH＝）、甲酰基（—CHO）、亚氨甲基（—CH＝NH）等，它们可来自甘氨酸、组氨酸、丝氨酸、色氨酸、蛋氨酸等。

一碳基团不能游离存在，必须由特殊的载体携带，—COOH、HCO_3^-、CO_2 不属于一碳基团。一碳基团通常与四氢叶酸（FH_4）结合而转运或参加生物代谢，FH_4 是一碳基团代谢的载体。四氢叶酸由叶酸衍生而来。

一碳基团具有重要的生理功能，一碳基团是合成嘌呤和嘧啶的原料，在核酸生物合成中具有重要作用。如 N^5，N^{10}＝CH—FH_4 直接提供甲基用于脱氧核苷酸 dUMP 向 dTMP 的转化。N^{10}—CHO—FH_4 和 N^5，N^{10}＝CH—FH_4 分别参与嘌呤碱中 C_2、C_3 原子的生成。S-腺苷蛋氨酸（SAM）提供甲基可参与体内多种物质合成，如肾上腺素、胆碱、胆酸等的合成。

一碳基团代谢将氨基酸代谢与核苷酸及一些重要物质的生物合成联系起来。一碳基团代谢的障碍可造成某些病理变化并导致疾病，如巨幼红细胞贫血等。磺胺药及某些抗癌药（氨甲蝶呤等）正是通过分别干扰细菌及瘤细胞的叶酸、四氢叶酸合成，进而影响核酸合成而发挥药理作用的。

二、芳香族氨基酸的代谢

1. 苯丙氨酸　苯丙氨酸在体内由苯丙氨酸羟化酶催化转变为酪氨酸。苯丙氨酸羟化酶是一种加氧酶，其辅酶为四氢生物蝶呤，催化反应不可逆，即体内酪氨酸不能转变为苯丙氨酸。

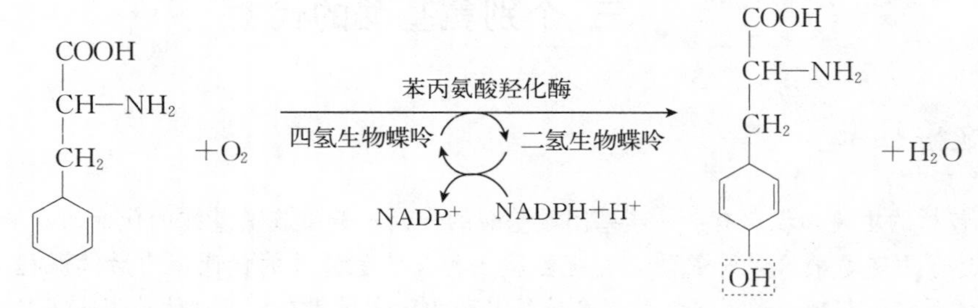

2. 酪氨酸　酪氨酸在体内可经进一步的代谢转化成许多重要生理活性物质，如多巴胺、去甲肾上腺素、肾上腺素、甲状腺素、黑色素等。

三、含硫氨基酸的代谢

含硫氨基酸有甲硫氨酸、半胱氨酸和胱氨酸 3 种，蛋氨酸可转变为半胱氨酸和胱氨酸，半胱氨酸和胱氨酸也可以相互转变，但胱氨酸不能变成蛋氨酸，所以蛋氨酸是必需氨基酸。

1. 甲硫氨酸的代谢　甲硫氨酸代谢的作用是转甲基作用与参与甲硫氨酸循环。甲硫氨酸中含有硫甲基，可参与多种转甲基的反应，生成多种含甲基的生理活性物质。在腺苷转移酶催化下可与 ATP 反应生成 S-腺苷甲硫氨酸（SAM）。SAM 中的甲基是高度活化的，称活性甲基，SAM 称为活性甲硫氨酸。

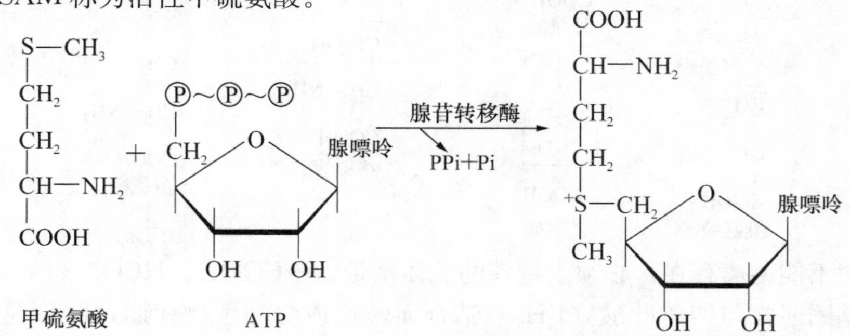

S-腺苷甲硫氨酸可在不同甲基转移酶的催化下，将甲基转移给各种甲基接受体而形成许多甲基化合物，如肾上腺素、胆碱、甜菜碱、肉碱、肌酸等都是从 S-腺苷甲硫氨酸中获得甲基的。S-腺苷甲硫氨酸是体内最主要的甲基供体，S-腺苷甲硫氨酸转出甲基后形成 S-腺苷同型半胱氨酸，S-腺苷同型半胱氨酸水解后释放出腺苷变为同型半胱氨酸。

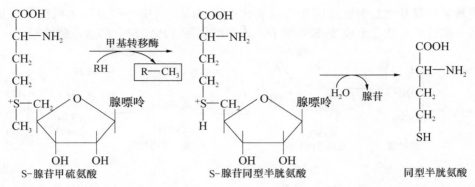

同型半胱氨酸可以接受 N^5—CH_3—FH_4 提供的甲基再生成蛋氨酸，形成一个循环过程，称为蛋氨酸循环（图7-6）。此循环的生理意义在于蛋氨酸分子中的甲基可间接通过 N^5—CH_3—FH_4 由其他非必需氨基酸提供，以防蛋氨酸的大量消耗。

尽管上述循环可以生成甲硫氨酸，但体内不能生成同型半胱氨酸，同型半胱氨酸只能由甲硫氨酸转变而来，所以实际上体内仍然不能合成甲硫氨酸，必须由食物提供。

由 N^5—CH_3—FH_4 提供甲基使同型半胱氨酸生成甲硫氨酸的反应中，需要 N^5—四氢叶酸甲基转移酶，此酶的辅酶是维生素 B_{12}。维生素 B_{12} 缺乏会引起蛋氨酸循环受阻。临床上可以见到维生素 B_{12} 缺乏引起的巨幼红细胞贫血。由于维生素 B_{12} 缺乏，

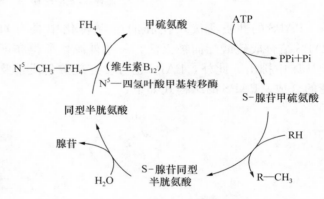

图7-6 蛋氨酸（甲硫氨酸）循环

使甲基转移酶活性低下，甲基转移反应受阻导致叶酸以 N^5，N^{10}—四氢叶酸形式在体内堆积。这样，其他形式的叶酸大量消耗，以至于这些叶酸作辅酶的酶活力降低，影响了嘌呤碱和胸腺嘧啶的合成，从而影响核酸的合成，引起巨幼红细胞贫血。也就是说，维生素 B_{12} 对核酸合成的影响是间接地通过影响叶酸代谢而实现的。

2. 半胱氨酸和胱氨酸的代谢 半胱氨酸和胱氨酸可以互变。半胱氨酸含巯基（—SH），胱氨酸含有二硫键（—S—S—），二者可通过氧化还原而发生互变。胱氨酸不参与蛋白质的合成，蛋白质中的胱氨酸由半胱氨酸残基氧化脱氢而来。在蛋白质分子中2个半胱氨酸残基间所形成的二硫键对维持蛋白质分子构象起重要作用，此外，蛋白质分子中半胱氨酸的巯基是许多蛋白质或酶的活性基团。

$$2 \begin{array}{c} CH_2-SH \\ CH-NH_2 \\ COOH \end{array} \underset{+2H^+}{\overset{-2H^+}{\rightleftharpoons}} \begin{array}{c} CH_2-S-S-CH_2 \\ CH-NH_2 \quad CH-NH_2 \\ COOH \qquad COOH \end{array}$$

半胱氨酸　　　　　　　胱氨酸

半胱氨酸在体内主要通过2条途径降解为丙酮酸：一条是在双氧酶的催化作用下的直接氧化途径，或称半胱亚磺酸途径；另一条是通过转氨的3-巯基丙酮酸途径。

半胱氨酸巯基可经半胱亚磺酸途径氧化生成硫酸。其中一部分以无机盐形式从尿中排出，另一部分可经活化生成3-磷酸腺苷-5-磷酸硫酸（PAPS），即活性硫酸根。

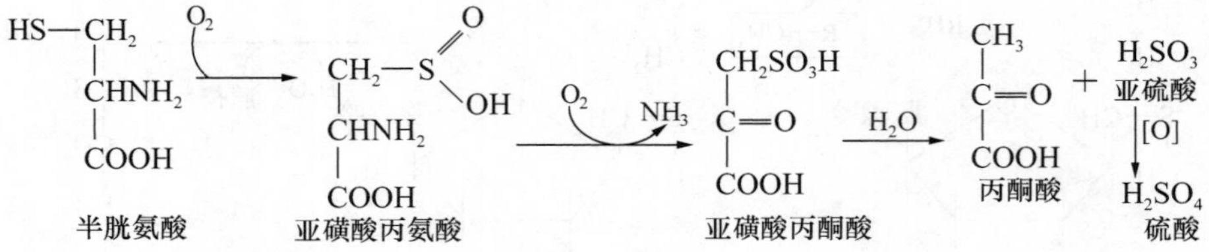

半胱氨酸　　亚磺酸丙氨酸　　　　亚磺酸丙酮酸　　　　丙酮酸　　亚硫酸／硫酸

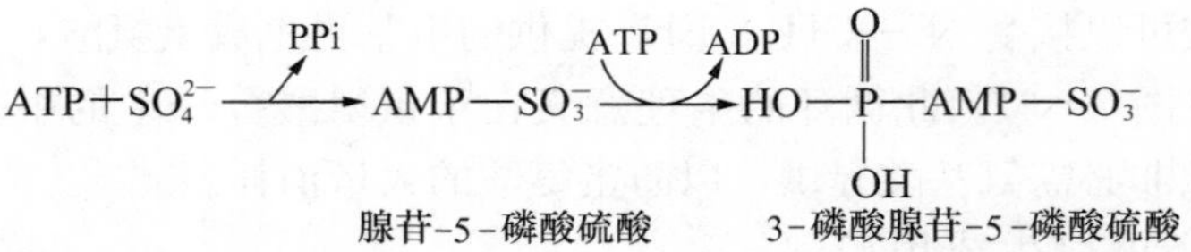

$$ATP + SO_4^{2-} \xrightarrow{PPi} AMP - SO_3^- \xrightarrow{ATP \quad ADP} HO - \overset{O}{\underset{OH}{P}} - AMP - SO_3^-$$

腺苷-5-磷酸硫酸　　　　　3-磷酸腺苷-5-磷酸硫酸

PAPS 的性质活泼，在肝的生物转化中具有重要作用。例如，类固醇激素可与PAPS 结合成硫酸酯而被灭活，一些外源性酚类亦可形成硫酸酯而增加其溶解性，以利于从尿中排出。此外，PAPS 也可参与硫酸角质素及硫酸软骨素等分子中硫酸化氨基多糖的合成。PAPS 的结构式如下：

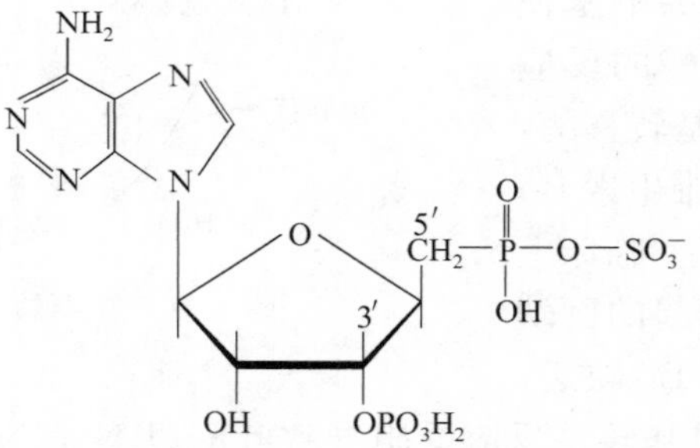

3. 谷胱甘肽的合成　谷胱甘肽（GSH）的合成不需要核苷酸编码，直接由 γ-谷氨酰半胱氨酸合成酶和 GSH 合成酶通过 γ-谷氨酰基循环合成（图7-7）。

模块小结

本模块分别讲述了蛋白质的营养作用、氨基酸的一般分解代谢、个别氨基酸的代谢三个知识单元。

1. 蛋白质的营养作用　讲述蛋白质的生理功能、营养价值。主要包括氮平衡的三种情况、必需氨基酸等知识点。

2. 氨基酸的一般分解代谢　讲述氨基酸的脱氨基作用、脱羧基作用两种代谢途径，以及有关脱氨基产物氨、α-酮酸的代谢。主要包括氨基酸的三种脱氨基方式，氨、α-酮酸各自不同的三种代谢去路等知识点。

3. 个别氨基酸的代谢　讲述一碳基团氨基酸、芳香族氨基酸、含硫氨基酸等不同的代谢途径。主要包括一碳基团氨基酸、甲硫氨酸、半胱氨酸、谷胱甘肽的代谢过程等知识点。

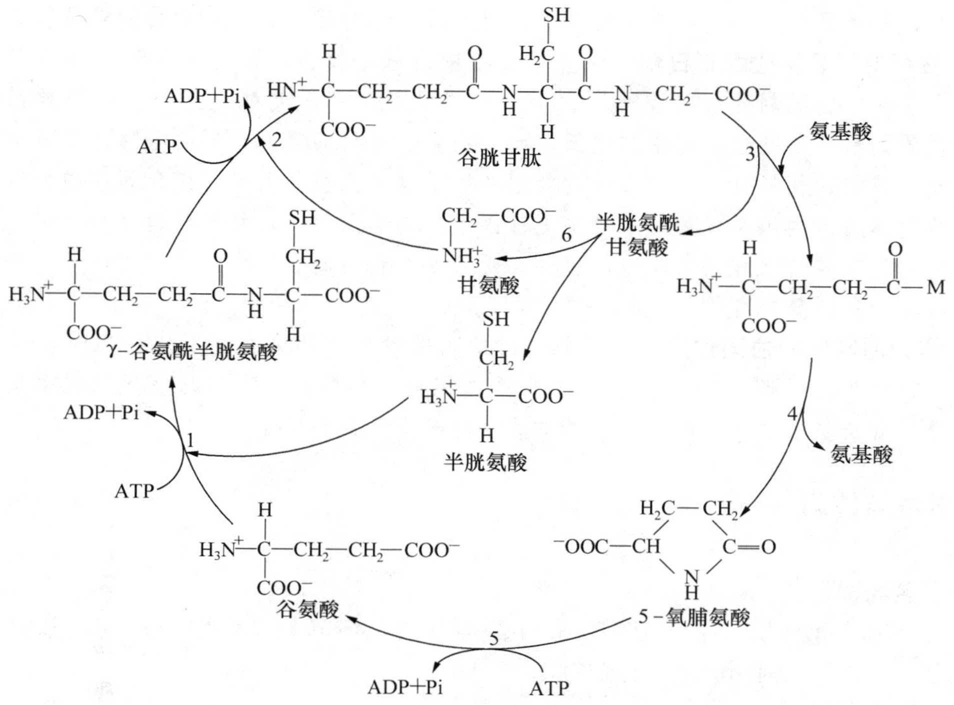

图 7-7　γ-谷氨酰基循环

拓展提高

动物配合饲料中氨基酸的有效合理利用

蛋白质是动物最重要的营养素之一，是生命的物质基础，它是机体的重要组成成分，参与绝大部分与动物生命相关的生物化学反应，在动物生命活动中起着重要作用。蛋白质的组成单位是氨基酸，饲料蛋白质由 22 种氨基酸组成，氨基酸通过不同的排列组合构成了形态各异的蛋白质分子。根据动物体内能否合成或合成的速度快慢，氨基酸可分为两大类：一类是必需氨基酸，另一类是非必需氨基酸。必需氨基酸如蛋氨酸、赖氨酸、色氨酸等在一般饲料中含量较少，缺乏时往往会影响其他氨基酸的利用率，因此又称为限制性氨基酸。

蛋白质饲料是指干物质中粗蛋白质含量达到或超过 20%、粗纤维含量低于 18% 的饲料，又分为植物性蛋白质饲料和动物性蛋白质饲料。植物性蛋白质饲料以各种油料作物籽实榨油后的饼粕为主（主要有大豆、棉籽、花生、菜籽等饼粕），动物性蛋白质饲料包括鱼粉、肉粉及肉骨粉、血粉、皮革粉、羽毛粉、蚕蛹粕（粉）等。蛋白质品质的优劣是通过氨基酸的含量与比例来衡量的，各种饲料中粗蛋白质的含量和品质差别很大。就其含量而言，动物性饲料中最高（40%～80%），油饼类次之（30%～40%），糠麸及禾本科籽实类较低（7%～13%）。就其质量而言，动物性饲料、豆科及油饼类饲料中蛋白质品质较好。

1. 氨基酸平衡问题　蛋白质中各种必需氨基酸的种类、含量和相互之间的比例与动物的需要相符合，即氨基酸平衡。氨基酸平衡的蛋白质被称为"理想蛋白"。按照"理想蛋白"

配制日粮，日粮蛋白质的利用率就较高，饲料的成本相对降低，饲养动物的效益较高。

2. 按可消化氨基酸配制日粮 大多数日粮中的氨基酸不能被完全消化，许多常用原料如玉米和豆粕中的限制性氨基酸大约 90％可被消化，个别氨基酸之间会存在差异。一些植物性蛋白质饲料的氨基酸消化率非常低，而动物蛋白原料的氨基酸消化率随加热程度的不同变化很大。目前，饲料可消化氨基酸的数据还不是非常完整，而且可消化氨基酸的测定还受不同动物的体质、内源氮损失、尿氮损失等因素的影响而使测定结果稍有差异，但按可消化氨基酸配制日粮是未来配料的趋势，这样，既可使原料得到合理利用，又可改善动物生产性能，还可减少排泄氮对环境的污染。

3. 蛋白原料间的协同作用 实际配料时使用 2 种以上的蛋白饲料比使用单一蛋白饲料效果要好。比如，玉米-豆粕型日粮中适当添加花生粕和棉粕，更容易使氨基酸平衡，使限制性氨基酸如蛋氨酸、赖氨酸、苏氨酸的添加量减少，饲料成本降低。

 **思考与练习**

一、名词解释

1. 必需氨基酸 2. 生糖氨基酸 3. 生酮氨基酸 4. 转氨基作用 5. 一碳基团 6. 联合脱氨基作用 7. 氮平衡 8. 谷胱甘肽

二、简答题

1. 动物体内脱氨基作用有哪几种方式？其中哪种方式最重要？

2. 什么是鸟氨酸循环？鸟氨酸循环的生理意义是什么？

3. 谷丙转氨酶和谷草转氨酶分别催化什么反应？

4. 动物体解除氨毒的方式主要有哪些？

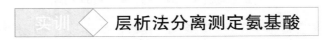

实训 **层析法分离测定氨基酸**

一、纸层析法分离氨基酸

【目的】

了解氨基酸纸层析的基本原理，学习纸层析技术，掌握纸层析法分离鉴别氨基酸混合液中的氨基酸种类。

【原理】 氨基酸混合液经纸上层析，由于不同的氨基酸有不同的分配系数，移动速率不同，从而达到分离。经显色后，与标准氨基酸图谱比较或与氨基酸的标准 R_f 值比较，可辨别各种氨基酸。

【器材与试剂】

1. **仪器** 微量注射器或毛细管，层析缸，新华滤纸 1 号，2B 铅笔，直尺，喷雾器，电热烘箱，电吹风，培养皿（9～10 cm），小烧杯，针线等。

2. **试剂与材料**

（1）展层剂。4 mL 水饱和的正丁醇和 1 mL 冰醋酸的混合物。将 20 mL 正丁醇和 5 mL

冰醋酸放入分液漏斗中，与 15 mL 水混合，充分振荡，静置后分层，放出下层水层。取漏斗内的展层剂约 5 mL 置于小烧杯中做平衡溶剂，其余的倒入培养皿中备用。

（2）0.2％茚三酮显色剂。称取 0.2 g 茚三酮，溶于 100 mL 丙酮中。

（3）0.5％标准氨基酸溶液。称取各种氨基酸各 0.5 g，分别置于 100 mL 容量瓶中，用 10％异丙醇溶液溶解，定容至刻度。

（4）氨基酸混合液。

【方法与操作】

（1）将盛有平衡溶剂的小烧杯置于密闭的层析缸中。

（2）用镊子夹取层析滤纸（长 22 cm、宽 14 cm）一张。在纸的一端距边缘 2～3 cm 处用铅笔划一条直线，在此直线上每隔 2 cm 作一个记号。

（3）点样。用毛细管将各氨基酸样品分别点在直线上，氨基酸的点样量以每种氨基酸 5～20 μg 为宜，每点在纸上扩散的直径最大不超过 3 mm。点样时，必须待第一滴样品干后再点第二滴。为使样品快速干燥，可用吹风机吹干。

（4）展层。将点样后的滤纸两侧对齐，用线将滤纸缝成筒状，纸的两边不能接触。将样纸放在层析缸中的小烧杯上饱和 0.5 h 后，将盛有约 20 mL 展层剂的培养皿迅速置于密闭的层析缸中，并将滤纸直立于培养皿中，点样的一端向下，点样线应高出展层剂的液面 1 cm。待溶剂上升到离顶端 1 cm 左右时，取出滤纸，用铅笔描出前沿界线，自然干燥或用吹风机热风吹干。

（5）显色。用喷雾器均匀喷上 0.1％茚三酮显色液，置烘箱中烘烤 5 min（100 ℃）或用热风吹干即可显示出各层析斑点。

（6）定性鉴定。用样品的层析图谱与标准氨基酸的层析图谱相比较，根据 R_f 值的大小，确定样品中氨基酸的种类。根据纸层析图谱算出各种氨基酸的 R_f 值。

【注意事项】

（1）不能直接用手触摸层析纸。

（2）缝合时纸的两边不能接触，以免由于毛细现象溶剂沿边缘快速移动而造成溶剂前沿不齐，影响 R_f 值。

（3）实验也可以用吲哚醌喷雾显色。吲哚醌显色的灵敏度比茚三酮低，但不同的氨基酸可呈现不同颜色。

二、薄层层析法分离氨基酸

【目的】 薄层层析技术在生化物质的分离、鉴定、纯化、制备等方面有着广泛的应用。通过本实验的学习，掌握薄层层析的基本原理和操作方法。

【原理】 将固体支持物在玻璃板上均匀地铺成薄层，把要分析的样品加到薄层上，然后用合适的溶剂展开，可达到分离、鉴定各种物质的目的。作为固体支持物的材料主要为吸附剂如氧化铝 G 和硅胶 G，它能够将氨基酸密集到表面上，当用展层剂展开时氨基酸就会受到吸附与解吸附两种作用力，由于各种氨基酸的结构与性质的差异，在薄层板上移动的速度不同而得以分离。经显色后即可定性及定量鉴定。

【器材与试剂】

1. **仪器** 吹风机，恒温培养箱，烘箱，层析缸，玻璃板（8 cm×15 cm），培养皿（直径10 cm），喷雾器，点样毛细管或微量注射器，研钵，紫外线透射仪。

2. 试剂与材料

（1）0.1 mol/L 几种氨基酸的混合液。

（2）展层剂。正丁醇、乙酸、水的体积比为 3：1：1。

（3）0.25％茚三酮丙酮溶液。

（4）硅胶 G。

【方法与操作】

1. 薄板的制备　取 3 g 硅胶 G（可制 8 cm×15 cm 薄板 2 块），放入研钵中加蒸馏水 10 mL 研磨，待成糊状后，迅速均匀地倒在已备好的干燥洁净的玻璃板上，手持玻璃板在桌子上轻轻振动。使糊状硅胶 G 铺匀，室温下风干，使用前置 105 ℃烘箱中活化 30 min。

2. 点样　在距薄板底边 1.5 cm 处，等距离确定 3 个点样点（相邻两点间距 1.5 cm）。用毛细管分别吸取酪氨酸、苯丙氨酸与混合氨基酸，点于样点处，每个样品点 2～3 次，每次用吹风机吹干后再点下一次。样点直径应小于 3 mm。

3. 层析　在层析缸中放入一直径为 10 cm 的培养皿，注入展层剂，深度为 0.5 cm 左右。将点好样的薄板放入缸中（注意不能浸及样点），密封层析缸。待溶液前沿上升至距薄板上沿约 1 cm 处时取出，用毛细管标出前沿位置。

4. 显色观察　吹干后用 0.25％的茚三酮丙酮溶液均匀喷雾（注意不能有液滴），置烘箱（60～80 ℃）中或用吹风机吹热风显色 5～15 min，即可见各种氨基酸的层析斑点。若样品氨基酸为酪氨酸、苯丙氨酸及色氨酸，可直接用紫外线透射仪观察斑点。

【注意事项】

（1）在同一实验系统中使用同一制品、同一规格的吸附剂，颗粒大小最好在 250～300 目。制板时硅胶 G 加水研磨时间应掌握在 3～5 min，研磨时间过短则硅胶吸水膨胀不够，不易铺匀，研磨时间过长则来不及铺板硅胶 G 就会凝固。

（2）配制展层剂时，应现用现配，以免放置过久其成分发生变化。

（3）保持薄板的洁净，避免人为污染干扰实验结果。

（4）点样和显色用吹风机时勿离薄板太近，以防吹破薄层。

三、氨基酸离子交换层析

【目的】　了解阳离子交换树脂分离氨基酸的基本原理，学会离子交换层析的基本操作方法。

【原理】　各种氨基酸分子的结构不同，在同一 pH 下与离子交换树脂的亲和力不同，因此可依亲和力从小到大的顺序被洗脱液洗脱下来，达到各种氨基酸的分离。

【器材与试剂】

1. 仪器　20 cm×1.5 cm 层析管，吸管，部分收集器，电炉，试管，恒压洗脱瓶，搪瓷杯，分光光度计。

2. 试剂与材料

（1）苯乙烯磺酸钠型树脂（强酸 1×8，100～200 目）。

（2）1 mol/L 盐酸溶液。

（3）1 mol/L 氢氧化钠溶液。

（4）标准氨基酸溶液。天冬氨酸、赖氨酸和组氨酸均配制成 2 mg/mL 的 0.1 mol/mL 盐酸溶液。

（5）混合氨基酸溶液。将上述天冬氨酸、赖氨酸和组氨酸溶液按 1：2.5：10（体积比）

的比例混合。

（6）柠檬酸-氢氧化钠-盐酸缓冲液（pH 5.8，钠离子浓度 0.45 mol/L）。取柠檬酸（$C_6O_7H_8 \cdot H_2O$）14.25 g、氢氧化钠 9.30 g 和浓盐酸（密度 1.19 g/cm³）5.25 mL 溶于少量水后，定容至 500 mL，置冰箱保存。

（7）显色剂。将 2 g 水合茚三酮溶于 75 mL 乙二醇单甲醚中，加水至 100 mL。

（8）50％乙醇溶液。

【方法与操作】

1. 层析材料的准备与装柱 将强酸型阳离子交换树脂用水浸泡，倾去小颗粒，滤干。用 1 mol/L 盐酸溶液浸泡 1 h，用去离子水洗至中性。再用 1 mol/L NaOH 浸泡 1 h 处理成 Na⁺ 型，用去离子水洗至中性，搅拌 1 h 后装成一个直径 1.5 cm、高 16～18 cm 的离子交换层析柱。

2. 氨基酸的洗脱 用 pH 5.8 的柠檬酸缓冲液流洗平衡交换柱（图实 7-1）。调节流速为 0.5 mL/min，流出液达柱体积的 4 倍时即可上样。由柱上端仔细加入氨基酸混合液 0.25～0.5 mL，同时开始收集流出液。当样品液弯月面靠近树脂顶端时，立刻加入 0.5 mL 柠檬酸缓冲液冲洗加样品处，待缓冲液弯月面靠近树脂顶端时再加入 0.5 mL 缓冲液。如此重复 2 次，然后用滴管小心注入柠檬酸缓冲液（切勿搅动床面），并将柱与洗脱瓶和部分收集器相连。开始用试管收集洗脱液，每管收集 1 mL，共收集 60～80 管。

3. 氨基酸的鉴定 向各管收集液中加 0.5 mL 水合茚三酮显色剂并混匀，在沸水浴中准确加热 15 min 后冷却至室温，再加 2.5 mL 的 50％乙醇溶液，放置 10 min。以收集液第二管为空白，测定 A_{570nm} 的吸光度。以吸光度为纵坐标，以洗脱液体积为横坐标绘制洗脱曲线。以已知 3 种氨基酸纯溶液为样品，按上述方法和条件分别操作，将得到的洗脱曲线与混合氨基酸的洗脱曲线对照，可确定 3 个峰的大致位置及各峰所示为何种氨基酸（图实 7-1B）。

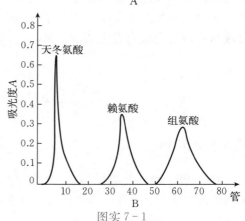

图实 7-1

A. 离子交换柱层析分离氨基酸 B. 混合氨基酸的洗脱曲线

思 政 园 地

从限制性氨基酸看木桶效应

模块八
核酸和蛋白质的生物合成

知识目标
ZHISHIMUBIAO

掌握中心法则、半保留复制、转录、RNA 在蛋白质合成中的功能、遗传密码及特性、基因。掌握核酸和蛋白质合成后的加工、修饰，DNA 复制的方式，反转录。了解参与 DNA 复制、RNA 转录、蛋白质生物合成的酶，了解现代生物技术。

技能目标
JINENGMUBIAO

了解 PCR 技术的原理并能用以进行体外 DNA 的扩增。

核酸（nucleic acid）是生物体的基本组成物质，是遗传信息的携带者，从高等动、植物到简单的病毒都含有核酸。它在生物的个体发育、生长、繁殖、遗传和变异等生命过程中起着极为重要的作用。蛋白质是生命活动的物质基础，几乎在一切生命过程中都起着关键的作用。蛋白质和核酸都是生物大分子。蛋白质是 DNA 携带的遗传信息的体现者。因此，核酸合成与蛋白质合成有着密切的关系。

单元一 DNA 的生物合成

单元解析
DANYUANJIEXI

结合 PPT 和动画掌握 DNA 复制的过程；以 DNA 聚合酶的特点为线索，引导掌握 DNA 复制的高保真性、引物的作用、连续与不连续复制、冈崎片段，为以后的应用打下基础。

一、半保留复制

（一）DNA 半保留复制的含义

DNA 呈双螺旋结构，这样的结构对于维持遗传物质的稳定性和复制的准确性都是极为重要的。DNA 的两条链是严格遵循 A—T 和 G—C 碱基配对所形成的氢键联合在一起，这两条链是互补的。Watson 和 Crick 提出 DNA 双螺旋结构模型时就推测，在 DNA 复制时，亲代 DNA 的双螺旋先解旋和分开，然后以每条链为模板，按照碱基配对原则，在这两条链上各形成一条互补链。这样，亲代 DNA 的分子可以精确地复制成两个子代 DNA 分子。每个子代 DNA 分子中，有一条链是从亲代 DNA 来的，另一条则是新形成的，所以称为半保留复制（semiconservative replication）（图 8−1）。1957 年 Meselson 及 Stahl 通过实验证实了 DNA 半保留复制的模式。DNA 的半保留复制可以使遗传信息的传递保持相对的稳定性，这和它的遗传功能是相吻合的，说明半保留复制具有重要的生物学意义。

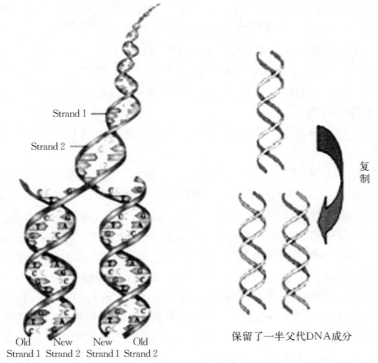

图 8-1　DNA 的半保留复制

（二）参与 DNA 复制的酶类

DNA 合成的反应是很复杂的，催化反应的酶也有多种，现将与 DNA 合成有关的几种酶和相关的蛋白质因子简要介绍如下：

1. DNA 聚合酶　DNA 聚合酶是指以脱氧核苷三磷酸作为前体，催化合成 DNA 的一类酶，又称为依赖 DNA 的 DNA 聚合酶。真核生物与原核生物的 DNA 聚合酶组成不同，但性质基本相似。催化的共同特点为：①需要 DNA 为模板；②需要 RNA 为引物，即 DNA 聚合酶不能催化从无到有的反应；③DNA 链的延长方向为 $5'{\rightarrow}3'$；④DNA 聚合酶具有外切酶活性。

2. 引发酶　因为 DNA 聚合酶不能催化两个游离的 dNTP 聚合，只能在引物 $3'$—OH 连接下一个核酸。因此，当 DNA 复制开始时，首先需要由引物酶催化合成一条短链 RNA 作为合成 DNA 的引物，引物酶在复制起始部位催化合成与 DNA 模板互补的 RNA 片段。合成方向为 $5'{\rightarrow}3'$。不同生物 RNA 引物的长短不同，原核生物有 55～100 个核苷酸，动物细胞约有 10 个核苷酸。

3. DNA 连接酶　DNA 连接酶能催化双股 DNA 中一股缺口的 $3'$—OH 与 $5'$-磷酸形成磷酸二酯键，使缺口两侧的 DNA 片段得以连接，反应中需消耗 ATP。DNA 修复过程留下的缺口，均由 DNA 连接酶连接封闭。

4. DNA 解螺旋酶　其作用是从复制起始点开始解开 DNA 双链，每解开 1 对碱基，需消耗 2 个分子 ATP。在 DNA 复制时，大肠杆菌复制蛋白与某种解链蛋白分别在两条 DNA 母链上协同作用，DnaA 识别复制起始点、DnaC 辅助解旋酶作用，使 DNA 双链得以解开。

5. DNA 拓扑异构酶　DNA 具有拓扑性质。所谓拓扑性质，是指物体或图像作弹性移动而又保持物体不变的性质。碱基序列相同但连环数（拓扑环绕数）不同的两个双链 DNA 分子称为拓扑异构体。能催化 DNA 拓扑异构体互变的一类酶称为拓扑异构酶。它作用的结果是使 DNA 由正超螺旋结构状态转变为负超螺旋结构状态。

6. 端粒酶　端粒酶是一种核糖核蛋白酶，是一种特殊的 DNA 聚合酶，属于反转录酶。它由 RNA 和蛋白质组分构成，以脱氧核糖核苷酸为底物，以酶分子中的 RNA 亚单位中的一段序列为模板，延伸染色体的 3′ 端，解决通常 DNA 复制时引起的末端短缩。

（三）DNA 复制的过程

DNA 的复制过程十分复杂，有些机理尚不完全清楚。通常把 DNA 复制的全部过程分为以下三个阶段。

1. 复制的起始　DNA 的复制有特定的起始位点，称为复制原点。许多生物的复制原点都是富含 A、T 的区段。原核细胞 DNA 复制只有一个起始位点，多数已被克隆并测定了核苷酸序列；真核细胞 DNA 复制有多个起始位点，目前还没有准确鉴定出来。

DNA 半保留复制分别以两条链为模板，合成两条互补新链。因此，在合成前必须使双螺旋两条链分开，形成复制的眼点即复制叉。DNA 解旋酶和 DNA 拓扑异构酶在此起重要作用。

DNA 双链解开后，接下去进行 DNA 的合成。DNA 链的延伸方向为 5′→3′。DNA 聚合酶需要 DNA 模板和 3′ 端的自由—OH 才能进行 DNA 的合成，使 DNA 链延伸，它们并不能直接启动 DNA 的合成。现在有充分的证据表明，RNA 作为引物参与了 DNA 合成的起始。人们很早就发现 RNA 聚合酶利用 DNA 为模板，不需要特殊的引物可以直接合成 RNA。因此 DNA 合成前，以 DNA 为模板，根据碱基配对原则，在一种特殊的 RNA 聚合酶即引物酶的催化下，先合成一段长 5～60 个核苷酸的 RNA 引物，提供 3′ 端自由—OH。然后，在 DNA 聚合酶Ⅲ的作用下进行 DNA 的合成。

2. DNA 链的延伸　DNA 复制最主要的形式是双向复制。DNA 两条新链的合成从一个复制叉开始双向延伸。模板 DNA 双螺旋的互补双链具有相反的方向，一条从 3′→5′，而另一条从 5′→3′，为反向平行。由于 DNA 聚合酶只有 5′→3′ 聚合酶的功能，而没有 3′→5′ 聚合酶的功能。这样两条 DNA 链在延伸时就产生了矛盾，开始人们想寻找一种具有 3′→5′ 方向聚合功能的酶，但是没有成功。那么，两条 DNA 新链到底是如何合成的呢？后来发现，只有一条 DNA 链的合成是连续的，而另一条的合成则是不连续的。所以从整个 DNA 分子水平来看，DNA 两条新链的合成方向是相反的，但是都是从 5′ 端向 3′ 方向延伸。现在一般把一直从 5′ 端向 3′ 方向延伸的链称为前导链，它是连续合成的。而另一条先沿 5′→3′ 方向合成一些片段，然后再由 DNA 连接酶将这些片断连起来成为长链，称为后随链（图 8-2）。

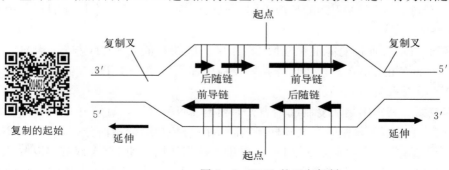

图 8-2　DNA 的双向复制

后随链的合成是不连续的。这种不连续合成是由冈崎等人首先发现的，所以现在将后随链上合成的 DNA 不连续单链小片段称为冈崎片段。在原核细胞中，每个冈崎片段含 1 000～2 000 个核苷酸，真核细胞中含 100～200 个核苷酸。DNA 复制过程如图 8-3 所示。

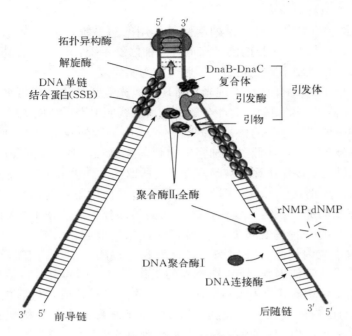

图 8-3 DNA 复制过程

3. DNA 复制的终止 DNA 链延伸阶段结束后，就会迅速地受到酶的作用，切除引物 RNA。切去 RNA 引物后留下的空隙，由 DNA 聚合酶催化合成一段 DNA 填补上。在 DNA 连接酶的作用下，连接相邻的 DNA 链。然后，修复掺入 DNA 链的错配碱基。这样以两条亲代 DNA 链为模板，各自形成一条新的 DNA 互补链，结果是形成了两个 DNA 双股螺旋分子。一般说来，链的终止不需要特定的信号，也不需要特殊的蛋白质来参与。目前对链的终止机制、终止点的部位和结构所知甚少，有待进一步研究。

（四）DNA 复制的高保真性

DNA 复制的精确度极高，误差率很低，以保证物种在维持遗传稳定性的同时，还要通过变异不断进化。

DNA 复制的高度忠实性至少要依赖三种机制：

（1）遵守严格的碱基配对规律。

（2）DNA 聚合酶在复制中对碱基的选择功能。

（3）复制出错时，DNA 聚合酶的即时校读功能。

（五）DNA 的损伤与修复

1. DNA 的损伤 DNA 在复制时产生错配，病毒基因整合，某些物化因子如紫外光、电离辐射和化学诱变等，会破坏 DNA 的双螺旋结构，从而影响 DNA 的复制，并使 DNA 的转录和翻译也跟着变化。若 DNA 的损伤得不到修复，会导致 DNA 突变，因而表现出异常的特征（生物突变）。

DNA 损伤的主要形式有：

（1）一个或几个碱基被置换。

（2）插入一个或几个碱基。

（3）一个或多个碱基对缺失。

2. DNA 的修复　细胞内具有一系列起修复作用的酶系统，可以修复 DNA 上的损伤，恢复 DNA 的正常双螺旋结构。目前已经知道有四种修复系统：光复活、切除修复、重组修复和诱导修复。后三种机制不需要光照，因此又称为暗修复。

（1）光复活。早在 1949 年就已发现光复活现象。光复活的机制是可见光（最有效波长为 400 nm 左右）激活了光复活酶，它能分解由于紫外线照射而形成的嘧啶二聚体。

光复活作用是一种高度专一的修复方式。它只作用于紫外线引起的 DNA 嘧啶二聚体。光复活酶在生物界分布很广，从低等单细胞生物到鸟类都有，而高等的哺乳类动物却没有。这说明在生物进化过程中该作用逐渐被暗修复系统所取代，并丢失了这个酶。

（2）切除修复。所谓切除修复，即是在一系列酶的作用下，将 DNA 分子中受损伤部分切除掉，并以完整的那一条链为模板，合成切去的部分，然后使 DNA 恢复正常结构的过程。这是比较普遍的一种修复机制，它对多种损伤均能起修复作用。参与切除修复的酶主要有：特异的核酸内切酶、外切酶、聚合酶和连接酶。细胞内有多种特异的核酸内切酶可识别由紫外线或其他因素引起的 DNA 的损伤部位，在其附近将核酸单链切开，再由核酸外切酶将损伤链切除，然后由 DNA 聚合酶进行修复合成，最后由 DNA 连接酶将新合成的 DNA 链与已有的链接上。大肠杆菌 DNA 聚合酶 I 兼有 $5'$ 核酸外切酶活性，因此修复合成和切除两步可由同一酶来完成。真核细胞的 DNA 聚合酶不具有外切酶活性，切除必须由另外的外切酶来进行。现在已能利用有关的酶在离体情况下实现 DNA 损伤的切除修复。

（3）重组修复。上述切除修复过程发生在 DNA 复制之前，因此又称为复制前修复。然而，当 DNA 开始复制时尚未修复的损伤部位也可以先复制再修复。例如，含有嘧啶二聚体、烷基化引起的交联和其他结构损伤的 DNA 仍然可以进行复制，但是复制酶系在损伤部位无法通过碱基配对合成子代 DNA 链，它就跳过损伤部位，在下一个冈崎片段的起始位置或前导链的相应位置上重新合成引物和 DNA 链，结果子代 DNA 链在损伤相对应处留下缺口。这种遗传信息有缺损的子代 DNA 分子可通过遗传重组而加以弥补，即从完整的母链上将相应核苷酸序列片段移至子链缺口处，然后用再合成的序列来补上母链的空缺。此过程称为重组修复，因为发生在复制之后，又称为复制后修复。

在重组修复过程中，DNA 链的损伤并未除去。当进行第二轮复制时，留在母链上的损伤仍会给复制带来困难，复制经过损伤部位时所产生的缺口还需通过同样的重组过程来弥补，直至损伤被切除修复所消除。但是，随着复制的不断进行，若干代后，即使损伤始终未从亲代链中除去，在后代细胞群中也已被稀释，实际上消除了损伤的影响。

（4）诱导修复。前面介绍的 DNA 损伤修复功能可以不经诱导而发生。然而许多能造成 DNA 损伤或抑制复制的因素均能引起一系列复杂的诱导效应，称为应急反应。SOS 反应包括 DNA 损伤修复效应、诱变效应、细胞分裂的抑制以及溶原性细菌释放噬菌体等。细胞的癌变也可能与 SOS 反应有关。

SOS 反应是细胞 DNA 受到损伤或复制系统受到抑制的紧急情况下，为求得生存而出现的应急效应。SOS 反应诱导的修复系统包括避免差错的修复和倾向差错的修复两类。光复活、切除修复和重组修复能够识别 DNA 的损伤或错配碱基而加以消除，在它们的修复过程中并不引入错配碱基，因此属于避免差错的修复。SOS 反应能诱导切除修复和重组修复中某些关键酶和蛋白质的产生，使这些酶和蛋白质在细胞内的含量升高，从而加强切除修复和重组修复的能力。此外，SOS 反应还能诱导产生缺乏校对功能的 DNA 聚合酶，它能在 DNA 损伤部位进行复制而避免细胞的死亡，可是却带来了高的变异率。

SOS 反应使细菌的细胞分裂受到抑制，结果长成丝状体。其生理意义可能是在 DNA 复制受到阻碍的情况下避免因细胞分裂而产生不含 DNA 的细胞，或者使细胞中有更多进行重组修复的机会。

SOS 反应广泛存在于原核生物和真核生物，它是生物在不利环境中求得生存的一种基本功能。SOS 反应主要包括两个方面：DNA 修复和导致变异。在一般环境中突变常是不利的，可是在 DNA 受到损伤和复制被抑制的特殊条件下生物发生突变将有利于它的生存。因此 SOS 反应可能在生物进化中起着重要作用。然而，另一方面，大多数能在细菌中诱导产生 SOS 反应的诱变剂，如 X 射线、紫外线、烷化剂、黄曲霉毒素等，对高等动物都是致癌的。而某些不能致癌的诱变剂却并不引起 SOS 反应，如 5 -溴尿嘧啶。因此猜测，癌变可能是通过 SOS 反应造成的。目前有关致癌物的一些简便检测方法即是根据 SOS 反应原理而设计的，因为在动物身上诱发肿瘤的试验需要花费较多人力、物力和较长的时间，而细菌的 SOS 反应则很易测定。

二、逆向转录

以 RNA 为模板，按照 RNA 中的核苷酸顺序合成 DNA 的过程称为反转录。在 20 世纪 60 年代 Temin 根据有关的实验结果提出"由 RNA 肿瘤病毒逆向转录为 DNA 前病毒，然后由 DNA 前病毒再转录为 RNA 肿瘤病毒"的设想，但当时未得到重视。直至 1970 年，Temin 和 Baltimore 各自在鸟类劳氏肉瘤病毒和小鼠白血病病毒等 RNA 肿瘤病毒中找到了反转录酶，才证明了逆向转录过程。现在人们已发现各种高等真核生物的 RNA 肿瘤病毒都有反转录酶。反转录酶是一种多功能酶，它除了具有以 RNA 为模板的 DNA 聚合酶和以 DNA 为模板的 DNA 聚合酶活性外，还兼有 RNase H、DNA 内切酶、DNA 拓扑异构酶、DNA 解链酶和 tRNA 结合的活性。反转录酶的发现，表明遗传信息也可以从 RNA 传递到 DNA。

几乎所有真核生物的 mRNA 分子的 3′末端都有一段多聚腺苷酸。当加入寡聚 dT 作引物时，mRNA 就可以成为反转录酶的模板，在体外合成与其互补的 DNA，称为 cDNA。这种方法已成为生物技术和分子生物学研究中最常见的方法之一，使反转录酶得到广泛的应用。

$$\boxed{\text{单元} \quad \text{二}} \quad \textbf{RNA 的生物合成}$$

单元解析
DANYUANJIEXI

结合 PPT 和动画掌握 RNA 转录的过程，了解复制与转录的区别。通过基因的概念阐述转录过程是基因表达的过程之一，为蛋白质的合成打下基础。

一、RNA 的转录

转录的起始　　转录的延伸

（一）转录的概念

由 DNA 指导的 RNA 合成，即 DNA 以碱基互补原则，决定合成 RNA 的全部碱基成分及排列顺序，将 DNA 模板上的遗传信息传递到 RNA 分子的过程为转录。在 DNA 的复制过程中，所有碱基都被复制。但转录时仅有部分碱基转录生成 RNA。这些 DNA 分子中可转录生成 RNA 的碱基序列称为基因。转录过程是基因表达的过程之一。可转录生成 mRNA 的基因最终将编码蛋白质分子，称为结构基因。转录生成 tRNA 和 rRNA 的基因不进行表达，称非结构基因。转录是不对称的，即 DNA 片段转录时，双链 DNA 中只有一条链作为转录的模板。指导 RNA 合成的 DNA 链为模板链，不作为转录模板的另一条 DNA 链为编码链。基因分布于不同的 DNA 单链中，即某条 DNA 单链对某个基因是模板链，而对另一个基因则可能是编码链。

（二）DNA 指导的 RNA 聚合酶

RNA 聚合酶的作用特点：识别 DNA 分子中转录的起始部位；促进与模板链结合，并使 DNA 双链打开；催化 NTP 的聚合，完成一条 RNA 链的聚合反应；识别转录终止信号，停止聚合反应，参与转录水平的调控。RNA 聚合酶聚合速率慢，为 30～85 NTP/s。RNA 聚合酶缺乏外切酶活性，无校对功能，错误率大约为 10^{-5}。

原核生物 RNA 聚合酶由 5 个亚基构成，$\alpha_2\beta\beta'\sigma$ 为全酶，$\alpha_2\beta\beta'$ 为核心酶，催化 RNA 链合成。σ 因子识别转录的起始点。

真核生物 RNA 聚合酶较原核生物 RNA 聚合酶复杂，已清楚的有 RNA Pol Ⅰ、Pol Ⅱ、Pol Ⅲ 及 Mt 四种类型。

（三）RNA 的转录过程

RNA 的转录可分为识别与起始、延伸和终止三个阶段。

1. 转录的识别与起始　转录是从 DNA 分子的特定部位开始的，这个部位也是 RNA 聚合酶全酶结合的部位，即启动子（promoter）。为什么 RNA 聚合酶能够仅在启动子处结合呢？这是因为启动子处的核苷酸序列具有特殊性，为了方便，人们将在 DNA 上开始转录的第一个碱基定为＋1，沿转录方向"顺流而下"的核苷酸序列均用正值表示，"逆流而上"的核苷酸序列均用负值表示。

对原核生物的 100 多个启动子的序列进行了比较后发现，在 RNA 转录起始点上游大约－10 bp 和－35 bp 处有两个保守的序列：在－10 bp 附近，有一组 TATAAT 序列，这是 Pribnow 首先发现的，称为 Pribnow 框，RNA 聚合酶就结合在此部位上；在－35 bp 附近，有一组 5′- TTGACG -3′序列，已被证实与转录起始的辨认有关，是 RNA 聚合酶中的 σ 亚基识别并结合的位置，－35 bp 处序列的重要性还在于在很大程度上决定了启动子的活性强度（图 8-4）。

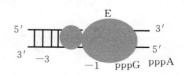

图 8-4　RNA 转录起始

真核生物的启动子有其特殊性，真核生物有三种 RNA 聚合酶，每一种都有自己的启动子类型。除启动子外，真核生物转录起始点上游处还有一个称为增强子的序列，它能极大地增强启动子的活性。真核生物转录起始相对复杂，有时还需多种蛋白因子协助。

2. RNA 链延伸　RNA 链的延长靠核心酶的催化，起始复合物的第一个 GTP 的核糖 $3'—OH$ 和与 DNA 模板配对的核苷三磷酸反应形成磷酸二酯键。聚合进去的核苷酸又有核糖 $3'—OH$ 游离，这样就可按模板 DNA 的指引，一个接一个地延长下去。延长是在含有核心酶、DNA 和新生 RNA 的一个区域里进行的，由于在这个区域里含有一段解链的 DNA "泡"，所以称为转录鼓泡（图 8-5）。转录延伸方向是沿 DNA 模板链的 $3'→5'$ 方向按碱基配对原则生成 $5'→3'$ 的 RNA 产物。RNA 链延伸时，RNA 聚合酶解开一段 DNA 双链，长度约 17 bp，使模板链暴露出来。新合成的 RNA 链与模板形成 RNA-DNA 的杂交区，当新生的 RNA 链离开模板 DNA 后，两条 DNA 链则重新形成双股螺旋结构。

3. 转录的终止　在 DNA 分子上（基因末端）有终止转录的特殊碱基顺序，称为终止子，它具有使 RNA 聚合酶停止合成 RNA 和释放 RNA 链的作用。这些终止信号有的能被 RNA 聚合酶自身识别，而有的则需要有 ρ 因子的辅助。ρ 因子是一个分子质量为 200 ku 的四聚体蛋白质，它能与 RNA 聚合酶结合但不是酶的组分。它的作用是阻止 RNA 聚合酶向前移动，于

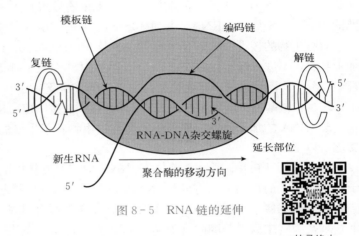

图 8-5　RNA 链的延伸

转录终止

是转录终止，并释放出已转录完成的 RNA 链。对不依赖于 ρ 因子的终止子序列进行分析，发现有两个明显的特征：在 DNA 上有一个 15～20 个核苷酸的二重对称区，位于 RNA 链结束之前，形成富含 G—C 的发夹结构；接着有一串大约 6 个 A 的碱基序列，它们转录的 RNA 链的末端为一连串的 U。寡聚 U 可能提供信号使 RNA 聚合酶脱离模板。由 rU-dA 组成的 RNA-DNA 杂交分子的碱基配对结合力很弱，利于 RNA 链释放。在真核细胞内，RNA 的合成要比在原核细胞中的复杂得多。

（四）RNA 转录后的加工与修饰

在转录中新合成的 RNA 通常是不成熟的无功能的 RNA 前体分子，需要经过进一步的加工修饰，才转变为具有生物学活性的、成熟的 RNA 分子，这一过程称为转录后加工。不同的 RNA 转录后的加工修饰过程各有特点。

1. mRNA 的加工修饰　在原核生物中转录和翻译相随进行，mRNA 生成后，绝大部分直接作为模板去翻译各个基因所编码的蛋白质，不再需要加工。但真核生物中转录和翻译的时间和空间都不相同，mRNA 的合成是在细胞核内，而蛋白质的翻译是在胞质中进行，而且许多真核生物的基因是不连续的。不连续基因中的插入序列，称为内含子；被内含子隔开的基因序列称为外显子。一个基因的外显子和内含子都转录在一条很大的 RNA 前体分子中，故称为核内不均一 RNA（hnRNA）。它们首先降解为分子较小的 RNA，再经其他修饰转化为 mRNA。真核细胞 mRNA 的加工包括：

（1）剪接修饰。除去由内含子转录来的序列，将外显子的转录序列连接起来。

（2）首尾修饰。在 3′末端连接上一段含有 20～200 个腺苷酸的多聚腺苷酸（poly A）的"尾巴"结构。不同 mRNA 的"尾巴"长度有很大差异。在 5′末端连接上一个"帽子"结构。"帽子"为 7-甲基鸟嘌呤核苷三磷酸（$m^7GpppmNP$）。5′端"帽子"的功能主要是：在翻译过程中起信号识别作用，协助核糖体与 mRNA 结合，使翻译从 AUG 开始；保护 mRNA，避免 5′端受核酸外切酶的降解。Poly A 尾的功能主要是：防止核酸外切酶对 mRNA 序列的降解，起缓冲作用；与 mRNA 从细胞核转移到细胞质有关。

（3）甲基化修饰。少数腺苷酸的腺嘌呤 6 位氨基发生甲基化。

2. rRNA 的加工修饰　原核生物有 16S、23S 及 5S 三种 rRNA，这三种 rRNA 均存在于 30S 的 rRNA 前体中。转录作用完成后，在 RNaseⅢ催化下，rRNA 前体被切开产生 16S、25S 及 5S rRNA 的中间前体。进一步在核酸酶的作用下，切去部分间隔序列，产生成熟的 16S、23S 及 5S rRNA，并对 16S rRNA 进行甲基化修饰，生成稀有碱基。

真核生物的核蛋白体中有 18S、5.8S 及 5S rRNA。5S rRNA 独立成体系，在成熟过程中加工甚少，不进行修饰和剪切。45S rRNA 前体中包含有 18S、5.8S 及 28S rRNA，在加工过程中，分子广泛地进行甲基化修饰，主要是在 28S 及 18S 中 rRNA。甲基化作用多发生于核糖上，较少在碱基上。随后 45S rRNA 前体经核酸酶按顺序剪切生成 18S、5.8S、28S rRNA。

3. tRNA 的加工修饰　原核生物和真核生物转录生成的 tRNA 前体一般无生物活性，需要进行以下步骤：

（1）剪切和拼接。tRNA 前体在 tRNA 剪切酶的作用下被剪切，经过剪切后的 tRNA 分子还要在拼接酶作用下，将成熟 tRNA 分子所需的片段拼起来。

（2）碱基修饰。成熟的 tRNA 分子中有许多稀有碱基，因此 tRNA 在甲基转移酶催化下，某些嘌呤生成甲基嘌呤（如 A→mA、G→mA），有些尿嘧啶还原为双氢尿嘧啶，尿嘧啶核苷转变成假尿嘧啶核苷，某些腺苷酸脱氨基成为次黄嘌呤核苷酸。

（3）3′—OH 连接—ACC 结构。在核苷酸转移酶作用下，3′-末端除去个别碱基后，换上 tRNA 分子统一的 CCA—OH 末端，形成 tRNA 分子中的氨基酸臂结构。

二、RNA 的复制

以 DNA 为模板合成 RNA 是生物界 RNA 合成的主要方式，但有些生物，如某些病毒，它们的遗传信息贮存在 RNA 分子中，当它们进入宿主细胞后，靠复制而传代，它们是在 RNA 指导的 RNA 聚合酶催化下合成 RNA 分子的。当以 RNA 为模板时，在 RNA 复制酶作用下，按 5′→3′方向合成互补的 RNA 分子，但 RNA 复制酶缺乏校正功能，因此 RNA 复制时错误率很高，这与反转录酶的特点相似。RNA 复制酶只对病毒本身的 RNA 起作用，而不会作用于宿主细胞中的 RNA 分子。

单元 三 蛋白质的生物合成

单元解析

以中心法则为主线，讲述 mRNA、tRNA、rRNA 在蛋白质合成中的功能。应运用 PPT

和动画等教学手段，阐述生物体内基因表达的过程和调控方式。

一、蛋白质合成的中心法则

一切生命现象都不能离开蛋白质，由于代谢更新，所有生物都需不断合成蛋白质。蛋白质具有高度特异性。不同生物，它们的蛋白质互不相同。所以食物蛋白质不能为动物体直接利用，需经消化、分解成氨基酸，吸收后方可用来合成机体蛋白质。

mRNA 含有来自 DNA 的遗传信息，是合成蛋白质的模板，各种蛋白质就是以其相应的 mRNA 为模板，用各种氨基酸为原料合成的。mRNA 不同，所合成的蛋白质也就各异。所以蛋白质生物合成的过程，是 DNA 分子到蛋白质分子之间遗传信息的传递和体现的过程。这种生物遗传信息的传递规律称为"中心法则"（图 8 - 6）。

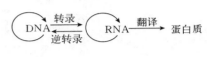

图 8 - 6　中心法则

mRNA 生成后，遗传信息由 mRNA 传递给新合成的蛋白质，即由核苷酸序列转换为蛋白质的氨基酸序列，这一过程称为翻译（translation）。翻译的过程即是蛋白质合成的过程。mRNA 穿过核膜进入细胞质后，核糖体附着其上。作为原料的各种氨基酸在其特异的搬运工具（tRNA）携带下，在核糖体上以肽键互相结合，生成具有一定氨基酸序列的特定多肽链。合成后从核糖体释放的多肽链不一定具有生物学活性，有的需经一定处理，有的需与其他成分（别的多肽链或糖、脂等）结合才能形成活性蛋白质。

二、参与蛋白质生物合成的物质

参与蛋白质合成的物质除氨基酸外，还有 mRNA、tRNA、rRNA、核糖体、有关的酶以及 ATP、GTP 等供能物质与必要的无机离子等。在此只对几种 RNA 的功能做简要介绍。

（一）mRNA 在蛋白质合成中的主要功能

在蛋白质合成过程中 mRNA 的主要功能是作为蛋白质合成的模板并把来自 DNA 的遗传信息翻译成蛋白质中的氨基酸序列。组成蛋白质的氨基酸有 20 种。这 20 种氨基酸排列组合的不同，形成了各种各样的蛋白质。由中心法则可知，蛋白质中氨基酸的序列是由 mRNA 分子中的核苷酸序列决定的。那么 mRNA 分子中 4 种核苷酸序列是如何决定蛋白质分子中 20 种氨基酸序列的呢？

1. 遗传密码的概念　1954 年，物理学家 George Gamov 根据在 mRNA 中存在 4 种核苷酸，在蛋白质中存在 20 种氨基酸的对应关系，做出如下数学推理：如果每一个核苷酸编码一个氨基酸，只能决定四种氨基酸（$4^1 = 4$）；如果每两个核苷酸编码一个氨基酸，可决定 16 种氨基酸（$4^2 = 16$）。上述两种情况编码的氨基酸数小于 20 种氨基酸，显然是不可能的。那么如果三个核苷酸编码一个氨基酸，则能编码 64 种氨基酸（$4^3 = 64$），可满足 20 种氨基酸的需求。1961 年，Brenner 和 Grick 肯定了三个核苷酸的编码推理。随后的实验研究证明上述假想是正确的。

所谓遗传密码就是 mRNA 分子上从 5′到 3′的不间断的三联体核苷酸组，用以决定肽链上某一个氨基酸合成的起始、终止信号，又称三联体密码或密码子。那么 64 种密码子与 20 种氨基酸之间又是什么关系呢？经过尼伦伯格和科拉纳等科学家的共同努力，终于在 1966 年破译了全部遗传密码。这是生物化学与分子生物学在 20 世纪的一个杰出成就。全部密码子与氨基酸的关系见表 8-1。

表 8-1 遗传密码

第二位

第一位	U		C		A		G		第三位
U	UUU	Phe	UCU	Ser	UAU	Tyr	UGU	Cys	U
	UUC	Phe	UCC	Ser	UAC	Tyr	UGC	Cys	C
	UUA	Leu	UCA	Ser	UAA	终止	UGA	终止	A
	UUG	Leu	UCG	Ser	UAG	终止	UGG	Trp	G
C	CUU	Leu	CCU	Pro	CAU	His	CGU	Arg	U
	CUC	Leu	CCC	Pro	CAC	His	CGC	Arg	C
	CUA	Leu	CCA	Pro	CAA	Gln	CGA	Arg	A
	CUG	Leu	CCG	Pro	CAG	Gln	CGG	Arg	G
A	AUU	Ile	ACU	Thr	AAU	Asn	AGU	Ser	U
	AUC	Ile	ACC	Thr	AAC	Asn	AGC	Ser	C
	AUA	Ile	ACA	Thr	AAA	Lys	AGA	Arg	A
	AUG	Met	ACG	Thr	AAG	Lys	AGG	Arg	G
G	GUU	Val	GCU	Ala	GAU	Asp	GGU	Gly	U
	GUC	Val	GCC	Ala	GAC	Asp	GGC	Gly	C
	GUA	Val	GCA	Ala	GAA	Glu	GGA	Gly	A
	GUG	Val	GCG	Ala	GAG	Glu	GGG	Gly	G

2. 遗传密码的特征　遗传密码的主要特征可归纳为如下几点：

（1）起始密码子与终止密码子。在 64 个密码子中，61 个代表氨基酸。每一种氨基酸少的只有一个密码子，多的可有 6 个，但以 2 个和 4 个的居多。另有 3 个密码子（UAA、UAG、UGA）不代表任何氨基酸，为终止信号。密码子 AUG 具有特殊性，不仅代表甲硫氨酸，如果位于 mRNA 起始部位，它还代表肽链合成的起始密码子。起始密码子常在 mRNA 的 5′端附近。作为起始信号的 AUG 与其局部构象有关，而局部构象常取决于 AUG 邻近核苷酸序列。例如，真核生物起始信号 AUG 周围最合适的顺序为 CC$\frac{A}{G}$CC[AUG]G。这种顺序如有改动，会使起始效率降低。非起始部位的 AUG 不作为起始信号，只代表甲硫氨酸。

（2）密码的方向性与无间隔性。mRNA 的起始信号和终止信号的排列是有一定方向性的。起始信号总是位于 mRNA 的 5′侧，终止信号总是在 3′侧。mRNA 分子中遗传信息具有方向性（从 5′端至 3′端）的排列，决定了翻译过程肽链从 N 端向 C 端合成的方向性。mRNA 上的密码子之间无标点符号隔开，所以在相应基因的 DNA 链上，如基因突变插入一个碱基或缺失一个碱基，会引起 mRNA 的阅读框移位，使其编码的蛋白质丧失功能。

（3）密码的通用性。从细菌到人，遗传密码可以通用，这一点不仅为地球上的生物来自同一起源的进化学说提供有力依据，而且使我们有可能利用细菌等生物制造人类蛋白质。但遗传密码的通用性有个别例外。如哺乳动物线粒体的蛋白质合成体系中，UAG 不代表终止信号而代表色氨酸，由 AGA 与 AGG 代表终止信号；CUA、AUA 不代表亮氨酸，但分别代表苏氨酸和蛋氨酸等。

（4）密码的简并性。大部分密码子具有简并性，即两个或者多个密码子编码同一氨基酸。简并的密码子通常只有第三位碱基不同，例如，GAA 和 GAG 都编码谷氨酰胺。如果不管密码子的第三位为哪种核苷酸，都编码同一种氨基酸，则称为四重简并；如果第三位有四种可能的核苷酸之中的两种，而且编码同一种氨基酸，则称为二重简并，一般第三位上两种等价的核苷酸同为嘌呤（A/G）或者嘧啶（C/T）。只有两种氨基酸仅由一个密码子编码：一种是甲硫氨酸，由 AUG 编码，同时也是起始密码子；另一种是色氨酸，由 UGG 编码。

（二）tRNA 在蛋白质合成中的主要功能

在蛋白质合成中 tRNA 的功能主要是携带氨基酸并识别 mRNA 上的密码子。生物体内的 20 种氨基酸都各有其特定的 tRNA，而且一种氨基酸常有数种 tRNA 转运，在 ATP 和酶的存在下，tRNA 可与特定的氨基酸结合。每个 tRNA 都有 1 个由 3 个核苷酸组成的特殊的反密码子。此反密码子可以根据碱基配对的原则，与 mRNA 上对应的密码子相结合。tRNA 上的反密码子只有与 mRNA 上的密码子相对应时，才能结合。因此，在翻译时，带着不同氨基酸的各个 tRNA 就能准确地在核糖体上与 mRNA 的密码子配对。但 tRNA 的反密码子中的第一个核苷酸与 mRNA 的第三个核苷酸（由 5′端向 3′端方向计数）配对时，并不严格遵循这一原则，除 A—U、G—C 可以配对外，U—G、I—C、I—A 亦可相配，此种配对称为摆动配对或不稳定配对。tRNA 上的反密码子与 mRNA 上的密码子配对识别的方式见图 8 - 7。

（三）核糖体的主要功能

rRNA 与蛋白质结合构成的核糖体是蛋白质合成的场所。核糖体是由 rRNA 和几十种蛋白质组成的亚细胞颗粒，位于细胞质内，可分为两类：一类附着于粗面内质网，主要参与清蛋白、胰岛素等分泌性蛋白质的合成；另一类游离于细胞质，主要参与细胞固有蛋白质的合成。核糖体是细胞中的主要成分之一，在一个生长旺盛的细菌中大约有 20 000 个核糖体，其中蛋白质占细胞总蛋白质的 10%，RNA 占细胞总 RNA 的 80%。核糖体由大小不同的两个亚基所组成，这两个亚基分别由不同的 rRNA 分子与多种蛋白质分子共同构成。原核生物的核糖体为 70S，由 30S 小亚基与 50S 大亚基组成；真核生物的核糖体为 80S，由 40S 小亚基与 60S 大亚基组成。核糖体的结构如图 8 - 8 所示。

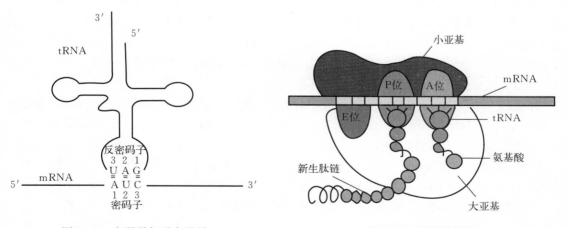

图 8 - 7　密码子与反密码子　　　　　　　图 8 - 8　核糖体结构

在蛋白质合成过程中，首先是小亚基与 mRNA 结合（约两个密码子的位置）；然后大、小亚基再结合到一起。大亚基上主要有两个功能位点（A 位、P 位），供携带氨基酸或新生肽链的 tRNA 附着。

三、蛋白质生物合成的过程

蛋白质生物合成的过程主要包括：氨基酸的活化、肽链合成的起始、肽链延长、合成的终止 4 个阶段。

（一）氨基酸的活化

在蛋白质分子中，氨基酸借其—NH_2 及—COOH 互相联结成肽，成肽时氨基酸必须首先活化。氨基酸的活化过程及其活化后与相应 tRNA 的结合过程，都是由同一类酶所催化的，此类酶称为氨基酰 tRNA 合成酶。氨基酰 tRNA 合成酶催化的反应必须有 ATP 参加，反应过程如下：

$$氨基酸＋tRNA＋ATP \longrightarrow 氨基酰 tRNA＋ADP＋Pi$$

氨基酰 tRNA 合成酶在细胞质中存在，具有高度专一性。氨基酰 tRNA 合成酶对氨基酸的高度专一性保证了翻译的准确性。它们既能识别特异的氨基酸，又能辨认该氨基酸的专一 tRNA 分子。氨基酰 tRNA 合成酶分子中有两个位点：一个位点能从多种氨基酸中选出与其对应的一种，与专一氨基酸结合；另一位点为水解位点，在酶与专一 tRNA 分子结合后，起校对作用，将错误结合的氨基酸水解释放。tRNA 所携带的氨基酸，是通过"核糖体循环"在核糖体上缩合成肽从而完成翻译过程的。

（二）肽链合成的起始

原核生物中蛋白质生物合成的起始阶段，核糖体的大、小亚基及 mRNA 与甲酰甲硫氨酰 tRNA$_i^{met}$ 共同构成 70S 起始复合体。这一过程需要一些称为起始因子（initiation factor, IF）的蛋白质以及 GTP 与 Mg^{2+} 的参与。已知原核生物中的起始因子有 3 种。IF3 可使核糖体 30S 亚基不与 50S 亚基结合，而与 mRNA 结合；IF1 起辅助作用；IF2 特异识别甲酰甲硫氨酰 tRNA$_i^{met}$，可促进 30S 亚基与甲酰甲硫氨酰 tRNA$_i^{met}$ 结合，在核糖体存在时有 GTP 酶活性。

起始阶段可分两步：先形成 30S 起始复合体，再形成 70S 起始复合体。

1. 30S 起始复合体的形成 原核生物 mRNA 的 5′端与起始信号之间相距约 25 个核苷酸，此处存在富含嘌呤区（如 AGGA 或 GAGG），称为 Shine - Dalgarno(SD) 序列。核糖体 30S 亚基的 16S rRNA 有一个相应的富含嘧啶区可与 SD 序列互补。由此，30S 亚基在 IF3 与 IF1 的促进下，与 mRNA 的起始部位结合。

IF2 在 GTP 参与下可特异地与甲酰甲硫氨酰 tRNA$_i^{met}$ 结合，形成三元复合物，并使此三元复合物中 tRNA 的反密码子与上述 30S 亚基上 mRNA 的起始密码子互补结合，形成 30S 起始复合体。

所以，30S 起始复合体是由 30S 亚基、mRNA、甲酰甲硫氨酰 tRNA$_i^{met}$ 及 IF1、IF2、IF3 与 GTP 共同构成的。

2. 70S 起始复合体的形成 30S 起始复合体一旦形成，IF3 就脱落，50S 亚基随即与 30S 起始复合体结合。此时复合体中的 GTP 水解释放出 GDP 与无机磷酸，使 IF2 与 IF1 也脱落，形成了 70S 起始复合体。70S 起始复合体的形成，表明蛋白质生物合成的起始阶段已经完成，已可进入肽链延长阶段。

70S 起始复合体由大、小亚基，mRNA 与甲酰甲硫氨酰 tRNA$_i^{met}$ 共同构成。其中甲酰甲硫氨酰 tRNA$_i^{met}$ 的反密码子 CAU 恰好互补地与 mRNA 中的起始信号 AUG 相结合。复合体中 mRNA 的起始信号 AUG 位于核糖体的 P 位点，所以与起始信号对应的甲酰甲硫氨酰 tRNA^{met} 也就定位在 P 位。应该指出，除起始 tRNA 外，所有氨基酰 tRNA 与核糖体结合时，都不在核糖体 P 位，而是在 A 位。起始复合物见图 8-9。

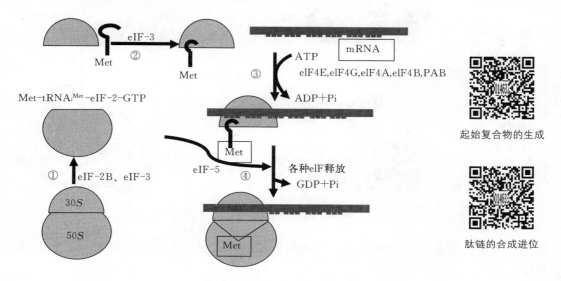

图 8-9 肽链合成的起始

（三）肽链延长

这一阶段，根据 mRNA 上密码子的序列，新的氨基酸不断被特异的 tRNA 运至核蛋白体 A 位，形成肽键。同时，核蛋白体从 mRNA 的 5′端向 3′端不断移位推进翻译过程。肽链延长阶段需要数种称为延长因子的蛋白质、GTP 与某些无机离子的参与。可分为三个阶段：

1. 进位 指 tRNA 携带氨基酸进入核糖体大亚基 A 位。与 mRNA 密码子相对应的氨基酰 tRNA 进入 A 位，生成复合体。此步骤需要 GTP、Mg^{2+} 和称为肽链延长因子的 EFTu 与 EFTs 蛋白质因子。

2. 转肽 50S 亚基的 P 位有转肽酶的存在，可催化肽键形成。此时在转肽酶的催化下，将 P 位上 tRNA 所携的甲酰甲硫氨酰（或肽酰）转移给 A 位上新进入的氨基酰 tRNA，与其所带的氨基酰的氨基结合，形成肽键。此步需要 Mg^{2+} 与 K$^+$ 的存在。

3. 移位 核糖体向 mRNA 的 3′端挪动相当于一个密码子的距离，使下一个密码子准确定位在 A 位，同时带有肽链的 tRNA 移至 P 位，此步需要肽链延长因子 EFG（又称转位酶）、Mg^{2+} 与供给能量的 GTP。近来发现核糖体在 A、P 位外，还有 tRNA 的另一结合位点，即 tRNA "排出位"（E 位）。氨基酰脱落后的 tRNA 先移至 E 位。移位后 A 位被空出，于是再进入新的氨基酰 tRNA，并重复以上过程，使肽链不断延长（图 8-10）。

（四）合成的终止

当多肽链合成已完成，并且 A 位上已出现终止信号（UAA、UGA、UAG）时，即转入终止阶段。终止阶段包括已合成完毕的肽链被水解释放以及核蛋白体与 tRNA 从 mRNA 上脱落的过程。这一阶段需要一种起终止作用的蛋白质因子——终止因子的参与。

终止因子使大亚基 P 位的转肽酶不起转肽作用，而起水解作用。在转肽酶的作用下，P

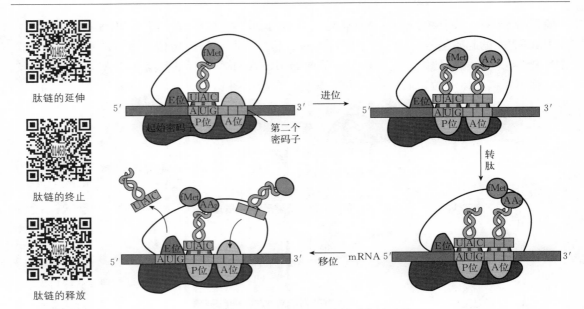

图 8-10 肽链延伸的过程

位上 tRNA 所携带的多肽链与 tRNA 之间的酯键被水解，多肽链从核蛋白体及 tRNA 上释放。

从 mRNA 上脱落的核蛋白体，分解为大小两个亚基，重新进入核蛋白体循环。核蛋白体的解体需要 IF3 的参与。

以上介绍的主要是原核生物蛋白质生物合成过程，高等动物蛋白质的合成与原核生物基本相似。

四、翻译后的加工

肽链合成的结束，并不一定意味着具有正常生理功能的蛋白质分子已经生成。已知很多蛋白质在肽链合成后还需经过一定的加工或修饰。由几条肽链构成的蛋白质和带有辅基的蛋白质，其各个亚单位必须互相聚合才能成为完整的蛋白质分子。

（一）肽链的合成后加工与修饰

某些蛋白质在其肽链合成结束后，还需要进一步加工、修饰才能转变为具有正常生理功能的蛋白质。

1. 二硫键的形成　二硫键由两个半胱氨酸残基形成，对维持蛋白质立体结构起重要作用。如核糖核酸酶合成后，肽链中 8 个半胱氨酸残基构成了 4 对二硫键，此 4 对二硫键对它的酶活性是必要的。二硫键也可以在链间形成，使蛋白质分子的亚单位聚合。

2. 个别氨基酸残基的化学修饰　有些蛋白质前体需经一定的化学修饰才能成为成熟的蛋白质而参与正常的生理活动。有些酶的活性中心含有磷酸化的丝氨酸、苏氨酸或酪氨酸残基。这些磷酸化的氨基酸残基都是在肽链合成后相应残基的—OH 被磷酸化而形成的。除磷酸化外，有时蛋白质前体还需要乙酰化（如组蛋白）、甲基化、ADP-核糖化、羟化等。胶原蛋白的前体在合成后，经羟化，其肽链中的脯氨酸及赖氨酸残基可分别转变为羟脯氨酸及羟赖氨酸残基。

3. 蛋白质前体中不必要肽段的切除　无活性的酶原转变为有活性的酶，常需要去掉一部分肽链。现知其他蛋白质也存在类似过程，但转变的场所不同：酶原多是在细胞外转变为酶，而蛋白质前体中不必要肽段的切除是在细胞内进行的。

分泌型蛋白质如清蛋白、免疫球蛋白与催乳素等，在合成时都带有一段称为信号肽的肽段。信号肽由 15～30 个氨基酸残基构成。信号肽在肽链合成结束前已被切除。有些蛋白质前体在合成结束后还需切除其他肽段。

例如，胰岛素在合成结束时，并非是具有正常生理活性的胰岛素，而是其前体——胰岛素原。胰岛素原变为胰岛素时，还需去掉部分肽段。甲状旁腺素及生长素等多种蛋白质类激素，由其前体转变为具有正常生理活性的激素时，也需去掉部分肽段。除蛋白质类激素外，血浆蛋白质的主要成分清蛋白，在细胞中合成结束时，也只是形成其前体清蛋白原。清蛋白原需在氨基端去掉由 5～6 个氨基酸残基组成的肽段，才能成为清蛋白。因而此种合成后的加工，是分泌蛋白生成过程的一种普遍规律。

4. 多蛋白的加工　真核生物 mRNA 的翻译产物为单一多肽链，有时这一肽链经加工，可产生一个以上功能不同的蛋白质或多肽。此类原始肽链称为多蛋白。例如，垂体促肾上腺皮质激素，β、γ 促脂素，β 内啡肽，α、β 黑色细胞刺激素均从一条由 265 个氨基酸残基组成的多蛋白（称为阿片促黑皮质激素原）裂解而来。

（二）亚单位的聚合和复合蛋白质形成

单纯蛋白质由一条多肽链或数条多肽链构成；结合蛋白质则除多肽链外，还含有辅基。

蛋白质的高级结构是由一级结构中各个氨基酸残基的侧链共同决定的。一级结构形成后，多肽链卷曲折叠形成 α-螺旋、β-折叠等二级结构，并借次级键（盐键、氢键、疏水键等）维持一定空间构象。由一条以上肽链构成的蛋白质和带有辅基的结合蛋白质，肽链之间或多肽链与辅基之间需要聚合。结合蛋白质如糖蛋白、脂蛋白和色素蛋白分别需加糖、加脂、加辅基等才能成为活性蛋白质。

五、基因表达的调控

从 DNA 到蛋白质的过程称为基因表达，对这个过程的调节即为基因表达调控。基因表达的调控是现代生物化学研究的中心课题之一。因为要了解动植物生长发育规律、形态结构特征及生物学功能，就必须搞清楚基因表达调控的时间和空间概念。掌握了基因调控机制，就等于掌握了一把揭示生物学奥秘的钥匙。基因表达的调控主要表现在转录水平上的调控和翻译水平上的调控。大多数生物多采用转录水平上的调控，翻译水平上的调控较少。

基因表达调控十分复杂，尤其是真核生物的基因表达调控，至今尚有许多问题没有研究清楚。这里仅就原核生物的基因表达调控作一简要介绍。

原核生物的基因表达调控虽然比真核生物简单，但也存在着复杂的调控系统，如在转录调控中就存在着许多问题：如何在复杂的基因组内确定正确的转录起始点？如何将 DNA 的核苷酸按照遗传密码的顺序转录到新生的 RNA 链中？如何保证合成一条完整的 RNA 链？如何确定转录的终止？

上述过程决定于 DNA 的结构、RNA 聚合酶的功能、蛋白因子及其他小分子配基的互相作用。在转录调控中，现已研究清楚了细菌的几个操纵子模型，在此以乳糖操纵子和色氨酸操纵子为例予以说明。

1. 乳糖操纵子 法国巴斯德研究所著名的科学家 Jacob 和 Monod 在实验的基础上于 1961 年创立了乳糖操纵子学说，现在已成为原核生物基因调控的主要学说之一。

大肠杆菌乳糖操纵子包括 4 类基因。①结构基因：能通过转录、翻译使细胞产生一定的酶系统和结构蛋白，这是与生物的性状发育和表型直接相关的基因。乳糖操纵子包含 3 个结构基因：$lac Z$、$lac Y$、$lac A$。$Lac Z$ 合成 β-半乳糖苷酶，$lac Y$ 合成透过酶，$lac A$ 合成乙酰基转移酶。②操纵基因 O：控制结构基因的转录速度，位于结构基因的附近，本身不能转录成 mRNA。③启动基因 P：位于操纵基因的附近，它的作用是发出信号，使 mRNA 合成开始，该基因也不能转录成 mRNA。④调节基因 i：可调节操纵基因的活动，调节基因能转录出 mRNA，并合成一种蛋白质，称为阻遏蛋白。操纵基因、启动基因和结构基因共同组成一个单位——操纵子（operon）。

调节乳糖催化酶生物合成的操纵子就称为乳糖操纵子。其调控机制简述如下：

抑制作用：调节基因转录出 mRNA，合成阻遏蛋白，因缺少乳糖，阻遏蛋白因其构象能够识别操纵基因并结合到操纵基因上，因此 RNA 聚合酶就不能与启动基因结合，结构基因也被抑制，结果结构基因不能转录出 mRNA，不能翻译酶蛋白。

诱导作用：乳糖存在的情况下，乳糖代谢产生别乳糖（allolactose），别乳糖能和调节基因产生的阻遏蛋白结合，使阻遏蛋白改变构象，不能再和操纵基因结合，失去阻遏作用，结果 RNA 聚合酶便与启动基因结合，并使结构基因活化，转录出 mRNA，翻译出酶蛋白。

负反馈：细胞质中有了 β-半乳糖苷酶后，便催化分解乳糖为半乳糖和葡萄糖。乳糖被分解后，又造成了阻遏蛋白与操纵基因结合，使结构基因关闭。

2. 色氨酸操纵子 色氨酸操纵子负责调控色氨酸的生物合成，它的激活与否完全根据培养基中有无色氨酸而定。当培养基中有足够的色氨酸时，该操纵子自动关闭；培养基中缺乏色氨酸时，操纵子被打开。色氨酸在这里不是起诱导作用，而是阻遏作用，因而被称为辅阻遏分子，意指能帮助阻遏蛋白发生作用。色氨酸操纵子恰和乳糖操纵子相反。

单元 四 现代生物技术简介

单元解析

现代生物技术也可称为生物工程，是以重组 DNA 技术和细胞融合技术为基础，利用生物体（或者生物组织、细胞及其组分）的特性和功能，设计构建具有预期性状的新物种或新品系，以及与工程原理相结合进行加工生产，为社会提供商品和服务的一个综合性技术体系。其内容主要包括基因工程、细胞工程、酶工程、发酵工程和蛋白质工程，其中基因工程是现代生物技术的基础和核心。可以通过对这些知识的了解，为以后的学习和工作打下基础。

一、基因工程

基因工程是在分子水平上对基因进行操作的复杂技术，是将外源基因通过体外重组后导入受体细胞内，使这个基因能在受体细胞内复制、转录、翻译表达的操作。它是用人为的方法将所需要的某一供体生物的遗传物质——DNA 大分子提取出来，在离体条件下用适当的工具酶进行切割后，把它与作为载体的 DNA 分子连接起来，然后与载体一起导入某一个更易生长、繁殖的受体细胞中，以让外源物质在其中"安家落户"并进行正常的复制和表达，从而获得新物种的一种新技术。主要技术有 DNA 重组技术、分子杂交技术、聚合酶链式反应（PCR）、转基因技术，其应用前景无法估量。

1. 动物改良　通常的基因工程研究是为了改良动物，使之能更适于食品生产、娱乐消遣甚至作为宠物之用。如山羊就特别宜于进行遗传改造，在发达国家中，一般用它来生产合成药品；在发展中国家，山羊则主要用于生产高蛋白羊奶。利用基因工程技术，可以将家畜改造成生长快、孕期短而营养价值高的良种。例如，将取自强壮的南美无峰驼中的基因移入中东骆驼后（或者相反），就能极大地扩大其各自的种群。又如，经过改良后的鹦鹉，就能够抵挡北美的严寒气候，这不仅扩大了其生存空间，也给鸟类观赏者们增添了乐趣。

2. 虫害控制　以往，人类消灭虫害依靠的是杀虫剂，但效果甚微，基因工程技术将能完全改变这种局面。方法之一是将害虫分泌释放忌避信息素的基因移入植物之中，以驱使害虫离开其危害之地。方法之二是破坏害虫的繁殖能力，或是利用基因工程技术诱导植物自身产生防护和驱虫的性状，以达到阻止虫害发生的目的。

3. 植物升级换代　在农业上，基因工程的首要应用是识别植物的抗病基因，然后将它们移入各种植物之中。最终，经过遗传改造的植物就具有特殊的抗病基因，以抵抗相应病害的入侵。农民还能"定制"各种农作物，使其更具风味、甜味、营养价值以及较强的防病性能，还能不断地对其作出细微的调整。因此，将来的植物产量会更高，且更能抗病、抗寒、抗旱及抗各种侵扰。植物所具有的高蛋白质、低脂肪和高效的光合作用可达到前所未有的程度。类似于植物成熟这样的自然过程也将能得到加强和控制。

4. 增进健康　遗传研究所取得的进展，使医务人员已能识别、诊断和预防人类所患的4 000 多种遗传性疾病及失调症。科学家认为，到 2025 年，可能会有成千上万种诊断和治疗遗传性疾病的方法，而基因工程技术将成为关键的治疗手段。在治疗时，使用的主要是由基因工程技术开发的各种基因药物。将来，人们对疾病主要是以预防为主，即事先就将人体内有害的基因清除、消灭或抑制，也可以通过注射、吸入、服药等方法，将健康的替代基因送入人体或直接注入胎儿体内，以改变人体体质和预防疾病。在未来，人们的智力也将能通过基因工程技术而得以提高。如缺乏数学天赋或艺术气质、音乐天资、优雅、诚实或运动天赋的父母，可以去寻求这些优秀基因，然后，将这些基因注入母体内，或注入刚出生的婴儿体内。

二、酶　工　程

酶工程就是利用酶的催化作用，在一定的生物反应器中，将相应的原料转化成所需要的产品。它是酶学理论与化工技术相结合而形成的一种新技术。

酶工程的应用主要集中于食品工业、轻工业以及医药工业中。例如，固定化青霉酰胺酶可以连续裂解青霉素生产 α-淀粉酶、葡萄糖淀粉酶和葡糖异构酶，这三个酶连续作用于淀粉，就可以代替蔗糖生产出高果糖浆；蛋白酶用于皮革脱毛以及洗涤剂工业；固定酶还可以治疗先天性缺酶病或是器官缺损引起的某些功能的衰竭等。日常生活中所见到的加酶洗衣粉、嫩肉粉等，便是酶工程最直接的体现。

目前酶工程的主要任务在于：①分解天然大分子（如纤维素、木质素等）、低分子有机物聚合、检测与分解有毒物质、废物综合利用等的新酶开发；②利用基因工程技术开发新酶种和提高酶产量；③固定化酶和细胞、固定化多酶体系及辅因子再生，特定生物反应器的研究和应用；④利用生物细胞（或组织）研究酶传感器；⑤酶的非水相催化技术、酶分子修饰与改造以及酶型高效催化剂的人工合成的研究与应用。

三、细胞工程

细胞工程是指应用现代细胞生物学、发育生物学、遗传学和分子生物学的理论与方法，按照人们的需要和设计，在细胞水平上进行遗传操作，重组细胞的结构和内含物，以改变生物的结构和功能，即通过细胞融合、核质移植、染色体或基因移植以及组织和细胞培养等方法，快速繁殖和培养出人们所需要的新物种的生物工程技术。细胞工程的优势在于避免了分离、提纯、剪切、拼接等基因操作，只需将细胞的遗传物质直接转移到受体细胞中就能够形成杂交细胞，因而能够提高基因的转移效率。通俗地讲，细胞工程是在细胞水平上"动手术"，也称细胞操作技术，包括细胞融合技术、细胞器移植、染色体工程和组织培养技术等。通过细胞融合技术，可以培育出新物种，打破了传统的只有同种生物才能杂交的限制，实现种间的杂交。这项技术不仅可以把不同种类或者不同来源的植物细胞或者动物细胞进行融合，还可以把动物细胞与植物细胞融合在一起。这对创造新的动、植物和微生物品种具有前所未有的重大意义。

四、蛋白质工程

蛋白质工程是通过对蛋白质结构与功能关系的了解，借助于生物信息学的知识和手段，利用基因定点诱变和基因重组等技术特异性地改造蛋白质的结构基因，产生具有新特性的蛋白质的技术。蛋白质工程在食品工业、日用品工业方面有广泛的应用前景。在医学上，蛋白质工程也具有广泛的应用前景。对动植物体内参与重要生命活动的酶加以修饰和改造，是蛋白质工程未来发展的一个重要目标。未来，人们一定能够通过蛋白质工程来设计、控制那些与 DNA 相互作用的调控蛋白，到那时，人为控制遗传、改造生命就不再是天方夜谭了。

五、发酵工程

发酵工程指在最适发酵条件下，发酵罐中大量培养细胞和生产代谢产物的工艺技术。发酵工程在生物制药等领域有着广泛的应用，包括上游工程、发酵过程、下游工程。发酵工程的工艺特点有：

（1）有严格的无菌生长环境：包括发酵开始前采用高温高压对发酵原料和发酵罐以及各种连接管道进行灭菌的技术；在发酵过程中不断向发酵罐中通入干燥无菌空气的空气过滤技术。

（2）发酵过程中根据细胞生长要求控制加料速度的计算机控制技术。

（3）种子培养和生产培养的不同的工艺技术。

（4）在进行任何大规模工业发酵前，必须在实验室规模的小发酵罐进行大量的实验，得到产物形成的动力学模型，并根据这个模型设计中试的发酵要求，最后根据中试数据再设计更大规模生产的动力学模型。

（5）由于生物反应的复杂性，在从实验室到中试、从中试到大规模生产过程中会出现许多问题，这就是发酵工程工艺放大问题。

模块小结

本模块共分四个单元分别介绍了 DNA、RNA 和蛋白质的生物合成及现代生物技术。

1. DNA 的生物合成　　DNA 的复制是以 DNA 为模版合成 DNA 的过程，复制的特点主要有半保留复制、双向复制和半不连续复制等。反转录是以 RNA 为模版合成 DNA 的过程，是对中心法则的补充。

2. RNA 的生物合成　　转录是以 DNA 为模版合成 RNA 的过程，主要特点表现为不对称转录。RNA 的复制是以 RNA 为模版合成 RNA 的过程，通常只见于某些病毒。

3. 蛋白质的生物合成　　翻译是以 mRNA 为模版合成蛋白质的过程，模板 mRNA 从 $5'\rightarrow3'$ 方向排列的密码子可以翻译为多肽链上的氨基酸序列。

4. 了解基因工程、酶工程、细胞工程、发酵工程和蛋白质工程等现代生物技术。

拓展提高

镰刀型红细胞贫血症的生化机理

镰刀型红细胞贫血症（Sickle Cell Anemia）是一种隐性基因遗传病。患病者的血液中红细胞表现为镰刀状，其携带氧的功能只有正常红细胞的一半。现在医生可以用 regular blood transfusion 避开伤害患者的大脑来阻止这类疾病的发病，但是，迄今为止还没有能真正治愈的药物。

镰刀型红细胞贫血症是 20 世纪初才被人们发现的一种遗传病。1910 年，一个青年到医院看病，他的症状是发热和肌肉疼痛，经过检查发现，他患的是当时人们尚未认识的一种特殊的贫血症，他的红细胞不是正常的圆饼状，而是弯曲的镰刀状。后来，人们就把这种病称为镰刀型红细胞贫血症。镰刀型红细胞贫血症主要发生在黑色人种中，在非洲的发病率最高，在意大利、希腊等地中海沿岸国家和印度，发病人数也不少，在我国的南方地区也发现有这类病例。

1928 年，人们就已经了解到镰刀型红细胞贫血症是一种遗传病。后来证实，它是一种常染色体隐性遗传病。1949 年，一位曾经两次获得诺贝尔奖的美国著名化学家鲍林（Li. C. Pauling，1901—1994）在美国的《科学》杂志上发表了研究报告。他在文章中写道："在我们的研究开始之时，有证据表明（红细胞）镰变的过程可能是与红细胞内血红蛋白的状态和性质密切相关的。"鲍林将正常人、镰刀型红细胞贫血症患者和镰刀型红细胞贫血症基因携带者的血红蛋白分别放在一定的缓冲溶液中电泳，发现正常人和患者的血红蛋白的电泳图谱明显不同，而携带者的血红蛋白的电泳图谱，与由正常人的和患者的血红蛋白以 1：1 的比例配成的混合物的电泳图谱非常相似。鲍林推测镰刀型红细胞贫血症是由于血红蛋白分子的缺陷造成的。

正常的血红蛋白是由两条 α-链和两条 β-链构成的四聚体，其中每条肽链都以非共价键与一个血红蛋白相连接。α-链由 141 个氨基酸组成，β-链由 146 个氨基酸组成。镰刀型红细胞贫血症患者的血红蛋白的分子结构与正常人的血红蛋白的分子结构不同。1956 年，英格拉姆（Ingram）等人用胰蛋白酶把正常的血红蛋白（HbA）和镰形细胞的血红蛋白（HbS）在相同条件下切成肽段，通过对比二者的滤纸电泳双向层析谱，发现有一个肽段的位置不同。

这是 β-链 N 末端的一段肽链。也就是说，HbS 和 HbA 的 α-链是完全相同的，所不同的只是链上从 N 末端开始的第六位氨基酸残基，在正常的 HbA 分子中是谷氨酸，在患者的 HbS 分子中却被缬氨酸所代替。

在 HbS 中，由于带负电的极性亲水谷氨酸被不带电的非极性疏水缬氨酸所代替，致使血红蛋白的溶解度下降。在氧张力低的毛细血管区，HbS 形成管状凝胶结构（如棒状结构），导致红细胞扭曲成镰刀状（即镰变）。这种僵硬的镰刀状红细胞不能通过毛细血管，加上 HbS 的凝胶化使血液的黏滞度增大，阻塞毛细血管，引起局部组织器官缺血缺氧，产生脾肿大、胸腹疼痛（又称为镰形细胞痛性危象）等临床表现。

据悉，非洲有的地区高达 40% 的人携带此基因，为什么自然选择没有淘汰这种基因呢？有一种观点认为，这是因为凡患此病的人，都对疟原虫（引起疟疾，一种严重的由蚊子传播的疾病）的感染有显著抵抗力，从而从某种角度上说，在疟疾流行的非洲大陆，这是"杀敌一千，自损八百"式的迫不得已的"进化"。

 思考与练习

一、名词解释

1. 转录　2. 复制　3. 反转录　4. 基因　5. 遗传密码　6. 翻译

二、简答题

1. 简述 DNA 的复制过程。

2. 简述 RNA 的转录过程。

3. 简述真核生物 mRNA 转录后的加工与修饰。

4. 写出中心法则。

5. 简述 mRNA 与 tRNA 在蛋白质合成中的主要功能。

6. 简述遗传密码的主要特征。

7. 简要说明 DNA 聚合酶的特点。

实训　聚合酶链式反应（PCR）实验

【原理】聚合酶链式反应（Polymerase Chain Reaction，PCR）是体外酶促合成特异 DNA 片段的一种方法，为最常用的分子生物学技术之一。典型的 PCR 由高温模板变性、引物与模板退火、引物沿模板延伸三步反应组成一个循环，通过多次循环反应，使目的 DNA

得以迅速扩增。其主要步骤是：将待扩增的模板 DNA 置高温下（通常为 93～94 ℃）使其变性解成单链；人工合成的两个寡核苷酸引物在其合适的复性温度下分别与目的基因的两条单链互补结合，两个引物在模板上结合的位置决定了扩增片段的长短；耐热的 DNA 聚合酶（Taq 酶）在 72 ℃将单核苷酸从引物的 3′端开始掺入，以目的基因为模板从 5′→3′方向延伸，合成 DNA 的新互补链。

PCR 能快速特异扩增任何已知目的基因或 DNA 片段，并能轻易使在皮克（pg）水平起始 DNA 混合物中的目的基因扩增达到纳克、微克、毫克级的特异性 DNA 片段。因此，PCR 技术一经问世就被迅速而广泛地用于分子生物学的各个领域。它不仅可以用于基因的分离、克隆和核苷酸序列分析，还可以用于突变体和重组体的构建、基因表达调控的研究、基因多态性的分析、遗传病和传染病的诊断、肿瘤机制的探索、法医鉴定等诸多方面。通常，PCR 在分子克隆和 DNA 分析中有着以下多种用途：

1. **目的基因的克隆**　PCR 技术为在重组 DNA 过程中获得目的基因片段提供了简便快速的扩增方法。该技术可用于：①与反转录反应相结合，可以直接从组织和细胞的 mRNA 获得目的基因片段；②利用特异性引物以 cDNA 或基因组 DNA 为模板获得已知目的基因片段；③利用简并引物从 cDNA 文库或基因组文库中提取具有一定序列相似性的基因片段；④利用随机引物从 cDNA 文库或基因组文库中克隆基因。

2. **基因的体外突变**　利用 PCR 技术可以随意设计引物在体外对目的基因片段进行嵌合、缺失、点突变等改造。

3. **DNA 和 RNA 微量分析**　PCR 技术高度敏感，对模板 DNA 的含量要求很低，是 DNA 和 RNA（RNA 一般需要先反转录成为 cDNA）微量分析的好方法。从理论上讲，只要存在一分子模板，就可以获得目的片段。在实际工作中，一滴血、一根毛发或一个细胞就足以满足 PCR 的检测需要。因此，PCR 在基因诊断方面具有极广阔的应用前景。

4. **DNA 序列测定**　将 PCR 技术引入 DNA 序列测定，可使测序工作大为简化，也提高了测序的速度。待测 DNA 片段既可以克隆到特定的载体后进行序列测定，也可直接测定。

5. **基因突变分析**　基因突变可引起许多遗传病、免疫性疾病，PCR 技术可用于分析基因突变。

【**仪器与试剂**】引物（primer）——根据需扩增的 DNA 设计相应的引物，Taq DNA 聚合酶，10×PCR 缓冲液（随酶一起购买），5 mmol/L dNTP 贮备液（商品化产品），DNA 模板（需扩增的 DNA），ddH_2O，PCR 反应管，微量移液器，离心机，PCR 仪。

【**方法与操作**】

（1）在冰浴中，按以下次序将各成分加入一个 0.5 mL 无菌离心管中。

10×PCR buffer	5 μL
dNTP mix(2 mmol)	4 μL
引物 1（10 pmol）	2 μL
引物 2（10 pmol）	2 μL
Taq 酶（2 U/μL）	1 μL
DNA 模板（50 ng～1 μg/μL）	1 μL
加 ddH_2O 至	50 μL

（2）调整好反应程序。将上述混合液稍加离心，立即置 PCR 仪上进行扩增。在 93 ℃预

变性 3~5 min；进入循环扩增阶段，93 ℃ 40 s → 58℃ 30 s → 72 ℃ 60 s，循环30~35次，最后在 72 ℃保温 7 min。

（3）结束反应，PCR 产物放置于 4 ℃待电泳检测或一20 ℃长期保存。

（4）PCR 的电泳检测：PCR 扩增 DNA 片段只是一个重要手段，扩增片段的检测和分析才是目的，根据研究对象和目的的不同而采用不同的分析法。琼脂糖凝胶电泳可鉴定扩增产物的大小。

【PCR 反应体系的组成与反应条件的优化】

PCR 反应体系由反应缓冲液（10×PCR Buffer）、脱氧核苷三磷酸底物（dNTP mix）、耐热的 DNA 聚合酶（Taq 酶）、寡聚核苷酸引物（Primer 1，Primer 2）、靶序列（DNA 模板）五部分组成。各个组分都能影响 PCR 结果的好坏。

1. 反应缓冲液 一般随 Taq 酶供应。标准缓冲液含：50 mmol/L KCl，10 mmol/L Tris - HCl(pH 8.3 室温)，1.5 mmol/L $MgCl_2$。Mg^{2+} 的浓度对反应的特异性及产量有着显著影响。浓度过高，使反应特异性降低；浓度过低，使产物减少。在各种单核苷酸浓度为200 $\mu mol/L$时，Mg^{2+} 为 1.5 mmol/L 较合适。若样品中含 EDTA 或其他螯合物，可适当增加 Mg^{2+} 的浓度。在高浓度 DNA 及 dNTP 条件下进行反应时，也必须相应调节 Mg^{2+} 的浓度。据经验，一般以 1.5~2 mmol/L（终浓度）较好。

2. dNTP mix 浓度 高浓度 dNTP 易产生错误掺入，过高则可能不扩增；但浓度过低，将降低反应产物的产量。PCR 中常用的 dNTP 终浓度为 50~400 $\mu mol/L$。四种脱氧核苷三磷酸的浓度应相同，如果其中任何一种的浓度明显不同于其他几种（偏高或偏低），就会诱发聚合酶的错误掺入，降低合成速度，过早终止延伸反应。此外，dNTP 能与 Mg^{2+} 结合，使游离的 Mg^{2+} 浓度降低。因此，dNTP 的浓度直接影响到反应中起重要作用的 Mg^{2+} 浓度。

3. Taq 酶 在 100 μL 反应体系中，一般加入 2~4 IU 的酶量，足以达到每分钟延伸 1 000~4 000 个核苷酸的掺入速度。酶量过多将导致产生非特异性产物。但是，不同的公司或不同批次的产品常有很大的差异，由于酶的浓度对 PCR 反应影响极大，因此应当作预试验或使用厂家推荐的浓度。当降低反应体积时（如 20 μL 或 50 μL），一般酶的用量仍不小于 2 IU，否则反应效率将降低。

4. 引物 引物是决定 PCR 结果的关键，引物设计在 PCR 反应中极为重要。要保证 PCR 反应能准确、特异、有效地对模板 DNA 进行扩增，通常引物设计要遵循以下几条原则：

（1）引物的长度以 15~30 bp 为宜，一般（G+C）的含量为 45%~55%，T_m 值高于 55 ℃[T_m=4(G+C)+2(A+T)]。应尽量避免数个嘌呤或嘧啶的连续排列，碱基的分布应表现出是随机的。

（2）引物的 3′端不应与引物内部有互补，避免引物内部形成二级结构；两个引物在 3′端不应出现同源性，以免形成引物二聚体。3′端末位碱基在很大程度上影响着 Taq 酶的延伸效率。两条引物间配对碱基数少于 5 个，引物自身配对若形成茎环结构，茎的碱基对数不能超过 3 个。由于影响引物设计的因素比较多，现常常利用计算机辅助设计。

（3）人工合成的寡聚核苷酸引物需经 PAGE 或离子交换 HPLC 进行纯化。

（4）引物浓度不宜偏高，浓度过高有两个弊端：一是容易形成引物二聚体（primer - dimer），二是当扩增微量靶序列并且起始材料不纯时，容易产生非特异性产物。一般情况下，用低浓度引物不仅经济，而且反应特异性也较好。一般用 $0.25\sim0.5\,pmol/\mu L$ 扩增效果较好。

（5）引物一般用 TE 配制成较高浓度的母液（约 $100\,\mu mol/L$），保存于 $-20\,^\circ C$。使用前取出其中一部分用 ddH_2O 配制成 $10\,\mu mol/L$ 或 $20\,\mu mol/L$ 的工作液。

5. 模板　PCR 对模板的要求不高，单、双链 DNA 均可作为 PCR 的样品。虽然 PCR 可以用极微量的样品（甚至是来自单一细胞的 DNA）作为模板，但为了保证反应的特异性，一般宜用微克水平的基因组 DNA 或 10^4 拷贝的待扩增片段作为起始材料。原材料可以是粗制品，某些材料甚至仅需用溶剂一步提取之后即可用于扩增，但混有任何蛋白酶、核酸酶、Taq 酶抑制剂以及能结合 DNA 的蛋白质，将可能干扰 PCR 反应。

PCR 循环加快，即相对减少变性、复性、延伸的时间，可增加产物的特异性。

【注意事项】

（1）PCR 反应应该在一个没有 DNA 污染的干净环境中进行。最好设立一个专用的 PCR 实验室。

（2）纯化模板所选用的方法对污染的风险有极大影响。一般而言，只要能够得到可靠的结果，纯化的方法越简单越好。

（3）所有试剂都应该没有核酸和核酸酶的污染。操作过程中应戴手套。

（4）配制 PCR 试剂应使用最高质量的新鲜 ddH_2O，采用 $0.22\,\mu m$ 滤膜过滤除菌或高压灭菌。

（5）所用试剂都应该以大体积配制，试验一下是否可用，然后分装成仅够一次使用的量贮存，从而确保实验与实验之间的连续性。

（6）试剂或样品准备过程中要使用一次性灭菌的塑料瓶和塑料管，玻璃器皿应洗涤干净并高压灭菌。

（7）PCR 的样品应在冰浴上化开，并且要充分混匀。

思 政 园 地

新冠病毒核酸检测中的 PCR 技术

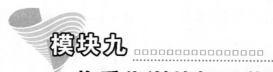

模块九 物质代谢的相互关系与代谢的调节

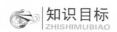

知识目标

ZHISHIMUBIAO

理解四大类物质在代谢上的相互关系，掌握物质代谢在细胞—酶水平上的调控机制，了解激素调节、机体整体水平调节。

单元一 物质代谢的关系

单元解析

DANYUANJIEXI

应通过对糖、脂类、蛋白质及核酸代谢的总结，找出它们在代谢中的交汇点，从而掌握它们在代谢中的相互联系。

（一）糖、脂类、蛋白质在能量代谢上的相互联系

体内物质糖类、脂类及蛋白质均可氧化供能。虽然三大营养物质在体内氧化分解的代谢途径各不相同，但乙酰 CoA 是它们代谢的中间产物，三羧酸循环和氧化磷酸化是它们代谢的共同途径，而且都能生成可利用的 ATP。三大营养物质可相互替代来供给能量。一般情况下，机体利用能源物质的次序是糖（或糖原）、脂肪和蛋白质（主要为肌肉蛋白），糖是机体主要供能物质，脂肪是机体储能的主要形式。机体以糖、脂肪供能为主，能节约蛋白质的消耗，因为蛋白质是组织细胞的重要结构成分。由于糖、脂类、蛋白质分解代谢有共同的代谢途径，从而限制了进入该代谢途径的代谢物的总量，因此三类营养物质的氧化分解相互制约，根据机体的不同状态来调整各营养物质氧化分解的代谢速度，以适应机体的需要。若其中一种供能物质的分解代谢增强，通常能调节抑制其他供能物质的降解。如在正常状态下，机体主要依赖葡萄糖氧化供能，而脂肪动员及蛋白质分解往往受到抑制；在饥饿状态下，由于糖供应不足，则需动员脂肪或动用蛋白质而获得能量。

（二）糖、脂类、蛋白质及核酸代谢之间的相互联系

机体内糖、脂类、蛋白质及核酸的代谢相互影响，相互转化，三羧酸循环不仅是三大营养物质代谢的共同途径，也是三大营养物质相互联系、相互转变的枢纽。同时，一种物质代谢途径改变必然引起其他物质代谢途径的相应变化，如当糖代谢失调时会立即影响到蛋白质代谢和脂类代谢。

1. 糖代谢与脂类代谢的相互联系 糖和脂类都是以碳氢元素为主的化合物，代谢关系十分密切。当人和动物机体摄入糖增多而超过体内能量的消耗时，除合成糖原贮存在肝和肌肉组织外，可大量转变为脂肪贮存起来，但机体需要的必需脂肪酸不能由糖在体内合成，因此食物或饲料

不可缺少脂类的供给，特别是富含必需脂肪酸的脂类。机体内糖经酵解产生磷酸二羟丙酮和 3-磷酸甘油醛，其中磷酸二羟丙酮可以还原为甘油，而 3-磷酸甘油醛能继续通过糖酵解途径形成丙酮酸，丙酮酸氧化脱羧后转变成乙酰辅酶 A，乙酰辅酶 A 可用来合成脂肪酸，最后由甘油和脂肪酸合成脂肪。脂肪分解成甘油和脂肪酸，其中甘油可经磷酸化生成 α-磷酸甘油，再转变为磷酸二羟丙酮，然后经糖异生的途径变为葡萄糖；而脂肪酸经 β-氧化产生的乙酰 CoA 不能逆向转变为丙酮酸，主要进入三羧酸循环分解为 CO_2 和 H_2O，或者在肝中生成酮体并输出利用，或者重新合成脂肪，因此脂肪酸分解部分产物在动物体内不能转变为糖。相比而言，甘油占脂肪的量很少，其生成的糖量相当有限，因此，脂肪绝大部分不能在体内转变为糖。

脂肪分解代谢的强度及代谢过程能否顺利进行与糖代谢密切相关。脂肪的氧化分解必需伴有糖的氧化分解，因为三羧酸循环的正常运转有赖于糖代谢产生的中间产物——草酰乙酸来维持。如饥饿或糖供给不足或糖尿病导致糖代谢障碍时，引起脂肪动员加快，脂肪酸在肝内经β-氧化生成酮体的量增多，其原因是糖代谢的障碍使草酰乙酸相对不足，生成的酮体不能及时通过三羧酸循环氧化，而造成血液中酮体含量升高。

2. 糖代谢与蛋白质代谢的相互联系 糖是生物体内的重要碳源和能源。糖经酵解途径产生的丙酮酸可羧化生成草酰乙酸，草酰乙酸及其脱羧后经三羧酸循环形成的 α-酮戊二酸都可以作为氨基酸的碳架，通过氨基化或转氨基作用形成相应的氨基酸。但是必需氨基酸（包括赖氨酸、色氨酸、甲硫氨酸、苯丙氨酸、亮氨酸、苏氨酸、异亮氨酸、缬氨酸 8 种），则必须由食物提供。组成蛋白质的 20 种氨基酸，除亮氨酸和赖氨酸（生酮氨基酸）外，均可通过脱氨基作用生成相应的 α-酮酸，而这些 α-酮酸均可为或转化为糖代谢的中间产物，可通过三羧酸循环部分途径及糖异生作用转变为糖。由此可见，20 种氨基酸除亮氨酸和赖氨酸外均可转变为糖，而糖代谢的中间产物在体内仅能转变为 12 种非必需氨基酸，其余 8 种必需氨基酸必须由食物供给，故食物或饲料中的糖是不能替代蛋白质的，相反，蛋白质在一定程度上可以代替糖，但就动物营养而言是极不经济的。

3. 脂类代谢与蛋白质代谢的相互联系 脂肪分解产生甘油和脂肪酸，甘油可转变为丙酮酸、草酰乙酸及 α-酮戊二酸，分别接受氨基而转变为丙氨酸、天冬氨酸及谷氨酸。脂肪酸可以通过 β-氧化生成乙酰 CoA，经三羧酸循环产生 α-酮戊二酸和草酰乙酸，进而通过转氨作用生成谷氨酸和天冬氨酸，但必须消耗三羧酸循环的中间物质而受限制，如无其他来源补充，反应将不能进行下去，因此脂肪酸不易转变为氨基酸。生糖氨基酸可通过丙酮酸转变为 3-磷酸甘油；生糖氨基酸、生酮氨基酸及生糖兼生酮氨基酸均可转变为乙酰 CoA，后者可作为脂肪酸合成的原料，最后合成脂肪，因而蛋白质可转变为脂肪。此外，乙酰 CoA 还是合成胆固醇的原料。丝氨酸脱羧生成乙醇胺，经甲基化形成胆碱，而丝氨酸、乙醇胺和胆碱分别是合成磷脂酰丝氨酸、脑磷脂及卵磷脂的原料。

4. 核酸与糖、脂类和蛋白质代谢的相互联系 核酸是机体的遗传物质，在遗传、变异及蛋白质合成过程中具有决定性作用，而体内许多游离核苷酸在物质代谢过程中同样具有重要作用。如 ATP 是能量生成、利用和贮存的中心物质；UTP 参与糖原合成；CTP 参与卵磷脂合成；GTP 供给蛋白质肽链合成时所需要的部分能量；cAMP、cGMP 是机体代谢过程中重要的调节物质；此外，核苷酸的衍生物也是许多重要的辅酶，如辅酶 A、NAD^+、$NADP^+$、FAD、FMN 等。另一方面，核酸或核苷酸的合成，又受到其他物质特别是蛋白质的影响。如：甘氨酸、天冬氨酸、谷氨酰胺及一碳单位（由部分氨基酸代谢产生）是核苷酸合成的原料，参与嘌呤和嘧啶环的合成；核苷酸合成需要酶和多种蛋白因子的参与；合成核苷酸所需的磷酸核糖来自糖代谢中的磷酸戊糖途径；等等。

总之，动物机体存在的三大要素是物质代谢、能量代谢与代谢调节，机体都是由糖类、脂类、蛋白质、核酸四大类基本物质和一些小分子物质构成的。虽然这些物质化学性质不同，功能各异，但它们在机体内的代谢过程并不是彼此孤立、互不影响的，而是互相联系、互相制约，彼此交织在一起。机体代谢之所以能够顺利进行，生命之所以能够健康繁衍，并能适应机体内、外环境的千变万化，除了具备完整的糖、脂类、蛋白质与氨基酸、核苷酸与核酸代谢途径和与之偶联的能量代谢以外，机体还存在着复杂完善的代谢调节网络，以保证各种代谢井然有序、有条不紊地进行（图 9-1）。

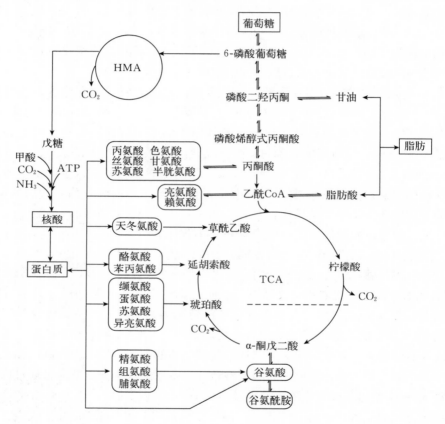

图 9-1 糖、脂肪、蛋白质和核酸代谢的相互关系

(李生其，尚宝来.2010.动物生物化学)

单元 二 物质代谢的调节

单元解析
DANYUANJIEXI

体内物质代谢受到激素水平、细胞—酶水平和细胞整体水平的调控。其中激素通过相应

激素受体发挥调节作用，激素分为细胞膜受体激素和细胞内受体激素；细胞—酶水平调节通过调节酶的区域分布（定位）、酶的活性和酶的含量来实现；细胞整体水平调节通过神经—体液途径进行整体调节以使机体适应外界环境的变化并维持机体内环境的相对稳定。

一、激素调节

高等动物通过细胞外信号分子——激素来调控体内物质代谢，称为激素水平的代谢调节（激素调节）。激素作用于特定的靶组织或靶细胞，引起细胞物质代谢沿着一定的方向进行而产生特定生物学效应。激素具有较高组织特异性和效应特异性，即不同激素作用于不同的组织或细胞产生不同的生物学效应（也可产生部分相同的生物学效应），激素对特定的组织或细胞发挥作用，是因为该组织或细胞具有能特异识别并与之结合的相应激素受体。按激素受体在细胞的部位不同，可将激素分为细胞膜受体激素和细胞内受体激素。

（一）细胞膜受体激素的代谢调节

细胞膜受体是细胞表面质膜上的特异性糖蛋白，激素通过与靶细胞膜上的受体结合而发挥作用。激素到达靶细胞后，先与细胞膜上的特异性受体结合，激活 G 蛋白，G 蛋白再激活细胞内膜上的腺苷酸环化酶，活化后的腺苷酸环化酶催化 ATP 转化为 cAMP，cAMP 作为激素作用的第二信使，再激活细胞内的蛋白激酶 A（PKA），从而产生一系列的生理效应。激素的信号通过一系列酶促反应逐级放大，使效应细胞在短时间内快速应答。如肾上腺素作用于肌细胞膜受体导致肌糖原分解的过程，肾上腺素的信息经 cAMP 传达到细胞内，再由蛋白激酶 A 继续向下传递，促使大量的磷酸化酶 b 转化为磷酸化酶 a 而活化，同时抑制糖原合成酶 b（无活性）脱磷酸化转变成糖原合成酶 a（有活性），瞬间使糖原分解，满足动物机体在应激状态下对能量的需求（图 9-2）。细胞膜受体激素（胞外激素）主要有胰岛素、生长激素、促性腺激素等蛋白质类激素和生长因子等肽类激素以及肾上腺素等儿茶酚胺类激素。

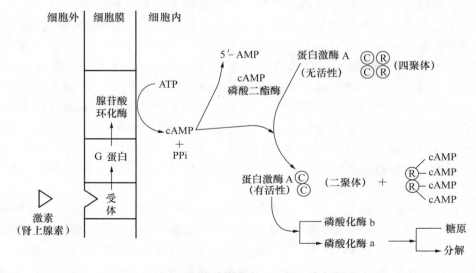

图 9-2 细胞膜受体激素——肾上腺素作用

（二）细胞内受体激素的代谢调节

脂溶性激素如固醇类激素、甲状腺素、前列腺素、1，25 - (OH)$_2$ -维生素 D$_3$ 视黄酸等，透过细胞膜进入细胞内，与细胞质内或细胞核内的相应受体以非共价键特异性结合，形成可逆性的激素受体复合物，使受体活化，活化后的受体再与 DNA 片段中特定的核苷酸序列结合，从而促进或阻遏基因的转录，调节蛋白质（或酶）的生物合成，通过调节细胞内酶的含量对细胞代谢进行调节（图 9 - 3）。

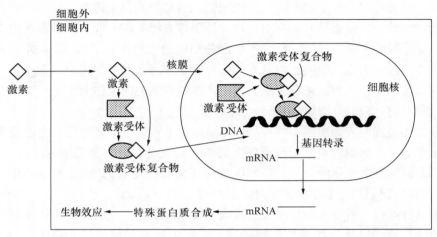

图 9 - 3　细胞内受体激素作用

二、细胞—酶水平的调节

细胞水平的代谢调节就是细胞内酶的调节，主要包括酶的区域分布（定位）调节、酶的活性调节和酶含量的调节。

（一）细胞内酶的区域分布调节

细胞是生物体结构和功能的基本单位。细胞内存在由膜系统分开的区域，使各类反应在细胞中有各自的空间分布，称为区域化。尤其是真核生物细胞呈更高度的区域化，由膜包围的多种细胞器分布在细胞质内，如细胞核、线粒体、溶酶体、高尔基体等。代谢上相关的酶常常组成一个多酶体系或多酶复合体，分布在细胞的某一特定区域，执行着特定的代谢功能。例如糖酵解、糖原合成与分解、磷酸戊糖途径和脂肪酸合成的酶系存在于细胞质中；三羧酸循环、脂肪酸 β-氧化和氧化磷酸化的酶系存在于线粒体中；核酸合成的酶系大部分分布在细胞核中；水解酶系分布在溶酶体中。即使在同一细胞器内，酶系分布也有一定的区域化。例如在线粒体内，在外膜、内膜、膜间隙以及内部基质的酶系是不同的：细胞色素和氧化磷酸化的酶分布在内膜上，而三羧酸循环的酶则主要是在基质中（表 9 - 1）。

意义：①使得在同一代谢途径中的酶互相联系、密切配合，同时将酶、辅酶和底物高度浓缩，使同一代谢途径的一系列酶促反应连续进行，提高反应速率；②使得不同代谢途径隔离分布，各自行使不同功能，互不干扰，使整个细胞的代谢得以顺利进行；③使得某一代谢途径产生的代谢产物在不同细胞器呈区域化分布，从而形成局部高代谢物浓度，有利于其对相关代谢途径的特异调节。此外，一些代谢中间产物在亚细胞结构之间还存在着穿梭，从而组成生物体内复杂的代谢与调节网络。因此，酶在细胞内的区域化分布是物质代谢调节的一种重要方式。

表 9-1　主要酶系及代谢途径在细胞内的分布

细胞器	主要酶及代谢途径
胞质溶胶	肽酶、转氨酶、氨酰合成酶；糖酵解途径、磷酸戊糖途径、糖原分解、脂肪酸合成、嘌呤和嘧啶的降解
线粒体	三羧酸循环、脂肪酸 β 氧化、氨基酸氧化、脂肪酸链的延长、尿素生成、氧化磷酸化作用
溶酶体	溶菌酶、酸性磷酸酶、水解酶，包括蛋白酶、核酸酶、葡萄糖苷酶、磷酸酯酶、脂肪酶、磷脂酶与磷酸酶
内质网	NADH 及 NADPH、细胞色素 c 还原酶、多功能氧化酶、6-磷酸葡萄糖磷酸酶、脂肪酶；蛋白质合成途径、磷酸甘油酯及三酰甘油合成、类固醇合成与还原
高尔基体	转半乳糖苷基及转葡萄糖糖苷基酶、5-核苷酸酶、NADH 细胞色素 C 还原酶、6-磷酸葡萄糖磷酸酶
过氧化物酶体	尿酸氧化酶、D-氨基酸氧化酶、过氧化氢酶；长链脂肪酸氧化
细胞核	DNA 与 RNA 的合成途径

(二) 酶的活性调节

1. 代谢调节作用点——关键酶、限速酶　调节某些关键酶的活性是细胞代谢调节的一种重要方式（表 9-2）。能影响整个代谢途径的反应速率和方向，具有调节代谢功能的一个或几个酶称为关键酶或调节酶。关键酶一般具有以下特点：①常催化不可逆的非平衡反应，因此能决定整个代谢途径的方向；②酶的活性较低，其所催化的化学反应速率慢，故又称限速酶，因此它的活性能决定整个代谢途径的总速率；③酶活性受底物、多种代谢产物及效应剂的调节，因此它是细胞水平的代谢调节的作用点。例如己糖激酶、磷酸果糖激酶和丙酮酸激酶均为糖酵解途径的关键酶，它们分别控制着酵解途径的速率。

表 9-2　一些重要代谢途径的关键酶

代谢途径	限速酶
糖酵解途径	己糖激酶、磷酸果糖激酶、丙酮酸激酶
磷酸戊糖途径	6-磷酸葡萄糖脱氢酶
三羧酸循环	柠檬酸合酶、异柠檬酸脱氢酶、α-酮戊二酸脱氢酶复合体
糖异生	丙酮酸羧化酶、磷酸烯醇式丙酮酸羧激酶、1,6-二磷酸果糖酶、6-磷酸葡萄糖酶
糖原合成	糖原合酶
糖原分解	糖原磷酸化酶
脂肪酸合成	乙酰 CoA 羧化酶
脂肪分解	三酰甘油脂肪酶
胆固醇合成	HMG 辅酶 A 还原酶
尿素合成	精氨酸代琥珀酸合成酶
血红素合成	ALA 合成酶

2. 酶的变构调节　某些小分子化合物能与酶分子活性中心以外的某一部位特异地非共价可逆结合，引起酶蛋白分子的构象发生改变，从而改变酶的催化活性，这种调节称为变构调节或别构调节。受变构调节的酶称为变构酶或别构酶。这种现象称为变构效应。能使变构酶发生变构效应的一些小分子化合物称为变构效应剂，其中能使酶活性增高的称为变构激活剂，而使酶活性降低的称为变构抑制剂。变构调节过程不需要能量，物质代谢途径中的关键酶大多数是变构酶（图9-4）。

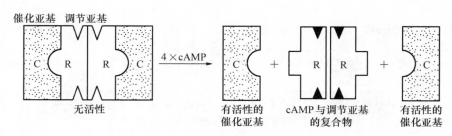

图 9-4　蛋白激酶 A 的变构作用

蛋白激酶 A(R_2C_2) 中 R_2 与 4 个 cAMP(▲) 结合，R 亚基对 C 亚基的抑制作用消失，C 亚基恢复催化活性。

变构效应剂一般都是生理小分子物质，主要包括酶的底物、产物或其他小分子中间代谢物（图9-4）。它们在细胞内浓度的改变能灵敏地表现代谢途径的强度及能量供求的关系，并通过变构效应改变某些酶的活性，进而调节代谢的强度、方向以及细胞内能量的供需平衡。如 ATP 是糖酵解途径关键酶磷酸果糖激酶的变构抑制剂，可抑制糖氧化途径；而 ADP、AMP 是该酶的变构激活剂，它们的量增多可以促进糖氧化分解，从而使 ATP 产生量增加。酶的变构调节如图9-5所示。

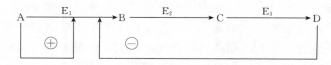

图 9-5　变构调节效应

A 是原始底物，B、C 是中间产物，E_1、E_2、E_3 是催化三步反应的酶，E_1 是异促变构酶产物，
D 是 E_1 变构抑制剂，底物 A 是 E_1 变构激活剂。

3. 酶的化学修饰调节　酶蛋白肽链上的某些基团可在另一种酶的催化下，与某些化学基团发生可逆的共价结合从而引起酶的活性改变，这种调节称为酶的化学修饰或共价修饰。酶的化学修饰包括可逆共价修饰和不可逆的共价修饰，不可逆的共价修饰一般为酶原的激活，而可逆共价修饰主要有酶的磷酸化和脱磷酸化、甲基化和脱甲基化、腺苷化和脱腺苷化及—SH 和—S—S—互变等，其中以磷酸化和脱磷酸化最为多见（图9-6）。

酶的化学修饰调节的特点：

（1）大多数化学修饰的酶都存在有活性（或高活性）与无活性（或低活性）两种形式，且两种形式之间通过两种不同的酶的催化可以相互转变。对于磷酸化与脱磷酸化而言，有些酶脱磷酸化状态有活性，而另一些酶磷酸化状态有活性。

（2）由于化学修饰调节本身是酶促反应，且参与化学修饰的酶又常常受其他酶或激素的影响，故化学修饰具有瀑布式级联放大效应。少量的调节因素可引起大量酶分子的化学修

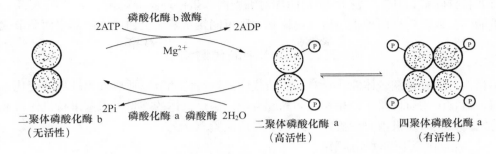

图 9 - 6　磷酸化酶的共价修饰调节

饰。因此，这类反应的催化效率往往较变构调节高。

（3）磷酸化和脱磷酸化是最常见的酶促化学修饰反应，其消耗的能量由 ATP 提供，这与合成酶蛋白所消耗的 ATP 相比要少得多，因此，化学修饰是一种经济、快速而有效的调节方式。

（三）酶含量的调节

生物体除通过直接改变酶的活性来调节代谢速度以外，还可通过改变细胞内酶的绝对含量来调节代谢速度。酶含量的调节可通过影响酶的合成与降解速率而实现。由于酶的合成或降解耗时较长，故此调节方式为迟缓调节，但所持续的时间较长。

1. 酶蛋白合成的诱导与阻遏调节　绝大多数酶的化学本质是蛋白质，这些酶的合成也就是蛋白质的合成。许多因素如酶的底物和产物、激素或药物等都可以影响酶蛋白的合成。一般将增加酶蛋白合成的化合物称为诱导剂，减少酶蛋白合成的化合物称为阻遏剂。诱导剂或阻遏剂可在转录水平和翻译水平影响酶蛋白的合成，但以转录水平较常见。

（1）底物对酶合成的诱导与阻遏。底物对酶合成的诱导与阻遏普遍存在于生物界。当摄入蛋白质增多，消化吸收后导致血液中多种氨基酸浓度升高时，可诱导机体内氨基酸分解酶系的关键酶如苏氨酸脱水酶、酪氨酸转氨酶合成，促使氨基酸的降解和转化，同时可诱导合成尿素循环的酶。如鼠饲料中蛋白质含量从 8％增加至 70％时，鼠肝精氨酸酶活性可增加 2~3 倍。这种诱导作用对于维持体内代谢的平衡具有一定的生理意义。对于高等动物，因其体内存在激素的调节作用，底物诱导作用不如微生物体内重要。

（2）代谢产物对酶合成的阻遏作用。代谢产物不仅可变构抑制或反馈抑制关键酶的活性，而且还可阻遏这些酶的合成。例如 HMG - CoA 还原酶是合成胆固醇的关键酶，高浓度产物胆固醇除了作为变构抑制剂反馈抑制肝中胆固醇合成的限速酶（HMG - CoA 还原酶）活性外，还可阻遏肝中该酶的合成。

（3）激素对酶合成的诱导作用。例如糖皮质激素能诱导一些氨基酸分解酶和糖异生关键酶的合成，而胰岛素则能诱导糖酵解和脂肪酸合成途径中关键酶的合成。

（4）药物对酶合成的诱导作用。肝细胞微粒体中单加氧酶或其他一些与药物代谢有关酶能催化许多药物和毒物在肝进行生物转化，许多药物和毒物可促进肝细胞微粒体中单加氧酶或其他一些与药物代谢有关酶的诱导合成，加速药物和毒物的转化，加快有解毒作用。然而，这也是引起耐药现象的一个原因。

2. 酶蛋白降解的调节　改变酶分子的降解速率也能调节细胞内酶的含量，从而调节机体代谢速度。细胞内蛋白质的降解目前发现有两条途径：其一，溶酶体中蛋白水解酶对酶蛋白进行非特异降解；其二，泛肽-蛋白酶体对细胞内酶蛋白的特异降解，需消耗 ATP。若某些因素能改变或影响这两种蛋白质降解体系，则可间接影响酶蛋白的降解速率而调节代谢。

三、整体水平的代谢调节

生物体可通过神经—体液途径对其物质代谢进行整体调节以适应外界环境的变化，使不同组织、器官中物质代谢途径相互协调和配合，以满足机体的能量需求并维持机体内环境的相对稳定。如应激及饥饿时，机体通过调节以适应紧急状况。

（一）应激状态下的代谢调节

应激是机体在一些特殊情况下，如严重创伤、感染、寒冷、中毒、剧烈的情绪变化等所作出的应答性反应。机体在应激状态下，交感神经兴奋，肾上腺皮质及髓质激素分泌增多，血浆胰高血糖素及生长激素水平也增高，而胰岛素水平降低，引起糖代谢、脂代谢及蛋白质代谢发生相应的改变。

1. 糖代谢的变化　主要表现为血糖浓度升高。应激时由于交感神经兴奋引起许多激素分泌增加。肾上腺素及胰高血糖素均可激活磷酸化酶而促进肝糖原分解；糖皮质激素和胰高血糖素可诱导磷酸烯醇式丙酮酸羧激酶的表达而促进糖的异生；肾上腺皮质激素和生长激素可抑制周围组织对血糖的利用。血糖浓度升高对保证红细胞及脑组织的供能有重要意义。

2. 脂肪代谢的变化　主要表现为脂肪动员增强。应激时由于肾上腺素、胰高血糖素、去甲肾上腺素等脂解激素分泌增多，通过提高甘油三酯脂肪酶的活性而促进脂肪分解，使血液中游离脂肪酸增多，成为心肌、骨骼肌和肾等组织的主要能量来源，从而减少对血液中葡萄糖的消耗，进一步保证了脑组织及红细胞的葡萄糖供应。

3. 蛋白质代谢的变化　蛋白质代谢的变化主要表现为蛋白质分解加强。应激时肌肉组织蛋白质分解增加，生糖氨基酸及生糖兼生酮氨基酸增多，为肝细胞糖的异生作用提供了原料。同时蛋白质分解增加，尿素的合成增多，出现负氮平衡。

总之，应激时，体内三大营养物质代谢的变化均趋向于分解代谢增强，合成代谢受到抑制，最终使血液中葡萄糖、脂肪酸、酮体、氨基酸等浓度相应升高，为机体提供足够的能量物质，以帮助机体应付"紧急状态"。机体长期处于应激状态，可导致机体因消耗过多出现衰竭而危及生命。

（二）饥饿时的代谢调节

1. 短期饥饿　在不能进食 $1\sim3$ d 后，肝糖原显著减少，血糖浓度降低，引起胰岛素分泌减少和胰高血糖素分泌增加，同时也引起糖皮质激素分泌增加，引起一系列的代谢变化。

（1）肌蛋白分解增加。肌肉蛋白质分解释放出的氨基酸大部分可转变为丙氨酸和谷氨酰胺，经血液转运到肝成为糖异生的原料，蛋白质的降解增多可导致氮的负平衡。

（2）糖异生作用增强。饥饿 2 d 后，肝糖异生作用明显增强（约占 80%），此外肾也有糖异生作用（约占 20%），氨基酸为糖异生的主要原料，通过糖异生作用维持血糖浓度的相对恒定，以维持某些依赖葡萄糖供能的组织（如脑组织及红细胞）的正常功能。

（3）脂肪动员加强，酮体生成增多。由于脂解激素分泌增加，脂肪动员增强，血液中甘油和游离脂肪酸含量增高，许多组织以摄取利用脂肪酸为主，此外脂肪酸 β-氧化为肝的酮体生成提供了大量的原料。而肝合成的酮体既为肝外其他组织提供了能量来源，也可成为脑组织的重要能源物质。这使许多组织减少对葡萄糖的摄取和利用。饥饿时脑组织对葡萄糖的利用也有所减少，但饥饿初期的大脑仍主要由葡萄糖供能。

2. 长期饥饿　在较长时间的饥饿状态（一周以上），体内的能量代谢将发生进一步变化，脂肪动员进一步加速，酮体在肝及肾细胞中大量生成，脑组织利用酮体增加，甚至超过葡萄糖，从而减少糖的利用，维持血糖稳定，减少组织蛋白质的消耗。肌肉优先利用脂肪酸作为能源，以保证脑组织的酮体供应。血液中酮体含量增高，减少肌肉蛋白质的分解，此时肌肉释放氨基酸减少，而乳酸和丙酮酸成为肝中糖异生的主要原料。肌肉蛋白质分解减少，负氮平衡有所改善，此时尿液中排出尿素减少而氨增加。其原因在于肾小管上皮细胞中谷氨酰胺脱下的酰胺氮，可以以氨的形式排入管腔，有利于促进体内 H^+ 的排出，从而改善酮症引起的酸中毒。

模块小结

机体内糖、脂类、蛋白质及核酸的代谢相互影响、相互转化，三羧酸循环不仅是三大营养物质代谢的共同途径，也是三大营养物质相互联系、相互转变的枢纽。核酸是机体的遗传物质，在遗传、变异及蛋白质合成过程中具有决定性作用。体内物质代谢受到激素水平、细胞—酶水平和细胞整体水平的调控。

思考与练习

1. 概述生物体内糖、脂类、蛋白质及核酸在代谢上的相互关系。
2. 乙酰 CoA、草酰乙酸在物质代谢中有哪些作用？
3. 简述细胞—酶水平调节的方式和特点。
4. 试述激素对物质代谢的调节作用。

生物化学实验技能

一、离心技术

离心技术（centrifugal technique）是根据颗粒在作匀速圆周运动时受到一个外向的离心力而发展起来的一种分离技术。这项技术在临床生物化学中常用来分离化学反应后的沉淀物和收集生物大分子物质。

（一）原理

利用物质的沉降系数、质量、浮力等不同因素，应用强大的离心力使物质分离的方法称离心法。离心机所产生的离心力常用下列方程式表示：

$$F = \frac{4\pi^2 v^2 r}{g} \cdot \left(\frac{1}{60}\right)^2$$

$$v(\text{r/min}) = \sqrt{\frac{Fg60^2}{4\pi^2 r}} = \frac{60 \times 31.28}{2\pi}\sqrt{F/r}$$

式中，F 为离心力，单位为地心引力的倍数 g（或 $\times g$）。g 为重力加速度，等于 980.6 cm/s²。r 通常指自离心管中轴底部内壁到离心转轴中心之间的距离（cm）。v 为转速，即离心机每分钟的转数（r/min）。

另外，超速离心时，颗粒的沉降速度常用沉降系数表示。沉降系数使用 Svedberg 单位（简称 S，$1S = 1 \times 10^{-13}$ s）。近代生物化学文献中经常出现沉降系数这一概念，用以描述生物高分子或亚细胞器的大小，如 16S RNA、23S RNA、70S 核蛋白体等。沉降系数是单位离心场强的沉降速度，与物质的大小、形状、密度以及介质的密度和黏度等因素有关，当对某些生物大分子的化学结构、分子质量还不了解时，可用沉降系数对它的物理特性进行初步描述，将它们区别开来。

（二）离心技术的分类

根据离心原理和工作的需要，目前已设计出许多离心方法，综合起来大致可分三类：

1. 平衡离心法 根据粒子大小、形状不同进行分离，包括差速离心法（differential velocity centrifugation）和速率区带离心法（rate zonal centrifugation）。

2. 等密度离心法（isodensity centrifugation） 又称为等比重离心法，依粒子密度差进行分离。

3. 经典式沉降平衡离心法 用于生物大分子分子质量的测定、纯度估计、构象变化等。

依据离心机转头的旋转速度，可将离心机分为低速离心（4 000 r/min 以内）、高速离心（20 000 r/min，最大相对离心力可达 45 000 g）和超速离心（30 000 r/min 以上，最大相对离心力达 645 000 g）三种类型。

按照离心技术的实际应用，可将离心技术分为普通离心、专用离心、制备性离心和分析性离心四大类。

（三）各类离心机的特点和应用

1. 低速离心机 根据处理样品的容量大小，可分为：锥型台式、水平型桶式、大容量立式三种。前者主要用于实验室样品的初级分离，在日常检测中的应用最广。后两种主要用于大量生物样品制备和血站分离血浆等。

2. 高速离心机　由于运转速度快，一般适用于各种生物细胞、病毒、血浆蛋白质等的分离，也可应用于有机物及无机物溶液、悬液及胶体溶液中有形成分的浓缩、提取、制备等工作，是细胞生物学和分子生物学研究的重要工具。

3. 超速离心机　可分为制备和分析两种类型。

（1）制备型超速离心机：最高转速可达 55 000～90 000 r/min，可配密度梯度收集仪、密度梯度泵、各种加样器及取样器等附件。整机自动化程度高，功能齐全，是医学检验、生物化学和分子生物学领域的重要工具，可用于细胞器、病毒的分离和浓缩。

（2）分析型超速离心机：大多装有特殊设计的转头和控制系统，可直接观察了解分析样品的沉降情况。利用特殊配备的数据处理系统，可自动计算出分离物质的沉降系数和分子质量。它主要用于测定生物大分子的分子质量和沉降系数、估测样品的纯度等。

（四）离心机的使用方法及注意事项

离心机属大型贵重仪器，使用前应了解其性能，掌握其操作规程，以防在离心过程中发生意外。使用时应注意下面几点：

（1）使用之前，应先检查离心机的放置是否水平与稳定，旋转是否平衡。

（2）对称位置的离心管及套管必须用天平平衡，套管底部应用橡皮垫垫上。

（3）接通电源，缓慢加速。

（4）离心机转动时，如机身不稳、声音不均匀或离心管破裂，应停止离心。

（5）离心完毕，将转速开关缓慢退回起点，任其自停，切勿用手助停。

简言之要做到平衡（离心管及套管要在天平上平衡）、对称（平衡后的离心管要对称放置）、慢加减速（启动和停转时均应缓慢）。对于高速和超高速离心机的使用，应严格按操作规程进行操作。

二、分光光度技术

（一）原理

光是电磁波的一种，有不同的波长。肉眼可见的彩色光称为可见光，波长范围为 400～760 nm。短于 400 nm 的光线称为紫外线（200～400 nm 为紫外光区），短于 200 nm 的称为远紫外线，再短的就是 X 射线和 γ 射线了。长于 760 nm 的光线称为红外线（760～500 000 nm 为红外区），再长的就是无线电波了。

可见光区的电磁波，因波长不同而呈现不同的颜色，这些不同颜色的电磁波称为单色光，单色光并非单一波长的光，而是一定波长范围内的光，太阳及钨丝灯发出的白光，是各种单色光的混合光，利用棱镜可将白光分成按波长顺序排列的各种单色光，即红、橙、黄、绿、青、蓝、紫等，这就是光谱。

当光线通过透明的溶液介质时，有一部分被吸收，另一部分透过，因此光线射出溶液之后，部分光波减少。例如，可见光通过有色溶液后或红外线通过多种气体后，部分光波被吸收。不同的物质由于其分子结构不同，对不同波长光线的吸收能力也不同，因此每种物质都具有其特异的吸收光谱，在一定条件下，其吸收程度与该物质浓度成正比，故可利用各种物质的不同的吸收光谱特征及其强度对不同物质进行定性和定量的分析。

在可见光范围内，利用溶液的颜色深浅来测定溶液中物质含量的方法，称为比色法。采用适当的光源、棱镜和适当的光源接收器，可使溶质浓度的测定波长范围不仅仅局限于可见光，还可扩大到紫外光区和红外光区，这就是分光光度法。

分光光度法是生物化学中最有价值的测定方法之一。通过测定紫外光、可见光或红外光区的特征吸收光谱可以鉴定未知化合物，通过测量在某一波长下的吸光度可以测定溶液中未知化合物的浓度。

1. 光的本质与溶液颜色的关系 光是一种电磁波，通常用频率和波长来描述光。人的视觉所能感觉到的光称为可见光，波长范围为 400～760 nm，人的眼睛感觉不到的还有红外光（波长大于 760 nm）、紫外光（波长小于 400 nm）、X 射线等。

在可见光区，不同波长的光呈不同的颜色，但各种有色光之间并没有严格的界线，而是由一种颜色逐渐过渡到另一种颜色。

具有单一波长的光称为单色光，由不同波长的光组成的光称为复合光。白光属于混合光，如果让一束白光通过棱镜，便可分解为红、橙、黄、绿、青、蓝、紫七种颜色的光，这种现象称为光的色散。

两种适当颜色的单色光按一定强度比例混合可成为白光，这两种单色光称为互补色光。

当一束白光通过一种溶液时，如果该溶液对各种颜色的光都不吸收，则溶液无色透明。如果某些波长的光被溶液吸收，另一些波长的光不被吸收而透过溶液，则溶液的颜色是由透过光的波长决定的，所以我们看到溶液的颜色就是它所吸收光的互补色光的颜色。如高锰酸钾溶液因吸收了白光中的绿光而呈现紫色，硫酸铜因吸收了白光中的黄光而呈现蓝色。

2. 光的吸收定律

（1）百分透光率（T）和吸光度（A）。

当一束单色光透过均匀、无散射的溶液时，一部分被吸收，一部分透过溶液，即

$$I_0 = I_a + I_t$$

式中，I_0 为入射光的强度，I_a 为溶液吸收光的强度，I_t 为溶液透过光的强度。

当入射光 I_0 的强度一定时，溶液吸收光的强度 I_a 越大，则溶液透过光的强度 I_t 越小，用 I_t/I_a 表示光线透过溶液的能力，称为透光率，用符号 T 表示，其数值可用小数或百分率表示。即：

$$T = \frac{I_t}{I_a} \times 100\%$$

透光率的倒数反映了物质对光的吸收程度，应用时取它的对数 $\lg(I/T)$ 作为吸光度，用 A 表示。即：

$$A = \lg\left(\frac{I_0}{I_t}\right) = \lg\left(\frac{I}{T}\right) = -\lg T$$

（2）光的吸收定律——朗伯-比尔定律。这是吸光度法的基本定律，比尔定律说明吸光度与溶液浓度的关系，朗伯定律说明吸光度与液层厚度的关系，将两者综合即为朗伯-比尔定律。

朗伯-比尔定律：当一束平行的单色光通过均匀、无散射现象的溶液时，在单色光强度、溶液的温度等条件不变的情况下，溶液吸光度与溶液的浓度及液层厚度的乘积成正比。

$$A = kcL$$

式中，k 为摩尔吸光系数，c 为吸光物质的浓度，L 为吸收层厚度。朗伯-比尔定律不仅适用于有色溶液，也适用于无色溶液及气体和固体的非散射均匀体系；不仅适用于可见光区的单色光，也适用于紫外光和红外光区的单色光。

（二）分光光度计的结构

分光光度计的种类很多，其基本原理及结构基本相似，一般都包括下列几个部件：

1. 光源 一个良好的光源要求具备发光强度高、光亮、稳定、光谱范围较宽和使用寿命长等特点。分光光度计上常用的光源有钨灯和氢灯（或氘灯），前者适用于发出 340～900 nm 范围的光，后者适宜于发出 200～360 nm 的紫外光，为了使发出的光线稳定，光源的供电需要由稳压电源供给。

2. 单色器 单色器是将混合光波分解为单一波长光的装置，多用棱镜或光栅作为色散元件，它们能在较宽光谱范围内分离出相对纯波长的光线，通过此色散系统可根据需要选择一定波长范围的单色光，单色光的波长范围愈狭窄，仪器的灵敏度愈高，测量的结果愈可靠。

3. 狭缝 狭缝是由一对隔板在光通路上形成的缝隙，通过调节缝隙的大小调节入射单色光的强度，并使入射光形成平行光线，以适应检测器的需要，分光光度计的缝隙大小是可调节的。

4. 比色皿（或称比色杯、吸收池、比色池） 一般由玻璃或石英制成。

在可见光范围内测量时，选用光学玻璃比色皿；在紫外线范围内测量时必须用石英比色皿。注意比色杯的质量是取得良好分析结果的重要条件之一，吸收池上的指纹、油污或壁上的一些沉积物，都会显著地影响其透光性，因此务必注意仔细操作和及时清洗并保持清洁。

5. 检测系统 主要由受光器和测量器两部分组成，常用的受光器有光电池、真空光电管或光电倍增管等。它们可将接收到的光能转变为电能，并应用高灵敏度放大装置，将弱电流放大，提高灵敏度。通过测量所产生的电能，由电流计显示出电流的大小，在仪表上可直接读得 A 值、T 值。较高级的现代仪器，还常附有电子计算机及自动记录器，可自动描出吸收曲线。

（三）分光光度计的使用

在此，着重介绍国产 722 型分光光度计和 752 型分光光度计的使用。

1. 722 型分光光度计 722 型分光光度计是可见光分光光度计，其波长范围为 350～820 nm，仪器图如图实-1 所示。

图实-1 722 型分光光度计实物

（1）使用方法。

① 预热仪器。将选择开关置于"T"，打开电源开关，使仪器预热 20 min。为了防止光电管疲劳，不要连续光照，预热仪器时和不测定时应将试样室盖打开，使光路被切断。

② 选定波长。根据实验要求，转动波长手轮，调至所需要的单色光波长。

③ 固定灵敏度挡。在能使空白溶液很好地调到"100％"的情况下，尽可能采用灵敏度较低的挡，使用时，首先调到"1"挡，灵敏度不够时再逐渐升高。换挡改变灵敏度后，须重新校正"0％"和"100％"。选好的灵敏度，实验过程中不要再变动。

④ 调节 T=0％。轻轻旋动"0％"旋钮，使数字显示为"0.000"（此时试样室是打开的）。

⑤ 调节 T＝100％。将盛蒸馏水（或空白溶液，或纯溶剂）的比色皿放入比色皿座架中的第一格内，并对准光路，把试样室盖子轻轻盖上，调节透过率"100％"旋钮，使数字显示正好为"100.0"。

⑥ 吸光度的测定。将选择开关置于"A"，盖上试样室盖子，将空白液置于光路中，调节吸光度调节旋钮，使数字显示为"0.000"。将盛有待测溶液的比色皿放入比色皿座架中的其他格内，盖上试样室盖，轻轻拉动试样架拉手，使待测溶液进入光路，此时数字显示值即为该待测溶液的吸光度值。读数后，打开试样室盖，切断光路。

重复上述测定操作1～2次，读取相应的吸光度值，取平均值。

⑦ 浓度的测定。选择开关由"A"旋至"C"，将已标定浓度的样品放入光路，调节浓度旋钮，使得数字显示为标定值，将待测样品放入光路，此时数字显示值即为该待测溶液的浓度值。

⑧ 关机。实验完毕，切断电源，将比色皿取出洗净，并将比色皿座架用软纸擦净。

（2）注意事项。

① 测量完毕，应迅速将试样室盖打开，关闭电源开关，将灵敏度旋钮调至最低档，取出比色皿，将装有硅胶的干燥剂袋放入试样室内，关上盖子，将比色皿中的溶液倒入烧杯中，用蒸馏水洗净后放回比色皿盒内。

② 每台仪器所配套的比色皿不可与其他仪器上的比色皿单个调换。

③ 若大幅度改变测试波长，需稍等片刻，待灯热平衡后，重新校正"0"和"100％"点，然后再测量。

④ 比色皿使用完毕后，应立即用蒸馏水冲洗干净，并用干净柔软的纱布将水迹擦去，以防止表面光洁度被破坏，影响比色皿的透光率。

2. 752型分光光度计　752型分光光度计为紫外光栅分光光度计，测定波长200～800 nm，仪器简图见图实-2。

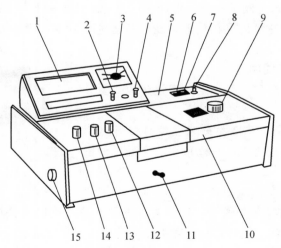

图实-2　752型分光光度计面板

1. 数字显示器　2. 吸光度调零旋钮　3. 选择开关　4. 浓度旋钮　5. 光源室　6. 电源室

7. 氢灯电源开关　8. 氢灯触发按钮　9. 波长手轮　10. 波长刻度窗　11. 试样架拉手

12. "100％"T旋钮　13. "0％"T旋钮　14. 灵敏度旋钮　15. 干燥器

（1）操作方法。

① 将灵敏度旋钮调到"1"档（放大倍数最小）。

② 打开电源开关，钨灯点亮，预热 30 min 即可测定。若需用紫外光则打开氢灯，再按氢灯触发按钮，氢灯点亮，预热 30 min 后使用。

③ 将选择开关置于"T"。

④ 打开试样室盖，调节"0％"旋钮，使数字显示为"0.000"。

⑤ 调节波长旋钮，选择所需的波长。

⑥ 将装有参比溶液和待测溶液的比色皿分别放入比色皿架中。

⑦ 盖上样品室盖，使光路通过参比溶液比色皿，调节透光率旋钮，使数字显示为"100.0％"（T）。如果显示不到"100.0％"（T），可适当增加灵敏度的挡数。然后将待测溶液置于光路中，数字显示值即为待测溶液的透光率。

⑧ 若不需测透光率，仪器显示"100.0％"（T）后，将选择开关调至"A"，调节吸光度旋钮，使数字显示为"0.000"。再将待测溶液置于光路中，数字显示值即为溶液的吸光度。

⑨ 若将选择开关调至"C"，将已标定浓度的溶液置于光路，调节浓度旋钮使数字显示为标定值，再将待测溶液置于光路，则可显示出相应的浓度值。

（2）注意事项。

① 测定波长在 360 nm 以上时，可用玻璃比色皿；波长在 360 nm 以下时，要用石英比色皿。比色皿外部要用吸水纸吸干，不能用手触摸光面的表面。

② 仪器配套的比色皿不能与其他仪器的比色皿单个调换。如需增补，应经校正后方可使用。

③ 开关样品室盖时，应小心操作，防止损坏光门开关。

④ 不测量时，应使样品室盖处于开启状态，否则会使光电管疲劳，数字显示不稳定。

⑤ 当光线波长调整幅度较大时，需稍等数分钟才能测定。因光电管受光后，需有一段响应时间。

⑥ 仪器要保持干燥、清洁。

（四）计算

利用分光光度法对物质进行定量测定的方法，主要有以下两种：

1. 利用标准管计算测定物含量（直接比较法） 实际测定过程中，用一已知浓度的测定物按测定管同样方法处理显色，读取吸光度，再根据 $A = KCL$ 式进行计算。

$$A_样 = K_样 \, C_样 \, L_样$$

$$A_标 = K_标 \, C_标 \, L_标$$

式中，$A_样$、$A_标$ 分别为未知浓度测定管和已知浓度标准管吸光度。$C_样$、$C_标$ 分别为未知浓度测定管测定物浓度和已知浓度标准管浓度。因盛标准液和测定液的比色皿内径相同（$L_样 = L_标$），标准液和测定液中介质为同一种物质，K 相同（$K_样 = K_标$），故上二式可写成：

$$C_样 = \frac{A_样}{A_标} \cdot C_标$$

2. 利用标准曲线换算（标准曲线法） 先配制一系列已知浓度的测定物溶液，按测定管同样方法处理显色，读取各管吸光度。然后以各管吸光度为纵坐标、浓度为横坐标，在坐标纸上作图得标准曲线。再以测定管吸光度从标准曲线上查得测定物的浓度。

标准曲线的制作与测定管的测定应在同一仪器上进行，在配制样品时，一般选择相当于标准曲线中部的浓度较好。

三、电泳技术

带有电荷的粒子在电场中移动的现象称为电泳。1937 年 Tisllius 在 U 形管内自由溶液中进行血清蛋白电泳。根据电泳后所形成的蛋白质界面与缓冲溶液的折光率的差别，通过光学系统将阴影投到毛玻璃或照相底片上，借此绘成曲线图像。这种电泳技术称为自由界面电泳。这类电泳仪结构较复杂，价格昂贵，不易推广。1948 年 Wieland 和 Konig 等首先发明用滤纸作为支持物，使电泳技术大为简化，而且可使许多组分相互分离为区带，所以这类电泳被称为区带电泳。此后，各类区带电泳相继诞生。1950 年出现了琼脂糖凝胶电泳；1957年建立了醋酸纤维素薄膜电泳。1955 年 Smithies 及 1959 年 Davis 分别以淀粉胶和聚丙烯酰胺凝胶进行血清蛋白电泳分离，由于它们具有分子筛效应，大大提高了电泳分辨率。20 世纪 60 年代以来，又出现了等电聚焦电泳和等速电泳等新的电泳技术。

（一）电泳的基本原理

设一带电粒子在电场中所受的力为 F，F 的大小决定于粒子所带电荷 Q 和电场的强度 X，即：

$$F=QX$$

按 Stoke 氏定律，一球形的粒子运动时所受到的阻力 F' 与粒子运动的速度 v、粒子的半径 r、介质的黏度 η 的关系为：

$$F'=6\pi r\eta v$$

当 $F=F'$ 时，即达到动态平衡时：

$$\frac{v}{X}=\frac{Q}{6\pi r\eta}$$

v/X 表示单位电场强度时粒子运动的速度，称为迁移率（mobility），也称为电泳速度，以 u 表示，即

$$u=\frac{v}{X}=\frac{Q}{6\pi r\eta}$$

可见粒子的迁移率在一定条件下决定于粒子本身的性质即其所带电荷及粒子的大小和形状，亦即决定于粒子的电荷密度。两种不同的粒子（如两种蛋白质分子）一般有不同的迁移率。在具体实验中，v 为单位时间 t（以秒计）内移动的距离 d（以厘米计），即：

$$v=\frac{d}{t}$$

电场强度 X 为单位距离（以厘米计）内电势差 E（以伏特计），即：

$$X=\frac{E}{I}$$

所以：

$$u=\frac{v}{X}=\frac{d/t}{E/I}=\frac{dI}{Et}$$

所以迁移率的单位为 $cm^2/(s \cdot V)$。

某物质 A 在电场中移动的距离为：

$$d_A = \frac{u_B \cdot Et}{I}$$

物质 B 在电场中的移动距离为：

$$d_B = \frac{u_B \cdot Et}{I}$$

两物质在电场中的移动距离差为：

$$d = d_A - d_B = (u_A - u_B) \cdot \frac{Et}{I}$$

因此物质 A、B 能否分离取决于两者的迁移率。如两者的迁移率相同，则不能分离；如有差别，则能分离。

（二）电泳的分类

1. 按支持物的物理性状不同分

（1）滤纸电泳及其他纤维素纸电泳。

（2）粉末电泳：如纤维素粉电泳、淀粉电泳。

（3）凝胶电泳：如琼脂凝胶电泳、琼脂糖凝胶电泳、聚丙烯酰胺凝胶电泳。

（4）绝缘线电泳如尼龙丝电泳、人造丝电泳。

2. 按支持物的装置形式不同分

（1）平板式电泳：支持物水平放置，最常用。

（2）垂直板式电泳：聚丙烯酰胺凝胶可做成垂直板式电泳。

（3）垂直柱式电泳：聚丙烯酰胺凝胶盘状电泳属于此类。

3. 按 pH 连续性不同分

（1）连续 pH 电泳：在整个电泳过程中 pH 保持不变，常用的纸电泳、醋酸纤维素薄膜电泳等属于此类。

（2）非连续 pH 电泳：缓冲液和电泳支持物间有不同的 pH，如聚丙烯酰胺凝胶盘状电泳分离血清蛋白时常用这种形式，它能使待分离的蛋白质在电泳过程中产生浓缩效应，详细机理见后述。

等电聚焦电泳（electrofocusing）也可称为非连续 pH 电泳，它利用人工合成的两性电解质（一种脂肪族多胺基多羧基化合物，商品名 ampholin）在通电后形成一定的 pH 梯度分离蛋白质。被分离的蛋白质停留在各自的等电点而形成分离的区带。

（三）电泳技术的应用

电泳技术主要用于分离各种有机物（如氨基酸、多肽、蛋白质、脂类、核苷、核苷酸、核酸等）和无机盐，也可用于分析某种物质的纯度，还可用于分子质量的测定。电泳技术与其他分离技术（如层析法）结合，可用于蛋白质结构的分析，指纹法就是电泳法与层析法的结合产物。用免疫原理检验电泳结果，提高了对蛋白质的鉴别能力。电泳和酶学技术结合发现了同工酶，使人们对酶的催化和调节功能有了更深入的了解。所以电泳技术是一种重要的研究手段。

1. 纸电泳和醋酸纤维素薄膜电泳

纸电泳用于血清蛋白分离已有相当长的历史，在实验室和临床检验中都曾经广泛应用。自从 1957 年 Kohn 首先将醋酸纤维素薄膜用作电泳支持物以来，纸电泳已逐渐被醋酸纤维素薄膜电泳所取代，因为后者具有比纸电泳电渗小、分离速度快、分离清晰以及血清用量少、操作简便等优点。血清蛋白的等电点均低于 7.4，因此，在 pH 比其等电点高的缓冲液中（例如在 pH 8.8 的缓冲液中）它们都电离成负离子，在电场中都会向正极移动。因各种血清蛋白等电点不同，在同一 pH 下所带电荷数量不同，加上分子质量的差别等因素，它们在电场中的运动速度就不同。蛋白质分子小而带电荷多的运动较快，分子大而带电荷少的运动较慢。所以可利用电泳将血清蛋白按其在电场中运动的速度快慢分为清蛋白、α_1-球蛋白、α_2-球蛋白、β-球蛋白及 γ-球蛋白 5 条区带。这些血清蛋白分离后，用蛋白染色剂进行染色，由于蛋白质的量与结合的染料量基本成正比，分别将 5 条色带剪下，使染料和蛋白质溶解于碱性溶液中，用光电比色法可计算出 5 种蛋白质的含量，也可将染色后的膜条直接用光密度计测定。

2. 琼脂糖凝胶电泳 琼脂经处理去除其中的果胶成分即为琼脂糖。由于琼脂糖中硫酸根含量较琼脂少，电渗影响减弱，因而使分离效果显著提高。例如，血清脂蛋白用琼脂凝胶电泳只能分出两条区带（α-脂蛋白、β-脂蛋白），而琼脂糖凝胶电泳可将正常空腹血清蛋白分出 3 条区带（α-脂蛋白、前 β-脂蛋白和 β-脂蛋白）。所以琼脂糖为较理想的凝胶电泳的材料。

血清中的脂类物质与血清蛋白结合成水溶性的脂蛋白而存在，各种脂蛋白中所含的蛋白质种类和数量不同，脂蛋白颗粒大小也不同，这些因素使它们在电场中移动速度各异，因而可以通过电泳分离。

以琼脂糖凝胶溶液制凝胶板。样品先经脂类染料染色，因此通电后脂蛋白在凝胶板上移动距离的长短可以肉眼观察。区带宽窄及染色深浅反应血清各种脂蛋白含量的多少。

3. 聚丙烯酰胺凝胶电泳 聚丙烯酰胺凝胶是一种人工合成的凝胶，由丙烯酰胺（Acr）和交联剂 N，N-甲叉双丙烯酰胺（Bis）聚合而成。采用这种凝胶作为电泳支持介质具有许多优点：①机械强度好，弹性大，透明，化学稳定性高，无电渗作用，吸附作用极小；②可通过控制单体浓度或者单体与交联剂的比例制成不同大小孔径的凝胶，使分子筛效应与电荷效应结合起来，具有极高的分辨率（例如此法分离血清蛋白可获得 20～30 条区带）；③样品不易扩散，且能自动浓缩成很薄的样品层，因此，所用的样品量小（1～100 μg），分离效果好。这种电泳技术目前已被广泛用于蛋白质、核酸等高分子化合物的分离及它们的定性和定量质分析中；还可结合使用解聚剂——十二烷基磺酸钠（SDS），以测定蛋白质分子亚基的分子质量。

聚丙烯酰胺凝胶电泳可分为盘状电泳和垂直板型电泳。盘状电泳是在垂直的玻璃管内，利用不连续的缓冲液、pH 和凝胶孔径进行电泳而命名的。样品被分离后形成的区带很窄，呈圆盘状（discoid shape），取"不连续性"及"圆盘状"的英文字头"disc"，因此英文名称为 disc electrophorsis，直译为盘状电泳。

垂直板型电泳是将聚丙烯酰胺凝胶制成薄板状凝胶，薄板可大可小，然后竖直进行电泳，其优点是：在同一条件下可电泳多个要比较的样品，重复性好；一个样品在第一次盘状电泳后还可在薄板上进行第二次电泳，即双向电泳，这样可进一步提高分辨率；另外，样品电泳后，可进行放射自显影分析。

（1）凝胶聚合原理。聚丙烯酰胺凝胶由 Acr 和 Bis 聚合而成。Acr 和 Bis 单独存在或混合在一起时是稳定的，但在游离基存在时，它们就聚合成凝胶。引发产生游离基的方法有化学法和光学法两种，现分述如下。

① 化学聚合，即过硫酸铵（AP）-四甲基乙二胺（TEMED）系统。AP 是提供自由基

的引发剂，TEMED 是加快引发自由基的加速剂。

过硫酸铵能形成自由基：

$$S_2O_8^{2-} \longrightarrow 2SO_4^{2-}$$

SO_4^{2-} 与 Acr 接触发生反应，使 Acr 的键打开，形成自由基。这种活化了的 Acr 分子再以同样的方式连续地与其他 Acr 分子反应，结果就形成了一个长链聚合物。

$$SO_4^{2-} + n CH_2{=}CH \longrightarrow X{-}CH_2{-}\overset{|}{\underset{CONH_2}{CH}}$$

$$\longrightarrow X{-}CH_2{-}CH{-}CH_2{-}CH{-}CH_2{-}CH$$

这种长链聚合物溶液虽然很黏，但还不能形成凝胶，因为这些长链间彼此能滑动。要形成凝胶还需要进行交联，交联剂是 N，N-甲叉双丙烯酰胺（$CH_2{=}CH{-}\overset{|}{\underset{O}{C}}{-}NH{-}CH_2{-}NH{-}\overset{|}{\underset{O}{C}}{-}CH{=}CH_2$）它们可以看作是两个丙烯酰胺分子通过亚甲基将它们的无活性末端偶联在一起形成的化合物。这样聚合后就得到网状聚丙烯酰胺链。

② 光聚合。光聚合以光敏物质核黄素代替 AP 作催化剂。

核黄素经强光照射后引发自由基，后者使 Acr 形成自由基并聚合成凝胶。TEMED 并非必需，但加入可加速聚合。

光聚合要有氧存在，但过量的氧能淬灭自由基，阻止链长的增加，故聚合反应时要抽气以减少氧含量。聚合反应的温度以 20～25 ℃为宜。

（2）凝胶的孔径。凝胶孔径的大小在很大程度上取决于 Acr 和 Bis 二者的总浓度 T。T 越大，孔径越小，机械强度则越强。

$$T = \frac{a+b}{m} \times 100\%$$

式中，a 为 Acr 的浓度（%）；b 为 Bis 的浓度（%）；m 为 100 mL 凝胶溶液。

交联度（C）则可能与凝胶的最大孔径有关：

$$C = \frac{d}{a+b} \times 100\%$$

凝胶的特性是分子筛效应。很明显，大分子进入凝胶的程度既取决于样品分子的大小，又取决于凝胶的平均孔径。如果凝胶的平均孔径小于蛋白质分子的直径，那么无论蛋白质分子所带的电荷多少以及给予的电场强度如何，它们都不能进入凝胶，所以要想得到蛋白质和核酸等大分子混合物的理想分离效果，选择一定的孔径是很关键的，实际工作中常按样品的分子质量大小来选择凝胶的浓度。

另外还需要考虑选择适宜的缓冲系统，缓冲液的作用一是用来维持电泳槽内和凝胶内 pH 的稳定，二是作为在电场中传导电流的电解质。要使缓冲液很好地起到这些作用，必须注意三个条件：第一，缓冲液不与被分离的物质相互作用；第二，缓冲液的 pH 不能使蛋白质变性，对于分离蛋白质的 pH 范围通常是 4.5～9.0；第三，要考虑到缓冲液的离子强度。

（3）分离血清蛋白的基本原理。聚丙烯酰胺凝胶电泳亦可称不连续凝胶电泳。在这种电泳过程中，除了一般电泳的电荷效应外，还有两种物理效应，即分子筛效应和浓缩效应，因此具有很高的分辨率。

① 分子筛效应：颗粒小、形状为圆形的样品分子，通过凝胶孔径时受到的阻力小，移动快；反之，颗粒大、形状不规则的样品分子，通过凝胶的阻力较大，移动慢。

② 浓缩效应：高度的浓缩效应，大大提高了电泳分离的分辨力，特别适用于稀浓度样品的分离。

关于不连续系统的浓缩效应，可从两个方面进行分析（以碱性 pH 系统为例）。

第一，盘状电泳使用两种孔径不同的凝胶系统。玻璃管内的上层是样品；第二层是浓缩胶，此为大孔胶；第三层是分离胶，此为小孔胶。待分离的蛋白质分子在大孔胶中受到的阻力小，移动速度快，一旦走到小孔胶处，阻力突然增加，速度就变慢，这样，就在两层凝胶交界处使待分离样品的区带变窄，浓度升高。而且样品中各组分在界面处由于电荷效应而依次排列开来。

第二，缓冲液与凝胶的离子成分和 pH 不同。在任何 pH 下，凝胶中的盐酸都解离成氯离子（Cl^-）；甘氨酸（Gly，pI 为 6.0，其中 $pK_1 = 2.34$，$pK_2 = 9.7$）在 pH 为 6.7 的浓缩胶中解离度很低，只有小部分解离为 Gly^-；在 pH 6.7 的条件下，蛋白质大部分以负离子的形式存在，即解离度在 HCl 和 Gly 之间。通电后，这三种负离子在浓缩胶中都向正极移动，它们的有效泳动率按以下次序排列：

$$m_{Cl^-} X\alpha_{Cl^-} > m_{Pr^-} X\alpha_{Pr^-} > m_{Gly^-} X\alpha_{Gly^-}$$

（有效泳动率＝泳动率 m ×解离度 α）

电泳开始时，在电流的作用下，浓缩胶中的 Cl^-（快离子）有效泳动率超过蛋白质的有效泳动率，很快运动到最前面，蛋白质紧随于其后，而 Gly^- 成为慢离子，在最后面。快离子向前移动，而在快离子原来停留的那部分区域则形成了低离子浓度区，即低电导区。由于电势梯度与电导成反比，因此低电导区就有较高的电势梯度，这种高电势梯度又迫使蛋白质离子和慢离子在此区域加速前进，追赶快离子。夹在快、慢离子之间的蛋白质样品就在这个追赶过程中被逐渐地压缩聚集成一条狭窄的区带。

③ 电荷效应：当样品进入分离胶后，由于每种蛋白质所带的电荷不同，因而迁移率也不同。所带电荷多、分子小的泳动速度快；反之，则慢。因此各种蛋白质在凝胶中得以分离，并以一定的顺序排列成一个个圆盘状。

四、层析分离技术

（一）原理

层析分离技术是一种物理分离方法，它利用混合物中各组分物理化学性质（如吸附力、分子形状和大小、分子极性、分子亲和力、分配系数等）的差别，使各组分在支持物上集中分布在不同区域，借此将各组分分离。层析利用两个相，一个相为固定的，称为固定相，另一个相则流过固定相，称为流动相。由于混合物中各组分受固定相的吸引和受流动相的推力不同，各组分移动速度也各异，最终达到分离各组分的目的。

层析分离技术早在 1903 年就用于植物色素的分离提取。自 1944 年纸层析诞生以来，层析技术的发展越来越快。20 世纪 50 年代开始，相继出现了气相层析和高压液相层析。60 年代又出现了薄层层析、薄膜层析、分子排阻层析和亲和层析等新技术，目前每一种方法几乎都已成为一门独立的技术。

　　层析分离技术操作简便，不需要很复杂的设备，样品用量可大可小，既可用于实验室的分离分析，又适用于工业生产中产品的分析制备。它与光学仪器相结合，可组成各种自动化分离分析仪器，进一步显示了层析分离技术的优越性。因此在生物化学领域里，层析技术已成为一项常用的分离分析方法。

（二）常用方法

　　1. 吸附层析　吸附层析是指混合物随流动相通过由吸附剂组成的固定相时，由于吸附剂对不同组分有不同的吸附力致使不同组分随流动相的移动速度不同，最终将混合物中的组分分离开来。这种分离方法取决于待分离物质被固定相所吸附的程度以及它们在流动相中的溶解度这两个方面的差异。根据操作方式不同，吸附层析可分为柱层析和薄层层析两种。

　　（1）柱层析。在柱层析中，混合物的分离是在装有适当吸附剂的玻璃管柱中进行的。层析柱下端铺垫棉花或玻璃棉，柱内充填被溶剂湿润的吸附剂，待分离样品自柱顶部加入，样品完全进入吸附柱后，再用适当的洗脱液洗脱。假如待分离的样品内含有A、B两种成分，在洗脱过程中，随着流动相流经固定相，它们在柱内连续不断地分别产生溶解、吸附、再溶解的现象。由于洗脱液和吸附剂对A和B的溶解力与吸附力不同，A和B在柱内移动的速度也不同。溶解度大而吸附力小的物质走在前面，相反，溶解度小而吸附力大的物质走在后面，经过一段时间以后，A、B两种物质可在柱的不同区域各自形成环带，如果A、B为有色物质，就可以明显看到不同的色层，每个色带就是一种纯物质。然后继续用洗脱液洗脱，分段收集，直到各组分按顺序先后完全从柱中洗出为止（图实-3）。

　　最常用的吸附剂是硅胶和氧化铝，此外还有碳酸钙、碳酸锌和氧化镁等。对于吸附剂及溶剂洗脱系统的选择，则由被分离物质的性质所决定。

　　一般来讲，非极性或极性不强的有机物如甘油酯、胆固醇、磷脂等的分离，用这种方法最为合适。

　　（2）薄层层析。

　　① 原理：薄层层析是近几十年来发展起来的一种微量快速的层析分离技术。其方法是利用玻璃板作为固定相的载体，在玻板上均匀地涂布一薄层不溶性物质作为固定

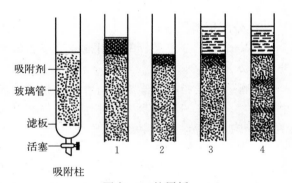

图实-3　柱层析
1. 加样　2. 样品进入吸附柱
3. 开始洗脱　4. 两种成分得到分离

相，把要分离的样品加到薄层上，然后选择合适的溶剂系统作为流动相，利用毛细管现象进行展开，从而达到分离的目的，进而可进行鉴定和定量测定。因为层析是在薄层上进行的，故称为薄层层析或薄板层析。

　　薄层层析的原理视作为固定相的涂布物质而异。若涂布物质是吸附剂，如氧化铝、硅胶等，则属于吸附薄层析；若涂布的是纤维素、硅藻土等，则属于分配层析；若涂布的是离子交换剂如离子交换纤维素，则属于离子交换薄层层析。其中主要的是吸附薄层层析，通常提到的薄层层析就是指这一类层析。

　　② 常用的吸附剂及其处理：层析用吸附剂一般应满足以下两个要求：一是要具有足够的吸附能力，对不同的物质吸附力不同，而且不能与被吸附物质起反应；二是吸附剂的粒度

要求大小适中，粒度过大则展层太快，分离效果差，粒度太细则展层过慢，斑点易于扩散或出现拖尾现象。

吸附薄层层析中最常用的吸附剂是硅胶和氧化铝。硅胶略带酸性，适用于中性和酸性物质如氨基酸、糖、磷脂、类固醇和萜烯等的分离，但不适用碱性物质，因为后者可能与之起反应。氧化铝略带碱性，适用于中性及碱性物质的分离，如生物碱、食物染料、酚类、类固醇、维生素、胡萝卜素及氨基酸等。

市售的层析吸附剂有硅胶 G、硅胶 H、氧化铝及氧化铝 G。符号 G 表示在吸附剂中加入了 5%～20%煅石膏作为黏合剂。硅胶在制板之前一般常须加入黏合剂，如石膏、羟甲基纤维素和淀粉。石膏作黏合剂的优点是可以耐受显色用的腐蚀性试剂，但容易脱落。羟甲基纤维素和淀粉作黏合剂，则不耐腐蚀，但机械性能好。层析用的吸附剂要求粒度在一定范围内，而且常常需要活化，以提高吸附活性。

薄层层析板可分为软板和硬板。软板是用吸附剂干粉均匀铺在玻璃板上直接压制而成。这种板易剥落，使用受限。硬板是利用蒸馏水将吸附剂调成糊状以后再进行铺板而成。不论软板还是硬板，为取得满意的分离效果，板一定要薄，板面要平整，厚薄要均匀。制好的薄板阴干后，于 110 ℃烘箱烘 12～24 h 以活化，冷却后贮于干燥器即能随时使用。

③ 薄层层析的特点：薄层层析兼备柱层析和纸层析两者的优点。简而言之，其优点是：设备简单，操作容易；层析展开时间短，一般只需几十分钟即可获得结果；既适用于小量样品的分离，又适用于大量样品的分离；分离效率高；可采用腐蚀性的显色剂，而且可以在高温下显色。

2. 分配层析

（1）原理。分配层析是利用混合物中各组分在两种不同溶剂中的分配系数不同而使物质分离的方法。

分配系数是指一种溶质在两种互不相溶的溶剂中的溶解达到平衡时，该溶质在两种溶剂中的浓度之比。不同的物质因其在各种溶剂中的溶解度不同，因而也就有不同的分配系数。分配层析以物质在两相中的浓度比即分配系数为依据，在等温条件下可用下式表示：

$$K_d = \frac{C_2}{C_1}$$

式中，K_d 为分配系数；C_2 是物质在固定相中的浓度；C_1 是物质在流动相中的浓度。分配系数与温度、溶质及溶剂的性质有关。

在分配层析中，大多选用多孔物质为支持物，利用它对极性溶剂的亲和力，吸附某种极性溶剂作为固定相。这种固定相极性溶剂在层析过程中始终固定在支持物上。用另一种非极性溶剂流经固定相，此移动溶剂称为流动相。如果把待分离物质的混合物样品点加在多孔支持物上，在层析过程中，当非极性溶剂流动相沿着支持物流经样品时，样品中各种物质便会按分配系数大小转入流动相向前移动；当遇到前方的固定相时，溶于流动相的物质又将进行重新分配，一部分转入固定相中。因此，随着流动相的不断移动，样品中的物质便在流动相和固定相之间进行连续的、动态的分配，这种情况相当于非极性溶剂对物质的连续抽提过程。由于各种物质的分配系数不同，分配系数较大的物质留在固定相中较多，在流动相中较少，层析过程中它向前移动较慢；相反，分配系数较小的物质进入流动相较多而留在固定相中较少，层析过程中向前移动就较快。根据这一原理，样品中各种物质就能被分离开来。

分配层析中应用最广泛的多孔支持物是滤纸，其次是硅胶、硅藻土、纤维素粉、淀粉和微孔聚乙烯粉等。下面主要介绍纸层析。

（2）纸层析。纸层析以滤纸为惰性支持物。滤纸纤维和水有较强的亲和力，能吸收22%左右的水，而且其中6%～7%的水是以氢键形式与纤维素的羟基结合，在一般条件下较难脱去，而滤纸纤维与有机溶剂的亲和力甚弱，所以一般的纸层析实际上是以滤纸纤维的结合水为固定相，以有机溶剂为流动相，当流动相沿滤纸经过样品时，样品点上的溶质在水和有机相之间不断进行分配，一部分样品随流动相移动，进入无溶质区，此时溶质重新分配，一部分溶质由流动相进入固定相（水相）。随着流动相的不断移动，各种不同的物质按其各自的分配系数不断进行分配，并沿着流动相移动，从而使物质得到分离和提纯。

溶质在滤纸上的移动速度可用 R_f 值来表示。

$$R_f = \frac{原点到层析点中心的距离（r）}{原点到溶剂前沿的距离（R）}$$

R_f 值取决于被分离物质在两相间的分配系数以及两相的体积比。由于两相体积比在同一实验条件下是常数，所以 R_f 值主要决定于分配系数。不同物质分配系数不同，R_f 值也不同。对于某种给定的化合物而言，在标准条件下 R_f 是常数。

纸层析设备简单、价格低廉，可用于氨基酸、肽类、核苷酸、糖、维生素、有机酸等多种小分子物质的分离、定性和定量。

纸层析具体操作分为样品处理、点样、展层、显色、R_f 值计算及定量分析等若干步骤。详细过程见有关实验部分。

纸层析按层析方式不同可分为三种，即垂直上行纸层析、垂直下行纸层析和水平环形纸层析。为了提高分辨率，同薄层层析一样，纸层析也可用两种不同的展开剂进行双向纸层析。双向纸层析一般把滤纸剪成长方形。一角点样，先用一种溶剂系统展开，吹干后转90°，再用第二种溶剂系统进行第二次展开。这样，单向纸层析难以分离的某些物质，通过双向纸层析往往可以获得比较理想的分离效果。

3. 离子交换层析

（1）原理。离子交换层析是利用离子交换剂对各种离子亲和力不同，借以分离混合物中各种离子的一种层析技术。这种层析的主要特点是带有相反电荷的颗粒之间具有引力作用。离子交换层析的固定相是载有大量电荷的离子交换剂。流动相是具有一定 pH 和一定离子强度的电解质溶液。当混合物溶液中带有与离子交换剂相反电荷的溶质流经离子交换剂时，后者即对不同溶质选择性吸附。随后，当带有与溶质相同电荷的流动相流经离子交换剂固定相时，被吸附的溶质可被置换而洗脱下来，从而达到分离混合物中各种带电荷溶质的目的（图实-4）。离子交换层析的原理实质上是一种特殊的吸附作用。

例如，阴离子交换树脂本身带有很多正电荷，它必须吸附带负电荷的阴离子以维持电中性。当样品溶液中的阴离子通过时，与树脂上的阴离子交换而被吸附。阴离子被树脂吸附的强度与该阴离子电荷密度成正比。带负电荷越多，电荷密度越密集，则与离子交换树脂的亲和力越大，结合也就越紧密，洗脱过程中被洗出也越迟。相反，电荷密度较低的阴离子则先被洗出。

许多生物物质，如氨基酸、蛋白质、核苷酸等都具有离子基团，它们可以带净正电荷，

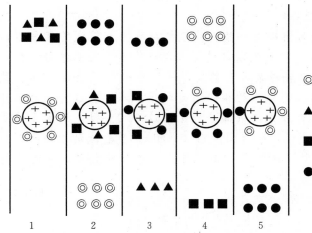

◎ 树脂颗粒上可置换的阴离子

▲ 样品中电荷密度较低的阴离子

■ 样品中电荷密度较高的阴离子

● 洗脱液中的阴离子

图实-4　离子交换层析
1.开始状态　2.样品吸附　3.开始洗脱　4.洗脱结束　5.再生

也可以带净负电荷，其净带电荷状况取决于溶液 pH 以及化合物的等电点。因此可以利用化合物的电荷状况不同，从混合物中加以分离。

（2）离子交换剂。离子交换层析的关键是离子交换剂。目前常用的离子交换剂都是人工合成的有机化合物。依化学本质可分为离子交换树脂、离子交换纤维素和离子交换交联葡聚糖等数种。按可交换的离子及其交换性能又可以分为阳离子交换剂（包括强酸型与弱酸型）和阴离子交换剂（包括强碱型与弱碱型）两类。

在生物化学实验中常用离子交换树脂的母体多为聚苯乙烯。离子交换树脂的类型如表实-1所示。

表实-1　离子交换树脂的类型

类型	交换基团	商品型号举例
强酸性阳离子交换树脂	磺酸基（—SO₃H） 酚羟基（—OH）	国产强酸 1×7(732)，Zerolit225（英） Dowe×50 或 Amderlite IR—120（美）
弱酸性阳离子交换树脂	羧基（—COOH）	国产弱酸 101×128(724)，Zerolit（英） Amberlite IRC—50（美）
强碱性阴离子交换树脂	季胺基［—N⁺(CH₃)₃］	国产弱酸 201×7(717) 及 201×4(711)，ZerolitFF（英） Amberlite IRA—400，Dowe×1（美）
弱碱性阴离子交换树脂	伯胺基（—NH₂） 仲胺基［—N(CH₃)₂］ 叔胺基（—N＝）	国产弱碱 301(701) Zerolt　H（英） Ambeflite　IR45（美）

在生物化学实验中，特别是进行蛋白质、核酸等纯化时常用的是离子交换纤维素及离子交换葡聚糖凝胶（表实-2、表实-3）。

表实-2　常用的离子交换纤维素

类型		名称	
阳离子交换纤维素	强酸型	磷酸纤维素	P
		甲基磺基纤维素	SM
		乙基磺基纤维素	SE
	弱酸型	羧甲基纤维素	CM
阴离子交换纤维素	强碱型	三乙氨基乙基纤维素	TEAE
	弱碱型	二乙基氨基乙基纤维素	DETE
		氨基乙基纤维素	AE
		Ecteola 纤维素	ECTEOLA

表实-3　常用的离子交换葡聚糖凝胶

类型		名称		交换基团
阳离子交换葡聚糖凝胶	强酸型	SE—葡聚糖凝胶	A25 A50	乙基磺基
		SP—葡聚糖凝胶	G25 G50	丙基磺基
	弱酸型	CM—葡聚糖凝胶	G25 G50	羧甲基
阴离子交换葡聚糖凝胶	强碱型	QAE—葡聚糖凝胶	G25 G50	二乙基（2-羟丙基）氨基乙基
	弱碱型	DEAE—葡聚糖凝胶	A25 A50	二乙基氨基乙基

（3）离子交换柱层析的基本过程。离子交换层析通常采用柱层析，其过程包括离子交换剂的选择、离子交换剂使用前的处理与转型、装柱，样品的准备与加样、洗脱、检测及离子交换剂的再生等若干步骤。

离子交换剂在使用前要用水浸泡使之充分膨胀，洗涤，再用酸和碱处理（对离子交换纤维素或葡聚糖凝胶常用 0.5 mol/L 的 HCl 和 NaOH），使之转变为带 H^+ 或 OH^- 的型式，通常称之为转型。如果离子交换剂已经使用过，也可以用这种处理方法使它恢复为原来的离子型，这种处理称为再生。

$$R^- X^+ + HCl \Longleftrightarrow R^- H^+ + XCl$$

阴离子交换剂　　　氢离子型
　　　　　　　　阳离子交换剂

$$R^+ Y^- + NaOH \Longleftrightarrow R^+ OH^- + NaY$$

阳离子交换剂　　　氢氧离子型
　　　　　　　　阴离子交换剂

对新的离子交换剂通常要用酸和碱反复处理，以便获得良好的交换效果。

经处理好的离子交换剂装柱后，即可将样品加入，使样品中待分离的物质与离子交换剂进行交换。

$$R^-H^+ + M^+A^- \rightleftharpoons R^-M^+ + HA$$

氢离子型　　　　　　与 M^+ 结合
阳离子型交换　　　　的离子交换剂

$$R^+Y^- + B^+OH^- \rightleftharpoons B^+Y^- + ROH$$

氢氧离子型　　　　　　与 Y^- 结合的
阴离子交换剂　　　　　离子交换剂

经过离子交换被吸附在离子交换剂上的待分离物质，有两种洗脱办法：一是增加离子强度，使洗脱液中的离子能争夺交换剂的吸附部位，从而将分离的物质置换下来；二是改变 pH，使样品离子的解离度降低，电荷减少，因而对交换剂的亲和力减弱而被洗脱下来。

从洗脱液的成分而言，洗脱方式有三种：一是选用单一洗脱液。此为恒液洗脱法，适用于组分不太复杂的样品；二是选用几种洗脱能力逐步增强的洗脱液相继洗脱，此为阶段洗脱法，适用于各组分对交换剂亲和力比较悬殊的样品；三是用离子强度和 pH 呈连续梯度变动的洗脱液进行洗脱，使洗脱能力持续增强，此为梯度洗脱法，适用于各组分与交换剂亲和力相近的样品。

4. 凝胶层析

（1）原理。凝胶层析是混合物随流动相经装有凝胶作为固定相的层析柱时，混合物中各种物质因分子大小不同而被分离的技术。凝胶，从广义上讲是指一类具有三维空间多孔网状结构的物质，如琼脂糖凝胶、交联葡聚糖凝胶等。由于层析过程与过滤相似，故又称为凝胶过滤或分子筛过滤；由于物质在分离过程中的阻滞减速现象，故亦称为阻滞扩散层析、分子排阻层析。

凝胶层析的一般原理十分简单。当含有各种物质的样品溶液流经凝胶层析柱时，各物质在柱内同时进行着两种不同的运动，即垂直向下的移动和无定向的扩散运动。大分子的物质由于直径较大，不易进入凝胶颗粒的微孔，而只能分布于颗粒间隙中，所以流程短，向下移动速度较快。小分子物质则可以进入凝胶颗粒的微孔中，所以

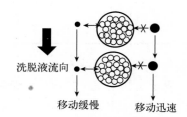

洗脱液流向

移动缓慢　　　移动迅速

图实-5　利用凝胶层析法分离大分子和小分子
（大小实心圆圈代表大小分子）

流程长，下移速度较慢。这样，相对分子质量大小不同的混合物得以分离，凝胶层析的一般原理可用图实-5表示。

为了精确地衡量混合物中某一待分离成分在凝胶层析柱内的洗脱情况，常采用分配系数 K_d 来度量，K_d 的定义为：

$$K_d = \frac{V_e - V_o}{V_i}$$

式中，V_e 为某一成分从层析柱内完全洗脱出来时洗脱液的体积；V_o 为层析柱内凝胶颗粒之间空隙的总容积；V_i 为层析柱内凝胶颗粒内部微孔的总容积，可以用凝胶质量（m）与该凝胶水容值 W_r 的乘积近似计算，即：

$$V_i = m \cdot W_r$$

K_d 具有以下意义：

① 对于完全被排阻的极端大分子，由于 $V_e = V_o$，因此 $K_d = 0$。

② 对于能自由扩散到凝胶颗粒内部的小分子物质，$V_e = V_o + V_i$，$K_d = i$。

③ 对于能部分扩散入凝胶颗粒内部的大分子物质，$0 < K_d < 1$。

④ 凡 $K_d > 1$ 的物质，表明它们能被凝胶吸附或具有离子交换作用，而不仅仅是分子筛效应。

⑤ K_d 值越接近 1，表明分子越小，洗脱越慢；相反，K_d 值越接近 0，表明分子越大，洗脱越快。

（2）常用凝胶的种类及其分离范围。

用于凝胶层析的材料应达到如下要求：①化学性质稳定，不带电荷，与物质的吸附能力弱；②机械性能良好，可制成多孔网状结构且不易破裂变形；③应呈大小均匀的球状颗粒，以保证较高的流速。

目前市场上供应的凝胶主要有：交联葡聚糖，瑞典生产的商品名称为 Sephadex，国产的商品名称为 Dextran；交聚丙烯酰胺，美国生产的商品名称为 Bio-Gel；琼脂糖，瑞典生产的商品名称为 Sepharose。常用凝胶的规格及其分离范围见表实-4。

表实-4 凝胶分离范围

凝 胶		分离范围（相对分子质量）
琼脂糖（Sepharose）	2B	4×10^7
	4B	2×10^7
	6B	4×10^7
葡聚糖（Sephadex）	G200	6×10^5
	100	1.5×10^5
	50	3×10^4
	25	5×10^3
聚丙烯酰胺（Bio-Gel）	P—30	5×10^5
	P—150	1.5×10^5

（3）凝胶层析与其他层析比较具有以下特点。

① 由于凝胶层析是按分子大小不同而分离，洗脱剂的种类不影响洗脱效果，所以可以保证在温和条件下洗脱，不会引起生物物质的变性失活。

② 凝胶层析过程中无须改变洗脱液成分或种类。一次装柱后凝胶可反复使用，而且每次洗脱过程也是凝胶的再生过程，不像离子交换层析那样，每次使用后离子交换剂必须进行处理再生。

③ 实验具有高度的重复性，回收样本几乎可达 100%。既可用于大样品的制备，亦可用于小样品分析。但由于凝胶颗粒的微孔大小有一定限制，对洗脱剂的黏度有一定要求，且凝

胶本身对某些物质具有吸附作用等，限制了它的使用范围。然而就其使用范围而言，凝胶层析仍然是一种分离纯化生物物质的良好方法。目前已广泛用于蛋白质、酶、核酸等大分子物质的分离提纯。此外这种技术在测定蛋白质相对分子质量方面的运用也是极为成功的。

5. 亲和层析　许多生物大分子具有与其结构相对应的专一分子可逆结合的特性，这种结合往往是特异的，而且是可逆的，生物分子之间的这种结合力称为亲和力。当把可亲和的一对分子的一方固相化，作为固定相装入柱内，让另一方随流动相流经层析柱时，可亲和的分子间即特异地结合从而被保留，而其他的物质则不被保留，经洗涤而流出。然后利用亲和结合的可逆性，设法将它们解离，从而得到与固定相有特异亲和能力的某一特定物质。作为固定相的一方称为配基。

亲和层析能在温和条件下操作，纯化过程简单，迅速、效率高，对分离含量极少又不稳定的活性物质极为有效。亲和层析是近年来发展起来的，还在不断发展和成熟中，一个特异性强、操作简单快速和高效率的亲和层析技术必将在科学研究和生产实践中得到越来越广泛的应用。

思 政 园 地

各物质代谢都是相互联系的

参考文献

查锡良，2008. 生物化学 [M]. 7版. 北京：人民卫生出版社.

古练权，2000. 生物化学 [M]. 北京：高等教育出版社.

汪玉松，邹思湘，张玉静，2002. 现代动物生物化学 [M]. 2版. 北京：中国农业科学技术出版社.

夏未铭，2006. 动物生物化学 [M]. 北京：中国农业出版社.

张洪渊，2007. 生物化学原理 [M]. 北京：科学出版社.

周顺伍，1999. 动物生物化学 [M]. 3版. 北京：中国农业出版社.

图书在版编目（CIP）数据

动物生物化学／李京杰主编．—3版．—北京：
中国农业出版社，2019.9（2025.1重印）
"十二五"职业教育国家规划教材　经全国职业教育
教材审定委员会审定
ISBN 978-7-109-26100-6

Ⅰ.①动…　Ⅱ.①李…　Ⅲ.①动物学－生物化学－高
等职业教育－教材　Ⅳ.①Q5

中国版本图书馆 CIP 数据核字（2019）第 245063 号

中国农业出版社出版
地址：北京市朝阳区麦子店街 18 号楼
邮编：100125
责任编辑：徐　芳
版式设计：张　宇　　责任校对：吴丽婷
印刷：中农印务有限公司
版次：2006 年 1 月第 1 版　　2019 年 9 月第 3 版
印次：2025 年 1 月第 3 版北京第 11 次印刷
发行：新华书店北京发行所
开本：787mm×1092mm　1/16
印张：14.75
字数：350 千字
定价：41.50 元